KB088098

최강
TOT
3단계
초등수학 3학년

Structure

구성과 특징

창의·융합, 창의·사고 문제,
코딩 수학 문제와 같은 새로운
문제를 풀어 봅니다.

STEP 1 경시 기출 유형 문제

경시대회 및 영재교육원에서 자주 출제되는 문제의 유형을 뽑아 주제별로 출제 경향을 한눈에 알아볼 수 있도록 구성하였습니다.

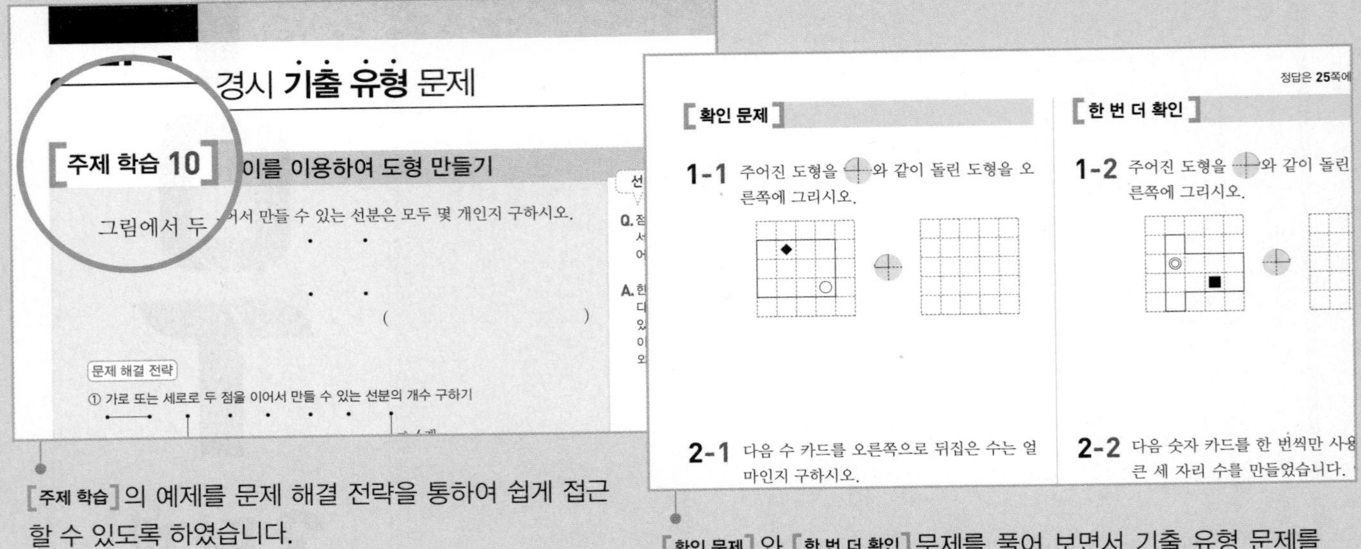

[주제 학습]의 예제를 문제 해결 전략을 통하여 쉽게 접근할 수 있도록 하였습니다.

[확인 문제]와 [한 번 더 확인] 문제를 풀어 보면서 기출 유형 문제를 연습할 수 있도록 하였습니다.

STEP 2 실전 경시 문제

경시대회 및 영재교육원에서 출제되었던 다양한 유형의 문제를 수록하였고, 전략을 이용해 스스로 생각하여 문제를 해결할 수 있도록 구성하였습니다.

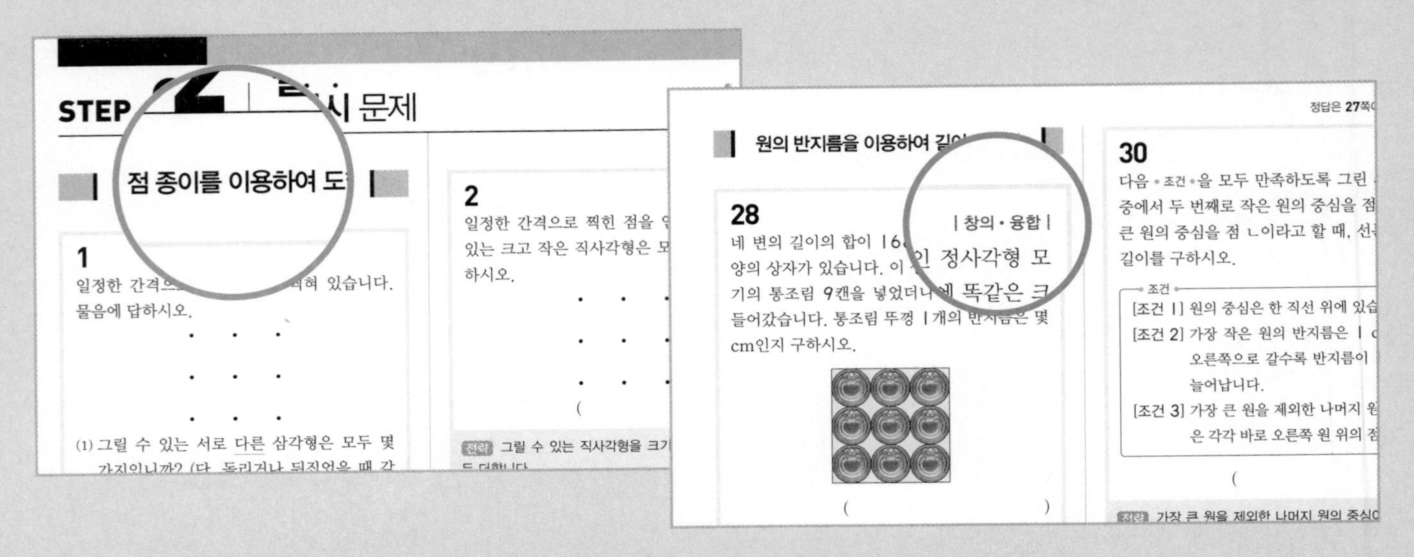

#영재_특목고대비
#최강심화문제_완벽대비

최강 TOT

Chunjae
Makes
Chunjae

[최강 TOT] 초등 수학 3단계

기획총괄 김안나
편집개발 김정희, 김혜민, 최수정, 최경환
디자인총괄 김희정
표지디자인 윤순미, 여화경
내지디자인 박희춘
제작 황성진, 조규영

발행일 2023년 10월 15일 2판 2023년 10월 15일 1쇄
발행인 (주)천재교육
주소 서울시 금천구 가산로9길 54
신고번호 제2001-000018호
고객센터 1577-0902

※ 정답 분실 시에는 천재교육 교재 홈페이지에서 내려받으세요.
※ KC 마크는 이 제품이 공통안전기준에 적합하였음을 의미합니다.
※ 주의
책 모서리에 다칠 수 있으니 주의하시기 바랍니다.
부주의로 인한 사고의 경우 책임지지 않습니다.
8세 미만의 어린이는 부모님의 관리가 필요합니다.

STEP 3 코딩 유형 문제

컴퓨터적 사고 기반을 접목하여 문제 해결을 위한 절차와 과정을 중심으로 코딩 유형 문제를 수록하였습니다.

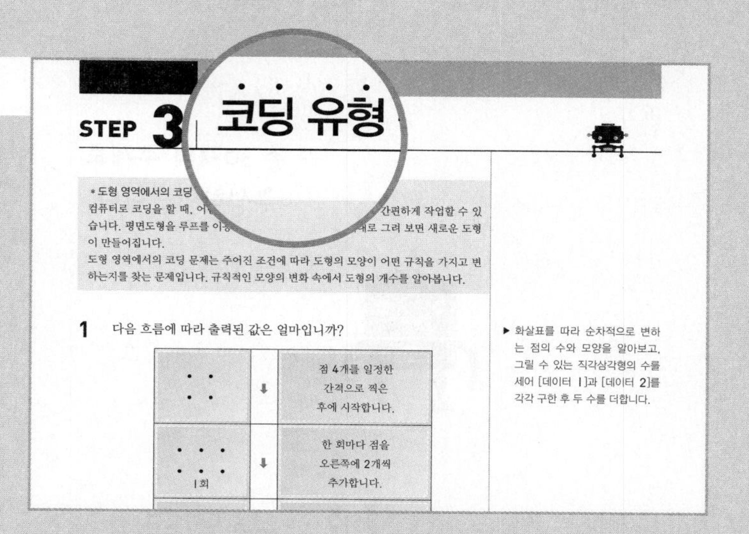
STEP 3 코딩 유형

＊도형 영역에서의 코딩
컴퓨터로 코딩을 할 때, 어 … 간편하게 작업할 수 있습니다. 평면도형을 루프를 이용 … 대로 그려 보면 새로운 도형이 만들어집니다.
도형 영역에서의 코딩 문제는 주어진 조건에 따라 도형의 모양이 어떤 규칙을 가지고 변하는지를 찾는 문제입니다. 규칙적인 모양의 변화 속에서 도형의 개수를 알아봅니다.

1 다음 흐름에 따라 출력된 값은 얼마입니까?

(점 4개)	⬇	점 4개를 일정한 간격으로 찍은 후에 시작합니다.
1회	⬇	한 회마다 점을 오른쪽에 2개씩 추가합니다.

▶ 화살표를 따라 순차적으로 변하는 점의 수와 모양을 알아보고, 그릴 수 있는 직각삼각형의 수를 세어 [데이터 1]과 [데이터 2]를 각각 구한 후 두 수를 더합니다.

STEP 4 도전! 최상위 문제

종합적 사고를 필요로 하는 문제들과 창의·융합 문제들을 수록하여 최상위 문제에 도전할 수 있도록 하였습니다.

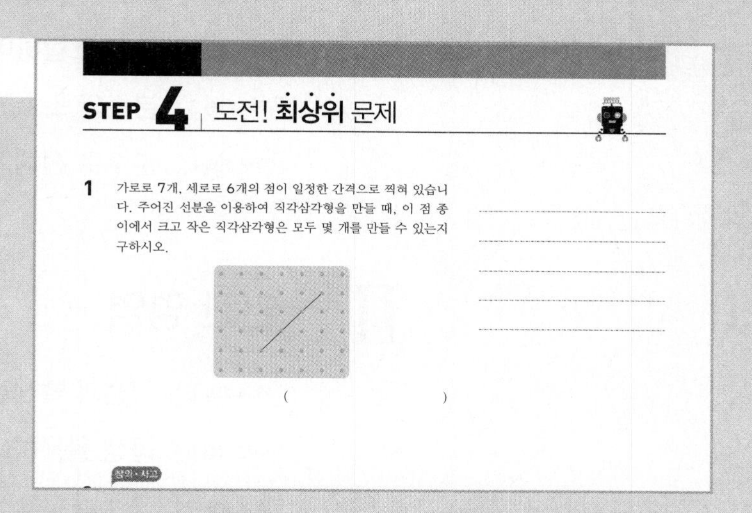
STEP 4 도전! 최상위 문제

1 가로로 7개, 세로로 6개의 점이 일정한 간격으로 찍혀 있습니다. 주어진 선분을 이용하여 직각삼각형을 만들 때, 이 점 종이에서 크고 작은 직각삼각형은 모두 몇 개를 만들 수 있는지 구하시오.

(　　　　　　　　)

창의·사고

특강 영재원 · 창의융합 문제

영재교육원, 올림피아드, 창의·융합형 문제를 학습하도록 하였습니다.

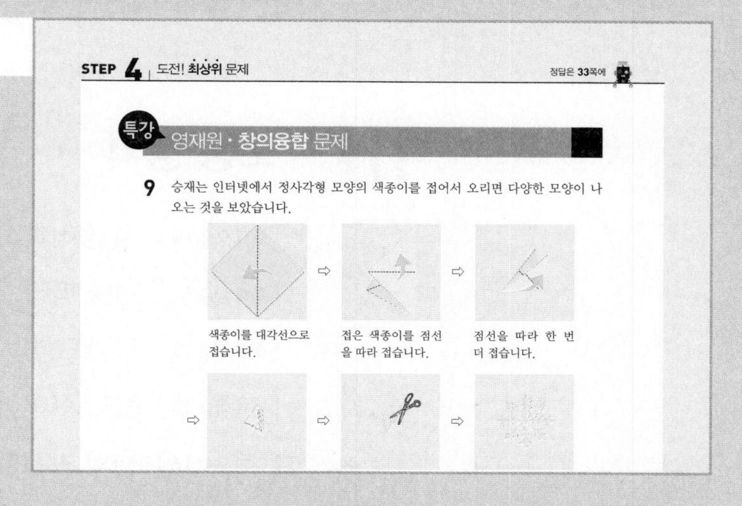
STEP 4 도전! 최상위 문제　　정답은 33쪽에

특강 영재원 · 창의융합 문제

9 승재는 인터넷에서 정사각형 모양의 색종이를 접어서 오리면 다양한 모양이 나오는 것을 보았습니다.

색종이를 대각선으로 접습니다. ⇨ 접은 색종이를 점선을 따라 접습니다. ⇨ 점선을 따라 한 번 더 접습니다.

⇨ ⇨ ⇨

Contents **차례**

Unit

영역별 관련 단원

Ⅰ 수 영역

분수와 소수
분수

Ⅱ 연산 영역

덧셈과 뺄셈
곱셈
나눗셈

Ⅲ 도형 영역

평면도형
원

Ⅳ 측정 영역

시간과 길이
들이와 무게

Ⅴ 확률과 통계 영역

자료의 정리

Ⅵ 규칙성 영역

평면도형
분수와 소수

Ⅶ 논리추론 문제해결 영역

들이와 무게

I
수 영역

| 주제 구성 |

1 조건에 맞는 수 구하기

2 숫자 조합하여 수 만들기

3 분수와 소수가 혼합된 문제 해결하기

4 분수로 전체와 부분의 관계 구하기

STEP 1 경시 기출 유형 문제

[주제 학습 1] 조건에 맞는 수 구하기

다음이 나타내는 수는 얼마인지 구하시오.

1000이 3, 100이 17, 10이 25, 1이 32인 수

(   )

문제 해결 전략

① 각각이 나타내는 수 구하기
- 1000이 3이면 3000입니다.
- 100이 17이면 1700입니다.
- 10이 25이면 250입니다.
- 1이 32이면 32입니다.

② 조건에 맞는 수 구하기
각 자리 숫자를 알아보면 일의 자리는 2, 십의 자리는 5+3=8, 백의 자리는 7+2=9, 천의 자리는 3+1=4입니다.
따라서 조건에 맞는 수는 4982입니다.

선생님, 질문 있어요!

Q. 10이 25이면 얼마인가요?

A. 10이 25개 모인 것은 10이 20개 모인 것에 5개가 더 모인 것이므로 200+50이 되어서 250입니다.

10이 10개 모이면 100이에요.

따라 풀기 1

100이 26, 10이 34, 1이 48인 수는 얼마입니까?

(   )

따라 풀기 2

□ 안에 알맞은 수를 써넣으시오.

5274는 1000이 4, 100이 □, 10이 6, 1이 14인 수입니다.

[확인 문제]

1-1 수 모형 중에서 백 모형이 43개, 십 모형이 28개, 낱개 모형이 32개 있습니다. 이 수 모형을 모두 합치면 어떤 수를 나타냅니까?

( )

2-1 성수가 지금까지 모은 돈을 세어 보았더니 1000원짜리 지폐가 3장, 500원짜리 동전이 5개, 100원짜리 동전이 39개였습니다. 성수가 모은 돈은 모두 얼마입니까?

( )

3-1 다음 • 조건 •에 맞는 네 자리 수를 구하시오.

• 조건 •
[조건 1] 4000보다 크고 5000보다 작은 수입니다.
[조건 2] 백의 자리 숫자는 천의 자리 숫자의 두 배입니다.
[조건 3] 십의 자리 숫자와 일의 자리 숫자의 곱은 백의 자리 숫자입니다.
[조건 4] 십의 자리 숫자에서 일의 자리 숫자를 빼면 2입니다.

( )

[한 번 더 확인]

1-2 다음과 같은 수 모형이 있을 때, 6747을 만들기 위해 더 필요한 십 모형은 몇 개입니까?

천 모형 5개, 백 모형 15개, 낱개 모형 27개

( )

2-2 지희는 저금통에 불우 이웃 돕기 성금을 모았습니다. 모은 돈은 1000원짜리 지폐 5장, 500원짜리 동전 3개, 100원짜리 동전 23개, 10원짜리 동전 84개였습니다. 지희가 모은 돈은 모두 얼마입니까?

( )

3-2 다음 • 조건 •에 맞는 네 자리 수를 구하시오.

• 조건 •
[조건 1] 십의 자리 숫자는 7입니다.
[조건 2] 백의 자리 숫자와 일의 자리 숫자는 같습니다.
[조건 3] 백의 자리 숫자는 십의 자리 숫자보다 크고 천의 자리 숫자보다는 작습니다.

( )

주제 학습 2 숫자 조합하여 수 만들기

숫자 카드 4장을 한 번씩만 사용하여 만들 수 있는 두 번째로 작은 네 자리 수를 구하시오.

3	6	2	8

(　　　　　　　　　　)

문제 해결 전략

① 가장 작은 네 자리 수 만들기
높은 자리에 작은 숫자부터 차례대로 놓습니다.
2<3<6<8이므로 가장 작은 네 자리 수는 2368입니다.

② 두 번째로 작은 네 자리 수 만들기
두 번째로 작은 네 자리 수를 만들려면 가장 작은 네 자리 수의 낮은 자리 숫자부터 순서를 바꿔야 합니다.
십의 자리와 일의 자리의 숫자를 바꾸면 두 번째로 작은 네 자리 수는 2386입니다.

선생님, 질문 있어요!

Q. 가장 작은 네 자리 수는 어떻게 만들어야 하나요?

A. 높은 자리에 작은 숫자부터 차례대로 놓으면 가장 작은 네 자리 수를 만들 수 있습니다. 단, 천의 자리에 0은 올 수 없습니다.

참고

0<①<②<③<④일 때 가장 작은 네 자리 수는 ①②③④이고, 두 번째로 작은 네 자리 수는 ①②④③입니다.

따라 풀기 1 다음 숫자 카드를 한 번씩만 사용하여 만들 수 있는 네 자리 수 중에서 두 번째로 작은 수를 구하시오.

4	7	0	5

(　　　　　　　　　　)

따라 풀기 2 □ 안에 들어갈 수 있는 숫자는 모두 몇 개입니까?

12□6>1238

(　　　　　　　　　　)

[확인 문제]

1-1 □ 안에 들어갈 수 있는 숫자는 모두 몇 개입니까?

3□17<3702

(　　　　　　　　)

2-1 다음 숫자 카드를 한 번씩만 사용하여 만들 수 있는 네 자리 수 중에서 두 번째로 큰 수를 구하시오.

3	7	0	9

(　　　　　　　　)

3-1 ㉠, ㉡에 알맞은 숫자를 넣어 식이 성립하도록 만들 때, ㉠>㉡인 경우는 모두 몇 가지인지 구하시오.

5㉠38<56㉡2

(　　　　　　　　)

[한 번 더 확인]

1-2 □ 안에 들어갈 수 있는 네 자리 수 중에서 백의 자리 숫자와 일의 자리 숫자가 같은 수는 모두 몇 개입니까?

6952<□<7124

(　　　　　　　　)

2-2 다음 숫자 카드를 한 번씩만 사용하여 만들 수 있는 네 자리 수 중에서 세 번째로 큰 수를 구하시오.

2	8	1	7	5

(　　　　　　　　)

3-2 3300보다 작고 십의 자리 숫자가 7인 네 자리 수 중에서 백의 자리 숫자가 일의 자리 숫자보다 큰 수는 모두 몇 개입니까?

(　　　　　　　　)

[주제 학습 3] 분수와 소수가 혼합된 문제 해결하기

$\frac{7}{10}$보다 크고 5.3보다 작은 수는 모두 몇 개입니까?

7.8	$\frac{9}{10}$	2.4	$\frac{10}{10}$	0.6	5	6.1

( )

문제 해결 전략

① 분수와 소수 통일하여 나타내기

분수를 소수로 나타내면 $\frac{7}{10}=0.7$, $\frac{9}{10}=0.9$, $\frac{10}{10}=1$입니다.

② 소수의 크기 비교하기

소수는 소수점 왼쪽의 수가 작을수록 작은 수이고, 소수점 왼쪽의 수가 같으면 소수점 오른쪽의 수가 작을수록 작습니다.

주어진 수들의 크기를 비교하면 $0.6<0.7<0.9<1<2.4<5<5.3<6.1<7.8$입니다.

③ 범위에 맞는 수의 개수 구하기

$\frac{7}{10}$보다 크고 5.3보다 작은 수는 0.7과 5.3 사이에 있는 수입니다.

따라서 $\frac{9}{10}$, $\frac{10}{10}$, 2.4, 5로 모두 4개입니다.

선생님, 질문 있어요!

Q. $\frac{8}{10}$을 소수로 나타내면 얼마인가요?

A. $\frac{8}{10}$은 $\frac{1}{10}$이 8개인 수입니다. $\frac{1}{10}=0.1$이므로 0.1이 8개인 수와 같습니다.

따라서 $\frac{8}{10}=0.8$입니다.

2.7보다 크고 $4\frac{3}{10}$보다 작은 수는 모두 몇 개입니까?

$\frac{8}{10}$	3.7	4.3	$\frac{15}{10}$	7.2	$3\frac{9}{10}$	$\frac{40}{10}$	0.6

( )

확인 문제

1-1 5.3보다 0.8 큰 수인 A와 7.6보다 0.9 작은 수인 B를 수직선 위에 점으로 나타내고, 각각 얼마인지 구하시오.

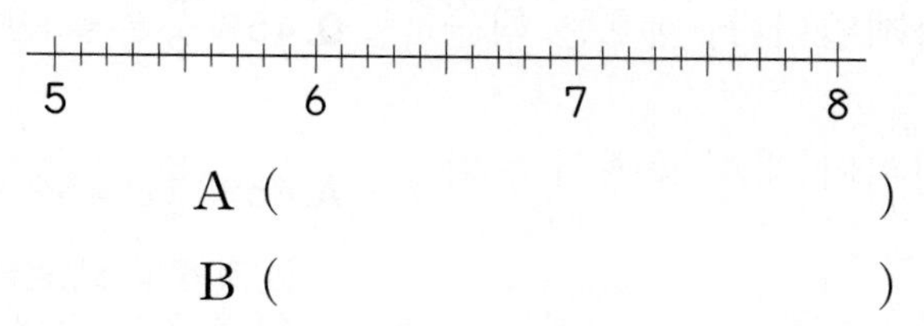

A (　　　　　　　)

B (　　　　　　　)

2-1 □ 안에 공통으로 들어갈 수 있는 소수 한 자리 수 중에서 가장 작은 수와 가장 큰 수를 각각 구하시오.

$\frac{8}{10}<\square<2.7$

$0.7<\square<3.8$

$\frac{6}{10}<\square<1.9$

(　　　　　　　), (　　　　　　　)

3-1 지현, 지애, 지수가 각자 가지고 있는 연필의 길이를 설명하고 있습니다. 긴 연필을 가지고 있는 사람부터 차례대로 이름을 쓰시오.

지현: 내 연필은 11 cm보다 0.8 cm 더 길어.

지애: 내 연필은 12 cm보다 $\frac{6}{10}$ cm 더 짧아.

지수: 내 연필은 10 cm보다 11 mm 더 길어.

(　　　　　　　)

한 번 더 확인

1-2 2.4보다 $\frac{7}{10}$ 큰 수인 A와 4.2보다 $\frac{5}{10}$ 작은 수인 B를 수직선 위에 점으로 나타내고, 각각 구하시오.

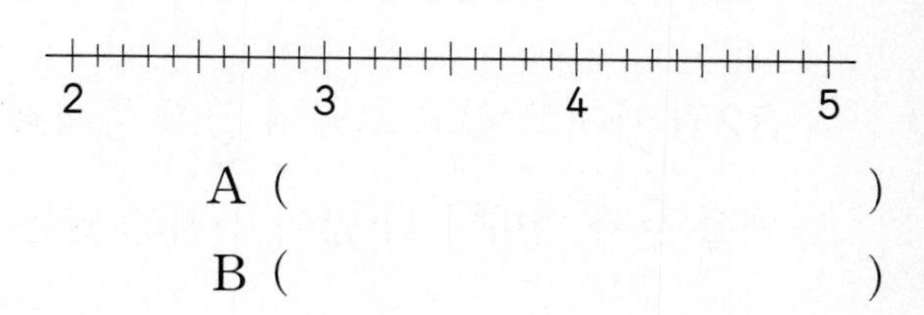

A (　　　　　　　)

B (　　　　　　　)

2-2 □ 안에 들어갈 수 있는 소수 한 자리 수는 모두 몇 개인지 구하시오. (단, 1.0과 같이 소수점 오른쪽의 수가 0인 경우도 소수 한 자리 수로 생각합니다.)

$\frac{3}{10}<\square<11.8$

(　　　　　　　)

3-2 승현이의 키는 130.4 cm입니다. 현욱이는 승현이보다 $\frac{9}{10}$ cm 더 큽니다. 준승이는 현욱이보다 0.8 cm 더 크다면 준승이의 키는 몇 cm인지 구하시오.

(　　　　　　　)

[주제 학습 4] 분수로 전체와 부분의 관계 구하기

희정이는 책을 35권 가지고 있고 그중의 $\frac{3}{5}$이 동화책입니다. 재호는 책을 32권 가지고 있고 그중의 $\frac{5}{8}$가 동화책입니다. 희정이와 재호 중에서 동화책을 누가 얼마나 더 많이 가지고 있는지 구하시오.

( ), ( )

문제 해결 전략

① 희정이가 가지고 있는 동화책 수 구하기

35의 $\frac{3}{5}$은 35를 5묶음 한 것 중의 3묶음이므로 $35 \div 5 \times 3 = 7 \times 3 = 21$입니다.

따라서 희정이가 가지고 있는 동화책은 21권입니다.

② 재호가 가지고 있는 동화책 수 구하기

32의 $\frac{5}{8}$는 32를 8묶음 한 것 중의 5묶음이므로 $32 \div 8 \times 5 = 4 \times 5 = 20$입니다.

따라서 재호가 가지고 있는 동화책은 20권입니다.

③ 두 사람이 가지고 있는 동화책 수 비교하기

21권>20권이므로 희정이가 재호보다 동화책을 $21 - 20 = 1$(권) 더 많이 가지고 있습니다.

선생님, 질문 있어요!

Q. 45의 $\frac{8}{9}$은 얼마인가요?

A. 45의 $\frac{8}{9}$은 45를 9묶음 한 것 중의 8묶음입니다. 45를 9로 나누면 한 묶음에는 $45 \div 9 = 5$씩 있습니다. 그중 8묶음은 $5 \times 8 = 40$입니다.

45의 $\frac{8}{9}$은 $45 \div 9 \times 8 = 40$이에요.

따라 풀기 1

45명의 학생들을 9명씩 한 모둠으로 만들었습니다. 27명은 전체 모둠 중의 몇 모둠인지 분수로 나타내시오.

( )

따라 풀기 2

색칠된 부분은 전체의 얼마인지 분수로 나타내시오.

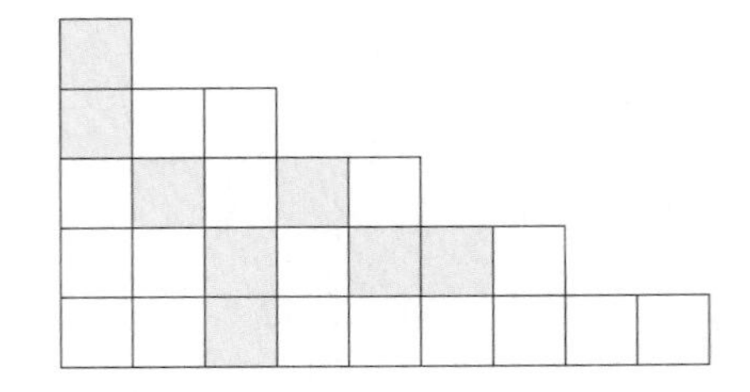

( )

확인 문제

1-1 세호는 사탕 70개 중에서 $\frac{5}{7}$를 친구들에게 나누어 주었습니다. 남은 사탕을 동생과 똑같이 나누어 가졌다면 세호는 사탕을 몇 개 가지게 되는지 구하시오.

( )

2-1 3장의 숫자 카드 2, 5, 7을 모두 사용하여 만들 수 있는 진분수는 몇 개인지 구하시오.

( )

3-1 피자 한 판을 8조각으로 똑같이 나누어 삼 형제가 나누어 먹었습니다. 첫째가 한 조각, 둘째가 두 조각, 셋째가 네 조각을 먹었습니다. 삼 형제가 먹은 피자는 전체의 얼마인지 분수로 나타내시오.

( )

한 번 더 확인

1-2 천수와 성재가 함께 사과를 56개 땄습니다. 천수는 전체의 $\frac{1}{7}$을 땄고 성재는 전체의 $\frac{6}{7}$을 땄습니다. 성재는 천수보다 사과를 몇 개 더 많이 땄는지 구하시오.

( )

2-2 4장의 숫자 카드 1, 7, 8, 9를 모두 사용하여 만들 수 있는 진분수는 몇 개인지 구하시오.

( )

3-2 다음과 같이 규칙적으로 분수를 늘어놓고 있습니다. 첫 번째부터 9번째까지 늘어놓은 분수들의 합을 대분수로 나타내시오.

$\frac{1}{11}, \frac{2}{11}, \frac{3}{11}, \frac{4}{11}$......

( )

I
수 영역

STEP 2 실전 경시 문제

조건에 맞는 수 구하기

1 | 성대 경시 기출 유형 |

□ 안에 알맞은 숫자를 써넣으시오.

1000이 □, 100이 24, 10이 37, 1이 5 이면 9□7□입니다.

전략 10이 37이면 100이 3이고 10이 7인 것과 같습니다.

2

혜주는 백 모형 6개, 십 모형 12개, 낱개 모형 28개를 가지고 있고, 재은이는 백 모형 7개, 십 모형 25개, 낱개 모형 35개를 가지고 있습니다. 두 사람이 가지고 있는 수 모형을 모두 합치면 어떤 수를 나타냅니까?

(　　　　　　　　)

전략 낱개 모형 10개는 십 모형 1개와 같고, 십 모형 10개는 백 모형 1개와 같습니다.

3 | 성대 경시 기출 유형 |

다음 • 조건 •을 모두 만족하는 네 자리 수 중에서 가장 작은 수를 구하시오.

• 조건 •

- 네 자리 중에 0이 1개 있습니다.
- 각 자리의 숫자는 모두 다릅니다.
- 가장 높은 자리의 숫자는 나머지 자리의 숫자들을 모두 더한 것과 같습니다.

(　　　　　　　　)

전략 가장 작은 수가 되려면 높은 자리에 있는 숫자가 작아져야 합니다.

4

어떤 네 자리 수의 천의 자리 숫자는 3이고 백의 자리 숫자는 5입니다. 이 네 자리 수의 십의 자리 숫자와 일의 자리 숫자를 서로 바꾸었더니 처음 수보다 45 더 큰 수가 되었습니다. 어떤 수를 모두 구하시오.

(　　　　　　　　)

전략 천의 자리 숫자가 3이고 백의 자리 숫자가 5인 수는 35■●로 나타낼 수 있습니다.

숫자 조합하여 수 만들기

5

숫자 카드 5장 중 4장을 한 번씩만 사용하여 네 자리 수를 만들려고 합니다. 만들 수 있는 수 중 가장 큰 수부터 차례대로 빈칸에 써넣으시오.

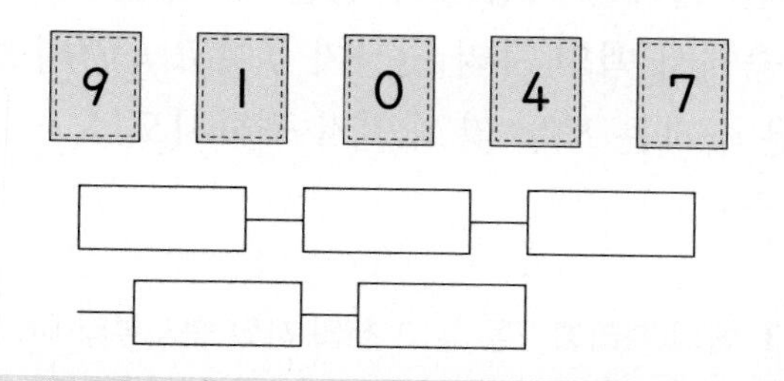

전략 주어진 숫자 카드로 만들 수 있는 네 자리 수 중 가장 큰 수부터 다섯 번째로 큰 수까지를 만들어야 합니다.

6 | 성대 경시 기출 유형 |

5, 9, 2, 1 4장의 숫자 카드를 한 번씩만 사용하여 만들 수 있는 네 자리 수는 모두 몇 개입니까?

( )

전략 숫자 카드를 사용하여 만들 수 있는 수의 개수를 구할 때는 각 자리에 수를 넣었을 때 나올 수 있는 경우의 수를 생각하는 것이 중요합니다.

7 | 성대 경시 기출 유형 |

숫자 카드 1, 2 가 각각 3장씩 있습니다. 이 숫자 카드를 사용하여 만들 수 있는 네 자리 수는 모두 몇 개입니까?

( )

전략 같은 숫자를 3번씩 쓸 수 있습니다.

8

지혜는 1부터 5까지 5장의 숫자 카드 중 4장을 뽑아서 네 자리 수를 만들었습니다. 지혜가 만들 수 있는 네 자리 수는 모두 몇 개입니까?

( )

전략 높은 자리부터 숫자 카드를 놓고 만들 수 있는 경우의 수를 구합니다.

9 | 성대 경시 기출 유형 |

숫자 카드 2, 5, 7, 3 을 각각 한 번씩만 사용하여 네 자리 수를 만들려고 합니다. 만들 수 있는 수 중에서 7번째로 큰 수를 구하시오.

( )

전략 주어진 숫자 카드로 만들 수 있는 가장 큰 수를 만든 다음 가장 큰 수의 낮은 자리부터 숫자를 서로 바꿔 가며 그 다음으로 큰 수를 차례대로 7번째까지 만들어 봅니다.

10

다음 식을 만족하는 4□□7은 모두 몇 개입니까?

4198<4□□7

( )

전략 높은 자리 숫자부터 크기를 비교하여 □□ 안에 어떤 수가 들어가야 하는지 생각해 봅니다.

11

| 고대 경시 기출 유형 |

5장의 숫자 카드 중에서 4장을 골라 네 자리 수를 만들 때, 4500보다 크고 6700보다 작은 수는 모두 몇 개인지 구하시오.

8 5 2 7 6

( )

전략 주어진 숫자 카드로 만들 수 있는 네 자리 수를 천의 자리 수부터 비교해서 조건에 맞는 수를 만들고 개수를 세면 됩니다.

12

9, 1, 0, 4, 7 5장의 숫자 카드를 한 번씩만 사용하여 만들 수 있는 네 자리 수 중에서 백의 자리 숫자가 7이고 4791보다 작은 숫자는 모두 몇 개인지 구하시오.

( )

전략 백의 자리에 7을 놓고 천의 자리 숫자부터 비교해서 주어진 조건에 맞는 수를 만들고 개수를 세어 봅니다.

13

| 성대 경시 기출 유형 |

큰 수부터 차례대로 기호를 쓰시오.

㉠: 1000이 4, 100이 7, 10이 15, 1이 27인 수

㉡: 숫자 카드 1, 4, 5, 0을 한 번씩만 사용하여 만들 수 있는 네 자리 수 중에서 가장 큰 수

㉢: 4500에서 200씩 4번 뛰어 세기 한 수

( )

전략 각각의 수를 구한 후 크기를 비교합니다.

분수와 소수가 혼합된 문제 해결하기

14

0부터 3까지 있는 수직선 위에 분모가 12인 분수를 표시하려고 합니다. 표시할 분수 중에서 0과 3 사이에 가분수는 모두 몇 개 있는지 구하시오.

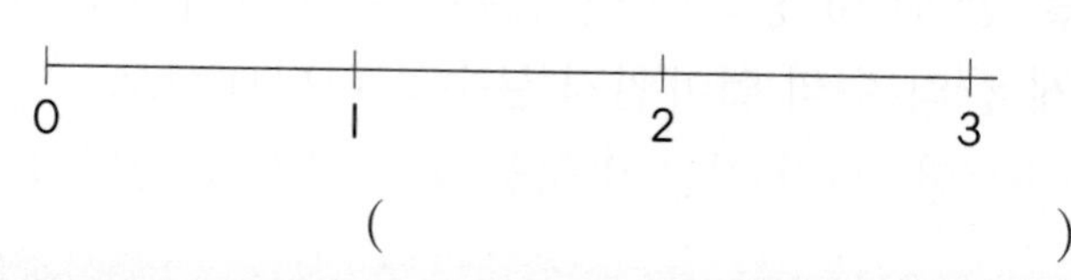

( )

전략 가분수는 분자가 분모와 같거나 분모보다 큰 분수이므로 분자와 분모가 같은 경우도 꼭 세어야 합니다.

15 | 성대 경시 기출 유형 |

두 번째로 작은 수를 찾아 기호를 쓰시오.

㉠ $3+\frac{7}{10}$　　㉡ $\frac{1}{10}$이 43개인 수

㉢ 4와 0.9만큼인 수　　㉣ 0.1이 40개인 수

( )

전략 ㉠, ㉡, ㉢, ㉣이 나타내는 수를 분수 또는 소수로 통일하여 나타낸 후 크기를 비교해 봅니다.

16 | 창의・융합 |

다음 글을 읽고 물음에 답하시오.

태양계에는 우리가 살고 있는 지구를 비롯하여 8개의 행성이 태양의 주위를 돌고 있습니다. 지구의 크기를 1로 보았을 때, 나머지 행성의 크기를 보면 수성은 $\frac{4}{10}$, 금성은 0.9, 지구는 1, 화성은 0.5, 목성은 11.2, 토성은 $\frac{94}{10}$, 천왕성은 4, 해왕성은 3.9라고 합니다.

태양계에서 가장 바깥을 돌고 있는 행성은 해왕성입니다. 해왕성보다 크기가 큰 행성을 모두 찾아 쓰시오.

( )

전략 분수를 소수로 통일하거나 소수를 분수로 통일하여 나타낸 후 크기를 비교합니다.

17 | 성대 경시 기출 유형 |

3개의 막대 A, B, C가 있습니다. B의 길이는 A의 길이보다 0.6 m 더 길고, C의 길이는 B의 길이보다 $\frac{3}{10}$ m 더 짧습니다. A의 길이가 4.8 m라면 C의 길이는 몇 m인지 구하시오.

( )

전략 A의 길이를 이용하여 B의 길이를 구한 후 B의 길이를 이용하여 C의 길이를 구합니다.

분수로 전체와 부분의 관계 구하기

18

철사를 두 도막으로 잘랐습니다. 긴 도막의 길이는 48 cm이고, 짧은 도막은 전체 길이의 $\frac{3}{7}$일 때, 짧은 도막의 길이는 몇 cm인지 구하시오.

(　　　　　　　　　　)

전략 긴 도막의 길이가 주어졌으므로 긴 도막이 전체 길이의 얼마인지 구하면 짧은 도막의 길이를 알 수 있습니다.

19 | 성대 경시 기출 유형 |

정훈이네 반 남학생은 정훈이네 반 학생 수의 $\frac{3}{5}$인 18명이고 정훈이네 반 학생 수는 정훈이네 학교 3학년 학생 수의 $\frac{3}{14}$입니다. 정훈이네 학교 3학년 학생은 모두 몇 명인지 구하시오.

(　　　　　　　　　　)

전략 부분의 수가 주어졌을 때 전체의 수가 얼마인지 알아보는 문제입니다. 먼저 정훈이네 반 학생 수를 구한 후 3학년 학생 수를 구합니다.

20 | 창의 · 융합 |

정윤이는 흰 바둑돌을, 시후는 검은 바둑돌을 다음과 같은 규칙에 따라 오목판에 번갈아 놓고 있습니다. 같은 규칙으로 정윤이가 흰 바둑돌을 한 번 더 놓으면 바둑돌이 놓인 칸의 수는 전체 칸의 수의 얼마인지 분수로 나타내시오.

(단, 시작 칸은 바둑돌을 놓지 않았습니다.)

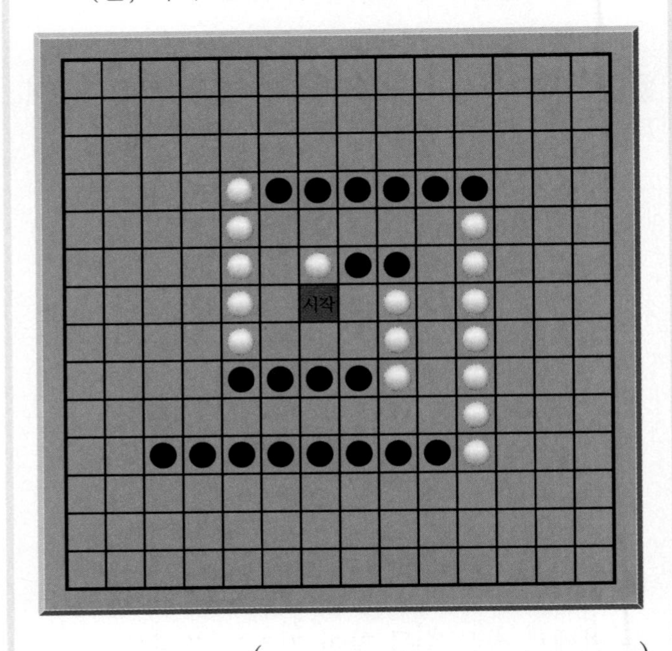

(　　　　　　　　　　)

전략 바둑돌을 놓는 규칙을 찾아 정윤이가 흰 바둑돌을 한 번 더 놓았을 때, 바둑돌이 놓인 칸의 수는 전체 오목판의 칸의 수의 얼마인지 분수로 나타냅니다.

21

피자 한 판을 시켜서 준석이는 피자의 $\frac{1}{6}$을 먹었고, 안나는 피자의 $\frac{1}{8}$을 먹었고, 미현이는 피자의 $\frac{2}{6}$를 먹었습니다. 피자를 많이 먹은 사람부터 차례대로 이름을 쓰시오.

( )

전략 세 분수의 크기를 비교합니다. 같은 피자를 나누어 먹었으므로 분수가 클수록 피자를 많이 먹은 사람입니다.

22

| 창의 · 융합 |

패턴 블록 중에서 ▲은 6개로, 은 2개로 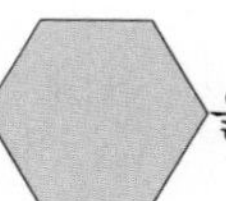을 완전히 덮을 수 있습니다. 정희는 을 5개, 용식이는 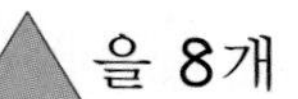을 8개 가지고 있습니다. 을 1이라고 했을 때, 정희와 용식이가 가지고 있는 모든 조각은 얼마인지 대분수로 나타내시오.

( )

전략 ▲ 6개는 1을 나타내고, 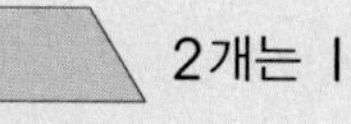 2개는 1을 나타냅니다.

23

| 성대 경시 기출 유형 |

똑같은 크기의 물병 ㉮와 ㉯가 있습니다. 현철이는 물이 $\frac{5}{7}$만큼 들어 있는 ㉮ 물병의 물 일부를 마셨습니다. 그리고 나서 ㉯ 물병의 $\frac{4}{7}$만큼의 물을 ㉮ 물병에 옮겨 담았더니 ㉮ 물병의 물이 $\frac{6}{7}$이 되었습니다. 물병 1개에 가득 들어 있는 물의 양을 전체로 보았을 때 현철이가 마신 물의 양은 얼마인지 분수로 나타내시오.

( )

전략 현철이가 물을 마신 후의 물의 양은 ㉯ 물병의 물을 옮겨 담기 전의 물의 양을 구하면 알 수 있습니다.

24

지연이는 $\frac{1}{8}$의 분자에는 3씩, 분모에는 1씩 더해 가고 있습니다. 그러다가 분자가 분모보다 커지면 분자와 분모를 바꾸는 것을 계속 반복하고 있습니다. 분자와 분모를 3번 바꾼 때의 분수는 얼마인지 구하시오.

( )

전략 분자에 3을 더하고 분모에 1을 더하는 과정을 분자와 분모가 3번 바뀔 때까지 반복합니다.

STEP 3 코딩 유형 문제

* 수학 코딩 문제: 수학에서의 코딩 문제는 컴퓨터적 사고 기반을 이용하여 푸는 수학 문제라 고 할 수 있습니다. 수학 코딩 문제는 크게 3가지 유형으로 분류합니다.
  1) 순차형 문제: 반복없이 순차적으로 진행하는 문제. 직선형이라고 불립니다.
  2) 반복형 문제: 순차문제가 여러 번 반복되는 문제
  3) 선택형 문제: 순차적으로 진행하는 과정에서 조건이 주어지는 문제

* 수 영역에서의 코딩

수 영역에서의 코딩 문제는 주어진 조건에 따라 값이 변화하는 것을 찾는 문제로 10, 100, 1000씩 변화하는 것은 해당하는 자릿값이 변화하는 것으로 생각하면 됩니다. 또한, 분수에서는 분자와 분모 사이의 관계의 변화를 생각하면 됩니다.

1 ⇨, ⇦, ⇩, ⇧ 기호는 화살표 방향에 따라 움직이면서 수를 뛰어 세라는 의미이고, ↷, ↶ 기호는 움직이는 방향을 바꾸라는 의미입니다. 규칙에 따라 움직였을 때 도착하는 곳에 ◎ 표시를 하고 ◎에 도착했을 때의 수를 구하시오.

⇨ : 100씩 커지는 수　　⇦ : 100씩 작아지는 수

⇩ : 1000씩 커지는 수　　⇧ : 1000씩 작아지는 수

↷ : 시계 방향으로 직각(90°)만큼 돌아서 한 칸 앞으로 가기

↶ : 시계 반대 방향으로 직각(90°)만큼 돌아서 한 칸 앞으로 가기

출발 1250	⇨	⇨	↷	⇧
⇦	⇨	⇧	⇩	⇨
↷	⇦	⇩	↷	⇩
⇦	↶	⇦	⇧	↷

(　　　　　　　　　　　　　)

▶ 처음 출발 위치에서는 오른쪽 방향의 화살표를 따라 움직여야 하고, 기호에 따라 규칙이 다르므로 주의하여 이동합니다.
100씩, 1000씩 변할 때 백의 자리와 천의 자리 숫자의 변화를 생각합니다.

2 기호의 • 조건 •에 따라 분수를 오른쪽으로 이동하려고 합니다. 다음과 같은 과정을 4번 반복했을 때 나오는 분수는 얼마인지 구하시오.

• 조건 •

[기호 1] >는 바로 전의 수보다 1 큰 수

[기호 2] <는 바로 전의 수보다 1 작은 수

[기호 3] ≫는 바로 전의 수보다 5 큰 수

[기호 4] ≪는 바로 전의 수보다 5 작은 수

[기호 5] ∧는 바로 전의 수와 같은 수

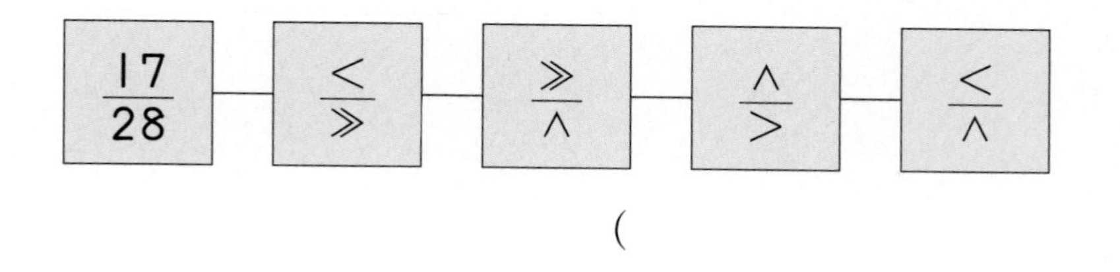

(　　　　　　　　　　)

▶ 주어진 과정을 한 번 진행했을 때 처음과 어떤 변화가 있었는지를 생각하면 4번 반복했을 때 나오는 분수를 알아보기 편리합니다.

3 어떤 기계에 수를 넣으면 다음 • 조건 •에 따라 변한다고 합니다. 이 기계에 796을 넣은 후에 나온 수를 다시 한 번 더 넣으면 어떤 수로 변하는지 구하시오.

• 조건 •

[조건 1] 일의 자리 숫자가 짝수이면 백의 자리 숫자에는 1을 더하고, 십의 자리 숫자에서는 2를 빼고, 일의 자리 숫자는 반으로 나눕니다.

[조건 2] 일의 자리 숫자가 홀수이면 백의 자리 숫자에서는 2를 빼고, 십의 자리 숫자에는 1을 더하고, 일의 자리 숫자에서는 1을 뺀 후 반으로 나눕니다.

(　　　　　　　　　　)

▶ 두 조건을 모두 실행하는 것이 아니라 기계에 넣는 수의 일의 자리 숫자에 따라 [조건 1]과 [조건 2] 중 해당하는 조건을 따라 각 자리의 숫자를 계산합니다.

STEP 4 도전! 최상위 문제

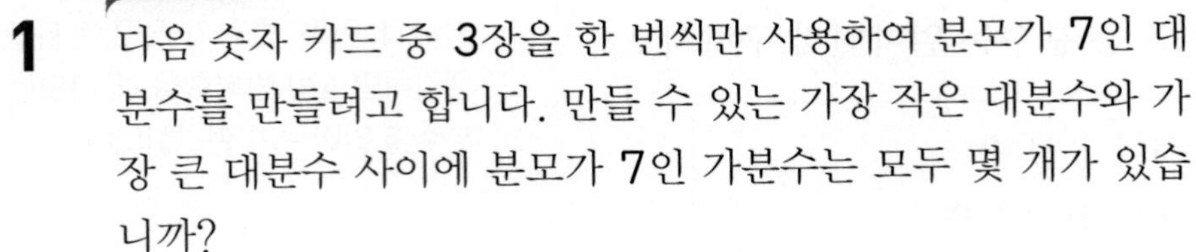

창의·사고

1 다음 숫자 카드 중 3장을 한 번씩만 사용하여 분모가 7인 대분수를 만들려고 합니다. 만들 수 있는 가장 작은 대분수와 가장 큰 대분수 사이에 분모가 7인 가분수는 모두 몇 개가 있습니까?

3	9	8	2	7

(　　　　　　　　　　)

2 0부터 9까지의 숫자 중에서 ㉠에 공통으로 들어갈 수 있는 숫자들의 합은 얼마인지 구하시오.

5㉠98<58㉠3

(　　　　　　　　　　)

창의・사고

3 희정이와 범수가 더 큰 네 자리 수를 만드는 사람이 이기는 게임을 하고 있습니다. 0부터 9까지 쓰여 있는 10장의 숫자 카드를 엎어 놓고 한 장씩 가져가서 네 자리 수를 만들려고 하는데, 카드를 가지고 가기 전에 먼저 자리를 정하고 가져가기로 했습니다. 다음과 같이 만든 상태에서 범수가 이겼다면 범수가 만들 수 있는 수는 모두 몇 가지인지 구하시오.

희정: | 7 | 2 | | | 범수: | | 1 | | 4 |

(　　　　　　　　　　)

창의・사고

4 직사각형을 작은 정사각형 72개로 똑같이 나눈 후에 4개씩 정사각형 모양으로 묶고, 돌리기 규칙을 이용해서 색칠하고 있습니다. 규칙을 찾아 빈 곳에 알맞게 그려 넣고, 완성된 모양에서 색칠된 부분은 전체의 몇 분의 몇인지 구하시오.

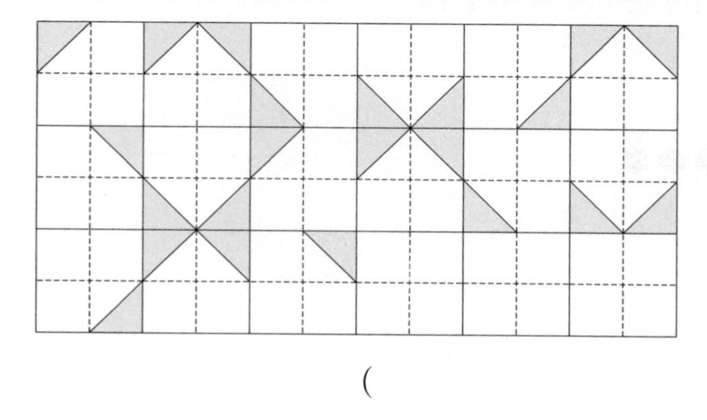

(　　　　　　　　　　)

창의・사고

5 지원이와 수진이가 0부터 9까지의 숫자가 쓰여 있는 10장의 카드를 5장씩 나누어 가졌습니다. 각자 자신이 가진 5장의 카드를 사용하여 네 자리 수를 만들 때, 지원이가 만들 수 있는 가장 큰 수는 7651입니다. 수진이가 만들 수 있는 가장 작은 수는 얼마입니까?

0	1	2	3	4	5	6	7	8	9

( )

창의・융합

6 철민이와 장훈이는 다음과 같이 검은 바둑돌과 흰 바둑돌을 번갈아 한 개씩 놓고 마지막에는 검은 바둑돌을 1개씩 늘어나게 놓는 규칙에 따라 바둑돌을 놓고 있습니다. 네 번째 줄까지 바둑돌을 놓았을 때, 첫 번째 줄에서 네 번째 줄까지 사용한 검은 바둑돌의 수는 전체 바둑돌의 수의 얼마인지 분수로 나타내시오.

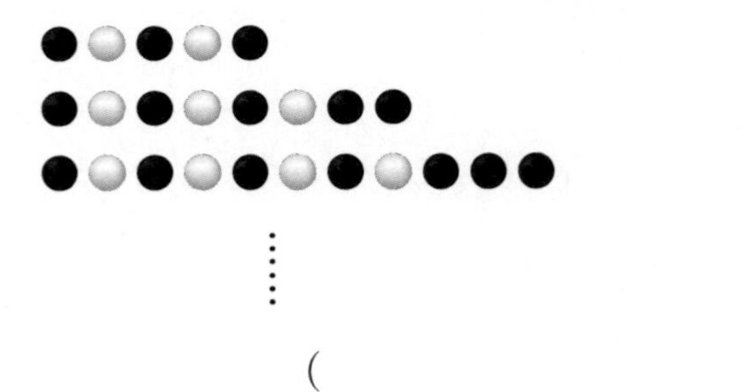

( )

7 각 면에 1부터 6까지의 숫자가 적힌 주사위를 3번 굴려서 나오는 수를 차례대로 다음 분수의 ①, ②, ③ 자리에 넣었을 때, 이 분수가 대분수인 경우는 모두 몇 가지인지 구하시오.

$$①\frac{②}{③}$$

(　　　　　　　　　　　　　　　　)

창의·융합

8 악보를 보면 높은음자리표(𝄞) 다음에 $\frac{4}{4}$와 같은 분수가 나오는데, 이것은 박자를 나타내는 것으로써 한 마디에 4분음표(♩)가 4개 나오는 박자를 의미합니다. 즉, *$\frac{4}{4}$박자일 때 한 마디에 2분음표(𝅗𝅥)는 2개가 들어갈 수 있고, 8분음표(♪)는 8개가 들어갈 수 있습니다. 다음 악보를 보고 ㉠, ㉡에 들어갈 음표를 각각 그리시오. (단, 음표의 오른쪽에 점이 있으면 원래 길이의 반만큼의 길이를 더한 길이가 됩니다.)

*$\frac{4}{4}$박자: 위의 숫자는 마디당 4박자임을 표시하고, 아래 숫자는 한 박자가 4분음표에 해당함을 의미합니다.

㉠ ㉡

㉠ (　　　　　　　　　　), ㉡ (　　　　　　　　　　)

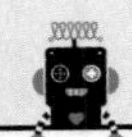

영재원 · 창의융합 문제

❖ 이집트 사람들은 분수를 똑같이 분배하는 것으로 이해하였습니다. 이때, 한 사람이 가져갈 수 있는 덩어리는 최대한 큰 덩어리로 나누어서 가져갔습니다. 예를 들어 다음 그림과 같이 2개의 덩어리를 3명이 나누어 가져야 할 때, 먼저 2덩어리를 최대한 큰 덩어리로 3명이 가져갈 수 있도록 반씩 나누어 4개로 만든 후 $\frac{1}{2}$씩 가져가고 남은 $\frac{1}{2}$을 다시 3개의 조각으로 나누어 $\frac{1}{6}$씩 가져갔습니다. 즉, 한 사람당 $\frac{1}{2}$과 $\frac{1}{6}$씩 가져가면 공정하게 가져가게 되는 것입니다. 물음에 답하시오. (**9~10**)

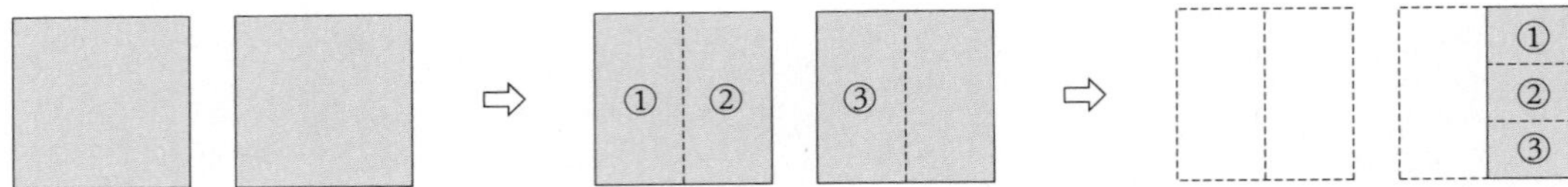

9 이집트 사람들의 방법대로 3덩어리를 4명에게 똑같이 나누어 주려면 어떻게 해야 하는지 그림을 그려 설명하시오.

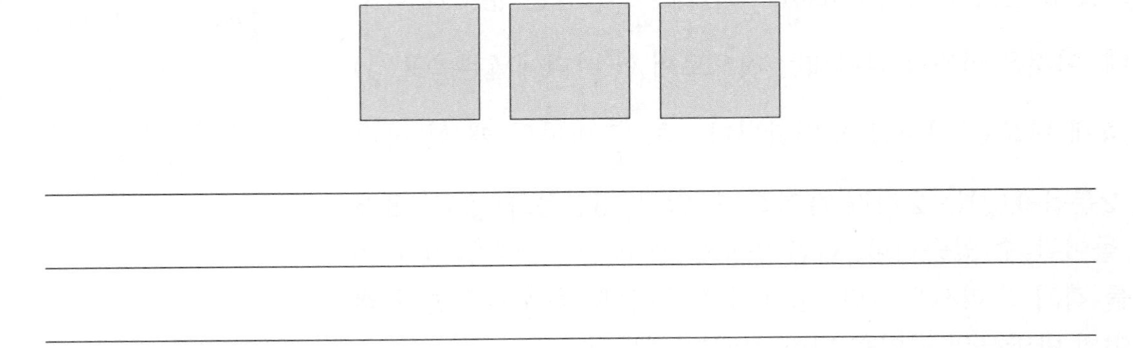

10 이집트 사람들의 방법대로 2덩어리를 5명에게 똑같이 나누어 주려면 어떻게 해야 하는지 그림을 그려 설명하시오.

Ⅱ

연산 영역

| 주제 구성 |

5 덧셈과 뺄셈을 이용하여 수 구하기

6 곱셈 활용하여 문제 해결하기

7 곱셈과 나눗셈의 응용

8 숫자 카드로 식 만들기

9 복면산(숨은 수 알아내기)

STEP 1 경시 기출 유형 문제

주제 학습 5 덧셈과 뺄셈을 이용하여 수 구하기

세 자리 수인 두 수를 더했더니 865가 되고, 큰 수에서 작은 수를 뺐더니 87이 되었습니다. 두 수 중 작은 수를 구하시오.

(　　　　　　　　　　)

문제 해결 전략

① 차를 이용하여 두 수를 하나의 기호로 나타내기
큰 수와 작은 수의 차가 87이므로 작은 수를 □라 하면 큰 수는 □+87입니다.

② 합을 이용하여 식 세우기
두 수를 더하면 □+□+87이고 이것은 865가 됩니다.
⇨ □+□+87=865

③ 두 수 구하기
□+□+87=865에서 □+□=865−87, □+□=778, □=778÷2, □=389입니다.
따라서 두 수 중 작은 수는 389이고, 큰 수는 389+87=476입니다.

선생님, 질문 있어요!

Q. 차를 알고 있는 두 수를 어떻게 나타낼 수 있나요?

A. 합과 차 문제에서 작은 수를 기준으로 하면 큰 수는 작은 수보다 두 수의 차만큼 큰 수가 됩니다.
따라서 두 수 중 큰 수를 (작은 수)+(두 수의 차)로 나타낼 수 있습니다.

참고

- (큰 수) =(작은 수)+(두 수의 차)
- (작은 수) =(큰 수)−(두 수의 차)

따라 풀기 1

세 자리 수인 두 수를 더했더니 823이 되고, 큰 수에서 작은 수를 뺐더니 305가 되었습니다. 두 수 중 큰 수를 구하시오.

(　　　　　　　　　　)

따라 풀기 2

작년 3월의 세정이네 학교 학생 수는 503명이었습니다. 작년 3월부터 현재까지 97명이 전학을 갔고 128명이 전학을 왔다면 현재 세정이네 학교 학생 수는 몇 명입니까?

(　　　　　　　　　　)

[확인 문제]

1-1 세 자리 수인 두 수 중에서 큰 수를 두 번 더하면 684가 되고, 큰 수와 작은 수의 차는 153입니다. 두 수 중 작은 수를 구하시오.

( )

2-1 용산에서 출발하는 KTX 기차에 승객이 1097명 타고 있었습니다. 광주역에서 259명이 내리고 몇 명이 더 탔더니 886명이 되었습니다. 광주역에서 탄 승객은 몇 명인지 구하시오.

( )

3-1 어떤 세 자리 수의 십의 자리 숫자와 일의 자리 숫자를 바꾸어 새로 만든 수에 385를 더했더니 1024가 되었습니다. 처음 수와 새로 만든 수의 차를 구하시오.

( )

[한 번 더 확인]

1-2 세 자리 수인 두 수 중 큰 수에서 작은 수를 빼면 288이고, 큰 수에 작은 수를 두 번 더하면 786입니다. 두 수 중 큰 수를 구하시오.

( )

2-2 지효네 밭은 무를 700개 심었는데 587개를 수확했고, 은영이네 밭은 무를 800개 심었는데 652개를 수확했습니다. 수확하지 못한 무는 누구네 밭이 몇 개 더 많은지 구하시오.

( ), ( )

3-2 어떤 세 자리 수가 있습니다. 이 수의 백의 자리 숫자와 일의 자리 숫자를 바꾼 수를 처음 수와 더하였더니 1170이 되었습니다. 어떤 세 자리 수가 될 수 있는 수 중 가장 큰 수를 구하시오.

( )

[주제 학습 6] 곱셈 활용하여 문제 해결하기

그림과 같이 도로의 한쪽에 일직선으로 34 m 간격으로 9그루의 나무를 심으려고 합니다. 첫 번째에 심은 나무와 마지막에 심은 나무 사이의 거리는 몇 m인지 구하시오.

34 m

(　　　　　　　　　　)

문제 해결 전략

① 나무 사이의 간격의 수 구하기

심은 나무의 수가 9그루이므로 나무 사이의 간격의 수는 $9-1=8$(군데)입니다.

② 첫 번째에 심은 나무와 마지막에 심은 나무 사이의 거리 구하기

첫 번째에 심은 나무와 마지막에 심은 나무 사이의 거리는 34 m씩 8군데이므로 $34\times8=272$ (m)입니다.

선생님, 질문 있어요!

Q. 심은 나무의 수와 간격의 수 사이에는 어떤 관계가 있나요?

A. 간격의 수는 심은 나무의 수보다 1 작습니다.

⇨ (간격의 수)

=(심은 나무의 수)−1

참고

(첫 번째에 심은 나무와 마지막에 심은 나무 사이의 거리)

=(나무와 나무 사이의 간격)

×(간격의 수)

따라 풀기 1

곧게 뻗은 도로의 한쪽에 가로수 15그루를 17 m 간격으로 심었습니다. 첫 번째에 심은 가로수와 마지막에 심은 가로수 사이의 거리는 몇 m인지 구하시오.

(　　　　　　　　　　)

따라 풀기 2

수연이는 아버지와 감귤 따기 체험을 갔습니다. 감귤을 따서 수연이는 세 바구니에 각각 48개씩 넣었고 아버지는 네 바구니에 각각 56개씩 넣었습니다. 수연이와 아버지가 딴 감귤은 모두 몇 개입니까?

(　　　　　　　　　　)

확인 문제

1-1 수근이는 물을 하루에 13컵씩 매일 마시고 있습니다. 수근이가 14주 동안 마신 물은 몇 컵인지 구하시오.

( )

2-1 서로 다른 한 자리 수 ㉮, ㉯, ㉰를 구하여 ㉮×㉰+㉯가 얼마인지 구하시오.

㉮×㉯=36
㉯×㉰=24

( )

3-1 어떤 수에 6을 곱해야 할 것을 잘못하여 6으로 나누었더니 13이 되었습니다. 바르게 계산하면 얼마인지 구하시오.

( )

한 번 더 확인

1-2 아파트 공사 현장에서 집 한 채를 도배하는 데 필요한 벽지의 길이가 28 m입니다. 한 층에는 같은 크기의 집이 3채가 있고, 이 아파트 한 동은 24층까지 있다고 합니다. 아파트 한 동에 있는 집 전체를 도배하는 데 필요한 벽지는 모두 몇 m입니까?

( )

2-2 곱이 2000에 가장 가까운 수가 되도록 만들 때, 1부터 9까지의 수 중에서 □ 안에 알맞은 수를 구하시오.

374×□

( )

3-2 어떤 수에 8을 곱한 다음 7을 빼야 할 것을 잘못하여 7을 곱한 다음 8을 뺐더니 76이 되었습니다. 바르게 계산하면 얼마인지 구하시오.

( )

주제 학습 7 곱셈과 나눗셈의 응용

50부터 90까지의 수 중에서 7로 나누었을 때 나머지가 2인 수는 모두 몇 개인지 구하시오.

( )

문제 해결 전략

① 문제를 식으로 나타내기

7로 나누었을 때 나머지가 2인 수를 □라 하면 □÷7=▲…2입니다.

따라서 검산을 이용하여 곱셈식으로 나타내면 7×▲+2=□입니다.

② 조건에 맞는 수의 개수 구하기

□ 안에 들어갈 수 있는 수 중 50부터 90까지의 수를 찾아야 하므로 ▲에 수를 넣어 보면서 조건을 만족하는 경우를 찾습니다.

7×6+2=44(×), 7×7+2=51(○), 7×8+2=58(○), ……,

7×12+2=86(○), 7×13+2=93(×)

따라서 조건을 만족하는 수는 ▲가 7, 8, 9, 10, 11, 12일 때이므로 모두 6개입니다.

선생님, 질문 있어요!

Q. 곱셈과 나눗셈은 어떤 관계가 있나요?

A. 곱셈식을 보고 나눗셈식을 나타내거나 나눗셈식을 보고 곱셈식을 나타낼 수 있습니다.

- ■×▲=●
  ⇨ ●÷▲=■, ●÷■=▲
- ■÷▲=●
  ⇨ ●×▲=■, ▲×●=■
- ■÷▲=●…★
  ⇨ ▲×●+★=■

따라 풀기 **1**

두 자리 수 중에서 9로 나누었을 때 나머지가 3인 수는 모두 몇 개인지 구하시오.

( )

따라 풀기 **2**

학생들에게 사탕을 봉지에서 꺼내서 4개씩 나누어 주었더니 6명에게 나누어 주고 남는 것이 없었습니다. 같은 개수의 사탕이 들어 있는 사탕 봉지에서 사탕을 3개씩 꺼내서 학생들에게 나누어 준다면 최대 몇 명에게 나누어 줄 수 있는지 구하시오.

( )

[확인 문제]

1-1 30보다 크고 80보다 작은 수 중에서 3으로도 나누어떨어지고, 8로도 나누어떨어지는 수를 모두 구하시오.

( )

2-1 정호와 유정이는 길이가 같은 줄을 가지고 있습니다. 미술 시간에 작품을 만들기 위해서 정호가 줄을 6 cm씩 잘랐더니 6개가 되었습니다. 유정이는 줄을 4 cm씩 자르려고 할 때, 몇 개가 되는지 구하시오.

( )

3-1 〈㉮〉는 ㉮를 6으로 나누었을 때의 나머지라고 약속할 때, 다음 값을 구하시오.

〈20〉+〈21〉+〈22〉+〈23〉
+……+〈29〉+〈30〉

( )

[한 번 더 확인]

1-2 20보다 크고 50보다 작은 수 중에서 4로 나누면 3이 남고, 9로 나누면 5가 남는 수를 구하시오.

( )

2-2 혜수와 정석이는 같은 문제집을 풀고 있습니다. 이 문제집을 혜수는 하루에 7쪽씩 풀었더니 9일 만에 모두 풀었습니다. 정석이가 이 문제집을 하루에 3쪽씩 푼다면 며칠 만에 모두 풀 수 있는지 구하시오.

( )

3-2 ◎와 ☆을 다음과 같이 계산하기로 약속할 때, 84◎4와 78☆3의 값의 차를 구하시오.

㉮◎㉯=㉮÷㉯×㉮
㉮☆㉯=㉮×㉯÷2×9

( )

Ⅱ 연산 영역

[주제 학습 8] 숫자 카드로 식 만들기

1부터 9까지의 숫자 카드를 한 번씩 사용하여 (세 자리 수)+(세 자리 수)의 덧셈식을 만들려고 합니다. 계산 결과가 가장 큰 덧셈식을 만들었을 때, 계산 결과는 얼마입니까?

1	2	3	4	5	6	7	8	9

( )

선생님, 질문 있어요!

Q. 덧셈식의 계산 결과를 가장 크게 하려면 어떻게 해야 하나요?

A. 더하는 두 수의 높은 자리의 숫자부터 차례대로 크게 해야 계산 결과가 가장 커집니다.

문제 해결 전략

① 더하는 두 수의 백의 자리 숫자 구하기
(세 자리 수)+(세 자리 수)의 덧셈식의 계산 결과를 가장 크게 만들려면 더하는 두 수의 백의 자리에 가장 큰 두 수를 놓아야 하므로 백의 자리 숫자가 9와 8이 되어야 합니다.

② 더하는 두 수의 십의 자리 숫자 구하기
십의 자리 숫자는 백의 자리에 사용한 두 수를 제외한 수 중 가장 큰 두 수인 7, 6이 되어야 합니다.

③ 더하는 두 수의 일의 자리 숫자 구하기
일의 자리 숫자는 남은 수 중 가장 큰 두 수인 5, 4가 되어야 합니다.

④ 계산 결과가 가장 큰 덧셈식 만들고 계산하기
계산 결과가 가장 큰 (세 자리 수)+(세 자리 수)는 975+864입니다.
이때, 974+865, 965+874, 964+875 등과 같이 백의 자리끼리, 십의 자리끼리, 일의 자리끼리 서로 바꾼 식은 모두 계산 결과가 같습니다.
따라서 계산 결과가 가장 큰 덧셈식의 계산 결과는 975+864=1839입니다.

참고
계산 결과가 가장 큰 (세 자리 수)−(세 자리 수)의 뺄셈식을 만들려면 가장 큰 세 자리 수에서 가장 작은 세 자리 수를 빼는 뺄셈식을 만들면 됩니다.

1부터 9까지의 숫자 카드를 한 번씩 사용하여 (세 자리 수)−(세 자리 수)의 뺄셈식을 만들려고 합니다. 계산 결과가 가장 큰 뺄셈식을 만들었을 때, 계산 결과는 얼마입니까?

1	2	3	4	5	6	7	8	9

( )

[확인 문제]

1-1 다음 숫자 카드를 한 번씩 사용하여 만들 수 있는 네 자리 수 중 두 번째로 큰 네 자리 수와 두 번째로 작은 네 자리 수의 차를 구하시오.

( )

2-1 세 장의 숫자 카드를 한 번씩 사용하여 곱이 가장 큰 (두 자리 수)×(한 자리 수)의 곱셈식을 만들었을 때, 곱은 얼마입니까?

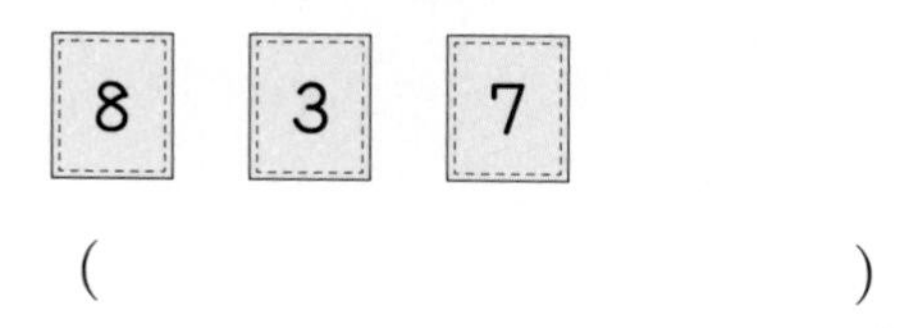

( )

3-1 주어진 숫자 카드를 한 번씩 사용하여 (두 자리 수)×(한 자리 수)의 곱셈식을 만들 때, 곱셈의 결과는 몇 가지가 나오는지 구하시오.

2 6 5

( )

[한 번 더 확인]

1-2 숫자 카드 1, 3, 4, 5, 7이 각각 한 장씩 있습니다. 이 중에서 4장을 뽑아서 백의 자리 숫자가 7인 네 자리 수를 만들려고 합니다. 만들 수 있는 가장 큰 수와 가장 작은 수의 합은 얼마입니까?

( )

2-2 네 장의 숫자 카드 중 세 장을 골라 곱이 가장 작은 (두 자리 수)×(한 자리 수)의 곱셈식을 만들었을 때, 곱은 얼마입니까?

7 9 2 6

( )

3-2 네 장의 숫자 카드를 한 번씩 사용하여 곱이 가장 큰 (두 자리 수)×(두 자리 수)의 곱셈식을 만들 때, 곱은 얼마인지 구하시오.

7 9 4 6

( )

Ⅱ 연산 영역

[주제 학습 9] 복면산(숨은 수 알아내기)

□ 안에 알맞은 숫자를 써넣으시오.

$$\begin{array}{r} \square\ 8\ \square \\ +\ 6\ \square\ 5 \\ \hline 1\ 0\ 8\ 1 \end{array}$$

문제 해결 전략

① 일의 자리 계산 알아보기
□+5의 일의 자리 숫자가 1이므로 □+5=11, □=6입니다.

② 십의 자리 계산 알아보기
일의 자리의 계산에서 받아올림한 수가 있으므로 1+8+□의 일의 자리 숫자가 8입니다. 따라서 1+8+□=18, 9+□=18, □=9입니다.

③ 백의 자리 계산 알아보기
십의 자리의 계산에서 받아올림한 수가 있으므로 1+□+6=10, □+7=10, □=3입니다.

선생님, 질문 있어요!

Q. 복면산이 뭔가요?

A. 복면산은 수학 퍼즐의 한 종류로, 문자를 이용하여 표현된 수식에서 각 문자가 나타내는 숫자를 알아내는 문제입니다.

숫자가 "복면"을 쓰고 있는 연산이라는 뜻에서 지어진 이름이에요.

□ 안에 알맞은 숫자를 써넣으시오.

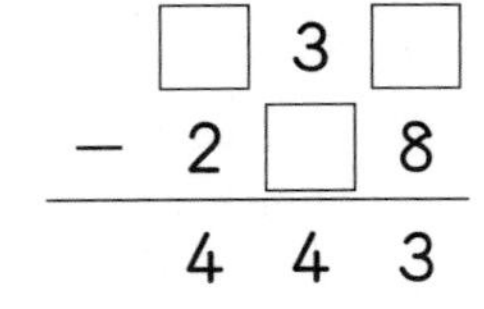

$$\begin{array}{r} \square\ 3\ \square \\ -\ 2\ \square\ 8 \\ \hline 4\ 4\ 3 \end{array}$$

따라 풀기 2

□ 안에 알맞은 숫자를 써넣으시오.

$$\begin{array}{r} 5\ \square \\ \times\ \ \ 4 \\ \hline \square\ 2\ 8 \end{array}$$

[확인 문제]

1-1 ㉮, ㉯, ㉰에 알맞은 숫자를 구하시오.

```
    7 2 ㉰
+ ㉯ 3 7
─────────
 ㉮ 5 6 2
```

㉮ (　　　　　　)
㉯ (　　　　　　)
㉰ (　　　　　　)

2-1 ㉮, ㉯, ㉰에 알맞은 숫자를 구하시오.

```
    3 ㉮
 × ㉯ 9
────────
 9 ㉰ 6
```

㉮ (　　　　　　)
㉯ (　　　　　　)
㉰ (　　　　　　)

3-1 같은 문자는 같은 숫자를 나타내고 다른 문자는 다른 숫자를 나타냅니다. ㉮, ㉯, ㉰에 알맞은 숫자를 구하시오.

```
       2 ㉮
   × ㉯ 3
──────────
 ㉰ ㉰ ㉰ 8
```

㉮ (　　　　　　)
㉯ (　　　　　　)
㉰ (　　　　　　)

[한 번 더 확인]

1-2 ㉮, ㉯, ㉰에 알맞은 숫자를 구하시오.

```
   8 ㉯ 2
− ㉮ 9 ㉰
─────────
   5 7 9
```

㉮ (　　　　　　)
㉯ (　　　　　　)
㉰ (　　　　　　)

2-2 ㉮, ㉯, ㉰에 알맞은 숫자를 구하시오.

```
         ㉮
   ┌──────
 6 ) ㉯ 2
     4 ㉰
   ──────
        0
```

㉮ (　　　　　　)
㉯ (　　　　　　)
㉰ (　　　　　　)

3-2 같은 문자는 같은 숫자를 나타내고 다른 문자는 다른 숫자를 나타냅니다. ㉮, ㉯, ㉰에 알맞은 숫자를 구하시오.

```
          ㉮
    ┌──────
 ㉮ ) ㉯ 1
      4 ㉰
    ──────
         2
```

㉮ (　　　　　　)
㉯ (　　　　　　)
㉰ (　　　　　　)

STEP 2 실전 경시 문제

덧셈과 뺄셈 계산하기

1

계산 결과가 큰 것부터 차례대로 기호로 쓰시오.

㉠ 424+397　　㉡ 238+625
㉢ 546+273　　㉣ 357+468

(　　　　　　　　)

전략 받아올림에 주의하여 덧셈을 한 후 높은 자리 숫자부터 차례대로 비교합니다.

2 | 성대 경시 기출 유형 |

□ 안에 공통으로 들어갈 수 있는 세 자리 수는 모두 몇 개입니까?

375+428>□−169
1420−□<296+339

(　　　　　　　　)

전략 먼저 첫 번째 식과 두 번째 식에서 □의 공통 범위를 구합니다.

3

민지와 준호가 세운 식의 결과를 더하면 얼마입니까?

민지: 101+113+125+137+149
준호: 150+162+174+186+198

(　　　　　　　　)

전략 먼저 두 사람이 세운 식의 결과를 각각 구한 후 두 결과를 더합니다.

4 | 창의・융합 |

마방진은 자연수를 정사각형 모양으로 나열하여 가로, 세로, 대각선(＼, ／)으로 배열된 각각의 수의 합이 전부 같아지게 만든 것입니다. 다음 마방진에서 빈칸에 알맞은 수를 써넣으시오.

171		169
	172	
175		

전략 세 수가 모두 주어진 한 줄의 값을 먼저 구한 후 나머지 빈칸에 알맞은 수를 구합니다.

덧셈과 뺄셈을 이용하여 수 구하기

5 | 고대 경시 기출 유형 |

재석이는 오늘 받은 용돈 1500원을 가지고 가게에 가서 870원짜리 과자와 360원짜리 사탕을 1개씩 샀습니다. 남은 돈은 얼마입니까?

( )

전략 재석이가 받은 용돈에서 가게에서 물건을 사는 데 사용한 돈을 빼야 합니다.

6 | 창의 · 융합 |

갓 태어난 아기를 보면 어른보다 몸집이 작고 목을 잘 가누지도 못합니다. 그래서 아기들의 뼈의 개수가 어른보다 적을 것이라고 생각할 수 있습니다. 그런데 이런 갓 태어난 아기들의 뼈의 개수를 세어 보면 350개이고, 어른이 되면 206개가 됩니다. 아기의 뼈들이 어른이 되면서 서로 붙어서 하나의 뼈가 되는 경우가 있기 때문입니다. 아기가 어른이 되면서 줄어드는 뼈의 개수는 몇 개입니까?

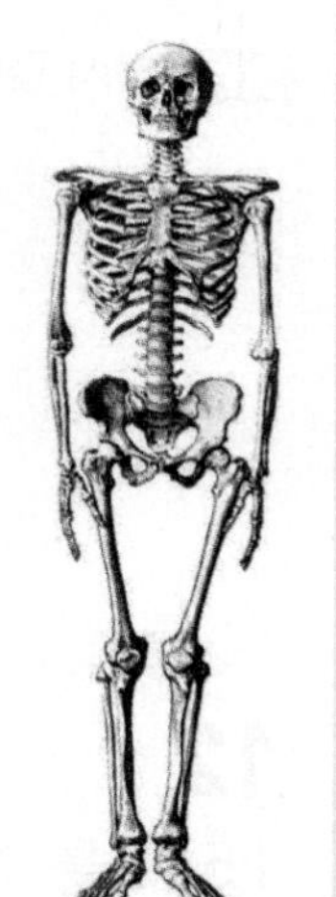

( )

전략 아기일 때 뼈의 개수와 어른일 때 뼈의 개수의 차를 구합니다.

7 | 성대 경시 기출 유형 |

인형 공장에서 월요일에 생산한 인형은 486개, 화요일에 생산한 인형은 487개, 수요일에 생산한 인형은 508개였습니다. 이 공장에서 월요일부터 수요일까지 생산한 인형을 모두 트럭에 실었다면 트럭에는 인형이 몇 개 있습니까?

( )

전략 트럭에 실은 인형의 수는 월요일부터 수요일까지 생산한 인형의 수의 합과 같습니다.

8

예실이네 학교 학생은 573명입니다. 이 중에서 체육을 좋아하는 학생은 348명이고 수학을 좋아하는 학생은 297명입니다. 체육과 수학을 모두 싫어하는 학생은 없다고 할 때, 체육과 수학을 모두 좋아하는 학생은 몇 명입니까?

( )

전략 체육을 좋아하는 학생 수와 수학을 좋아하는 학생 수를 더했을 때 전체 학생 수보다 많다는 것은 두 과목을 모두 좋아하는 학생이 있다는 것을 의미합니다.

9 | 성대 경시 기출 유형 |

그림에서 한 원 안에 있는 네 수의 합이 모두 같을 때, ㉡에 알맞은 수는 얼마입니까?

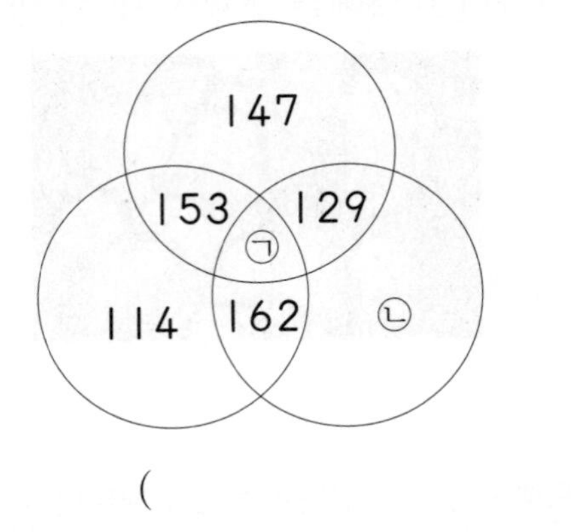

( )

전략 각 원 안에 있는 네 수의 합이 같음을 이용하여 식을 세워 봅니다.

10 | 성대 경시 기출 유형 |

어떤 수에 189를 더해야 할 것을 잘못하여 뺐더니 425가 되었습니다. 바르게 계산하면 얼마인지 구하시오.

( )

전략 빼서 나온 결과에 뺀 수만큼 다시 더하면 원래의 수가 나옵니다.

11 | 창의・융합 |

민호네 집과 편의점 사이의 거리는 162 m이고, 편의점에서 학교까지의 거리는 76 m입니다. 민호가 학교에서 집으로 가는데, 편의점에 왔을 때 학교에 두고 온 공책이 생각나서 다시 학교에 갔다가 편의점을 거쳐 집으로 갔다면 민호가 학교에서 집으로 갈 때까지 걸은 거리는 모두 몇 m입니까?

( )

전략 다시 돌아간 거리는 지나간 횟수만큼 더해야 합니다.

12 | 고대 경시 기출 유형 |

1502를 연속되는 4개의 자연수의 합으로 나타내려고 합니다. □ 안에 작은 수부터 차례대로 써넣으시오.

1502=□+□+□+□

전략 연속되는 수를 하나의 기호를 사용하여 나타낸 후 식을 세워서 구합니다.

13

다음과 같은 규칙을 가진 수를 더하였을 때, 그 합의 십의 자리 숫자는 무엇인지 구하시오.

$$123+234+345+456+567 \\ +678+789+891+912$$

( )

전략 일의 자리에서 받아올림해야 하는 수가 얼마인지 확인하고 십의 자리 계산에 더합니다.

14

| 창의 · 융합 |

가 막대는 137 cm이고 나 막대는 98 cm이고 다 막대는 가 막대보다 49 cm 더 깁니다. 겹치는 부분을 같게 해서 전체를 연결하였더니 전체 길이가 363 cm가 되었습니다. 겹치는 부분의 길이는 각각 몇 cm씩인지 구하시오.

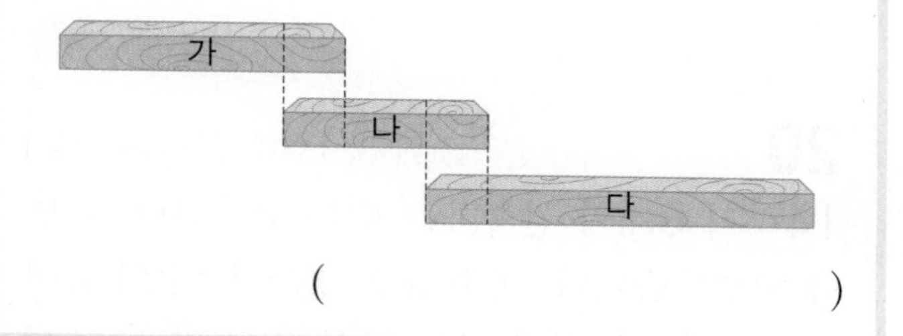

( )

전략 겹치는 부분은 2군데입니다.

15

| 성대 경시 기출 유형 |

하늘초등학교의 3학년과 4학년 학생 수를 더하면 모두 348명입니다. 3학년 여학생은 4학년 여학생보다 1명이 적고 3학년 남학생은 4학년 남학생보다 11명이 더 많습니다. 하늘초등학교의 3학년 학생은 몇 명입니까?

( )

전략 3학년 학생 수와 4학년 학생 수가 얼마나 차이 나는지 알아봅니다.

16

세 자리 수가 2개 있습니다. 이 중에서 큰 수의 일의 자리 숫자는 6이고, 작은 수의 십의 자리 숫자는 7입니다. 두 수의 합은 1005이고, 두 수의 차는 447이라고 할 때, 두 수는 각각 얼마인지 구하시오.

( ), ( )

전략 주어진 자리에 수를 넣고 덧셈식과 뺄셈식을 세워 나머지 자리를 알아봅니다.

곱셈 활용하여 문제 해결하기

17

㉮, ㉯, ㉰는 모두 자연수입니다. ㉮가 될 수 있는 수를 모두 구하시오.

㉮×㉯=81　　　㉮×㉰=36

(　　　　　　　　　　)

전략 첫 번째와 두 번째 식에서 ㉮가 될 수 있는 수들을 각각 구한 후 공통으로 들어가는 수를 찾습니다.

18 | 성대 경시 기출 유형 |

어떤 두 수의 합은 57이고 차는 5입니다. 이 두 수의 곱은 얼마인지 구하시오.

(　　　　　　　　　　)

전략 두 수의 차를 이용하여 두 수를 하나의 기호로 나타내고 합을 이용하여 식을 세우면 두 수를 구할 수 있습니다.

19 | 창의 · 융합 |

우리들이 섭취하는 음식물에 들어 있는 영양소 중에서 탄수화물과 단백질은 각각 1 g에 4*킬로칼로리, 지방은 1 g에 9 킬로칼로리의 에너지를 낼 수 있도록 해 줍니다. 다음은 어느 과자의 성분표입니다. 이 과자를 먹으면 몇 킬로칼로리의 에너지를 낼 수 있습니까? (단, 나트륨은 열량이 없습니다.)

*킬로칼로리: 열량(에너지)의 단위.

탄수화물 27 g
단백질 12 g
지방 9 g
나트륨 100 mg
트랜스지방 0 g

(　　　　　　　　　　)

전략 과자에 들어 있는 각 영양소의 열량을 계산한 후 모두 더합니다.

20 | 성대 경시 기출 유형 |

14부터 6개의 연속하는 수를 주사위의 각 면에 써넣었습니다. 마주 보는 면의 두 수의 합이 모두 같을 때, 마주 보는 면의 두 수의 곱 중에서 가장 큰 곱을 구하시오.

(　　　　　　　　　　)

전략 6개의 연속하는 수를 합이 같은 3쌍으로 짝 지은 후 곱을 구해 크기를 비교합니다.

곱셈과 나눗셈의 응용

21 | 고대 경시 기출 유형 |

□ 안에 들어갈 수 있는 자연수는 모두 몇 개입니까?

$98 \div 7 < \square < 19 \times 24$

( )

전략 주어진 식을 먼저 계산하여 그 사이에 들어가는 수를 모두 찾습니다.

22 | 고대 경시 기출 유형 |

일직선인 도로의 처음에 가로등을 설치하고 3 m 간격으로 계속 설치하고 있습니다. 처음 설치한 곳과 마지막에 설치한 곳 사이의 거리가 87 m라고 하면 가로등은 몇 개가 설치되었습니까?

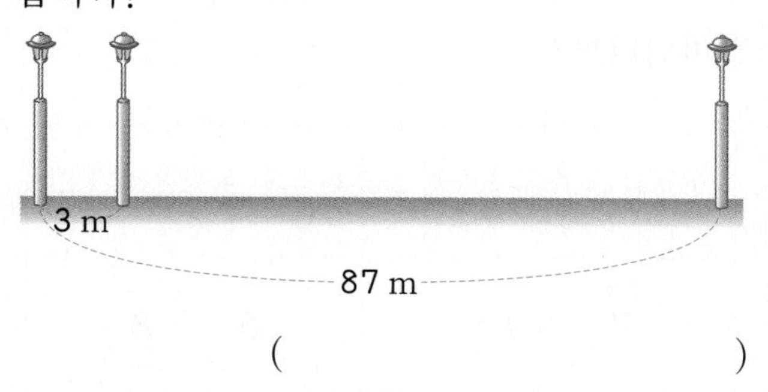

( )

전략 가로등의 간격의 수와 가로등의 수 사이의 관계를 생각하여 가로등의 수를 구해야 합니다.

23 | 성대 경시 기출 유형 |

선생님께서 초콜릿을 학생들에게 똑같이 나누어 주려고 합니다. 초콜릿을 4명에게 나누어 주면 3개가 남고, 7명에게 나누어 주어도 3개가 남는다고 합니다. 선생님께서 나누어 주려는 초콜릿은 최소 몇 개인지 구하시오. (단, 선생님께서 나누어 주려는 초콜릿은 10개보다 많습니다.)

( )

전략 나누는 수가 큰 수인 경우를 먼저 생각해서 가능한 초콜릿의 수를 차례대로 구한 후 나누는 수가 작은 수인 경우에 가능한 초콜릿의 수를 구합니다.

24 | 성대 경시 기출 유형 |

어떤 두 자리 수와 9를 곱해야 하는데 두 자리 수를 잘못 보고 십의 자리 숫자와 일의 자리 숫자를 바꿔서 잘못 계산하였더니 288이 되었습니다. 바르게 계산하면 얼마인지 구하시오.

( )

전략 잘못 계산한 결과를 이용하여 십의 자리 숫자와 일의 자리 숫자가 바뀐 두 자리 수를 먼저 구합니다.

숫자 카드로 식 만들기

25

1부터 9까지의 숫자 카드를 □ 안에 한 번씩 써넣으려고 합니다. 계산 결과가 가장 큰 식을 만들었을 때, 계산 결과는 얼마입니까?

□□□+□□□−□□□

(　　　　　　　　　　)

전략 계산 결과가 크려면 더하는 수는 크게, 빼는 수는 작게 해야 합니다.

26 | 성대 경시 기출 유형 |

4장의 숫자 카드 중 3장을 골라 (두 자리 수)÷(한 자리 수)의 나눗셈식을 만들었을 때, 나누어떨어지는 경우는 모두 몇 개인지 구하시오.

2　5　7　4

(　　　　　　　　　　)

전략 주어진 숫자 카드로 만들 수 있는 (두 자리 수)÷(한 자리 수)의 나눗셈식을 모두 세워 보고 각각 계산하여 나머지가 없는 경우의 수를 세어 봅니다.

27 | 성대 경시 기출 유형 |

다음과 같이 서로 다른 숫자가 적힌 6장의 카드를 사용하여 만들 수 있는 가장 큰 세 자리 수와 가장 작은 세 자리 수의 차가 883일 때, 가 의 값을 구하시오.

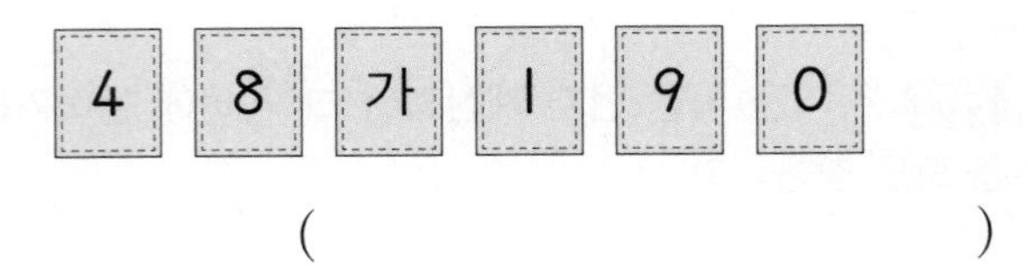

(　　　　　　　　　　)

전략 가 의 범위에 따라서 만들 수 있는 가장 큰 수와 가장 작은 수를 구하고 차가 883인 경우를 찾습니다.

28 | 창의・융합 |

미나와 현민이가 각각 가지고 있는 숫자 카드 중 3장을 골라 세 자리 수를 만들려고 합니다. 미나가 만들 수 있는 세 번째로 작은 수와 현민이가 만들 수 있는 다섯 번째로 큰 수의 합은 얼마입니까?

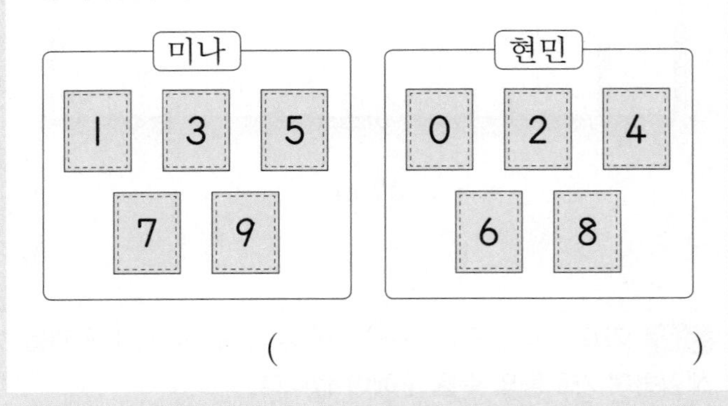

(　　　　　　　　　　)

전략 미나가 만들 수 있는 세 번째로 작은 세 자리 수와 현민이가 만들 수 있는 다섯 번째로 큰 세 자리 수를 각각 구한 후 덧셈을 합니다.

복면산(숨은 수 알아내기)

29 | 성대 경시 기출 유형 |

㉮, ㉯, ㉰, ㉱에 알맞은 숫자를 구하시오.

```
      2 ㉮
   ┌─────
 3 ) ㉯ 2
      6
   ─────
     ㉰ 2
      1 ㉱
   ─────
        0
```

㉮ (　　　　　　), ㉯ (　　　　　　),
㉰ (　　　　　　), ㉱ (　　　　　　)

전략 나누는 과정에서 일의 자리 계산을 먼저 생각해서 아래쪽 숫자부터 구해 봅니다.

30 | 성대 경시 기출 유형 |

㉮, ㉯, ㉰에 알맞은 숫자를 구하시오.

```
    ㉮ ㉯ ㉰
    ㉯ ㉰ 5
 +  ㉮ ㉰ 9
 ──────────
  1  3  1  1
```

㉮ (　　　　　　)
㉯ (　　　　　　)
㉰ (　　　　　　)

전략 일의 자리 계산, 십의 자리 계산, 백의 자리 계산 순서대로 모르는 수를 구합니다. 위의 식과 같이 세 수의 합을 하나의 세로셈으로도 나타낼 수 있습니다.

31 | 고대 경시 기출 유형 |

□ 안에 알맞은 수들의 합을 구하시오.

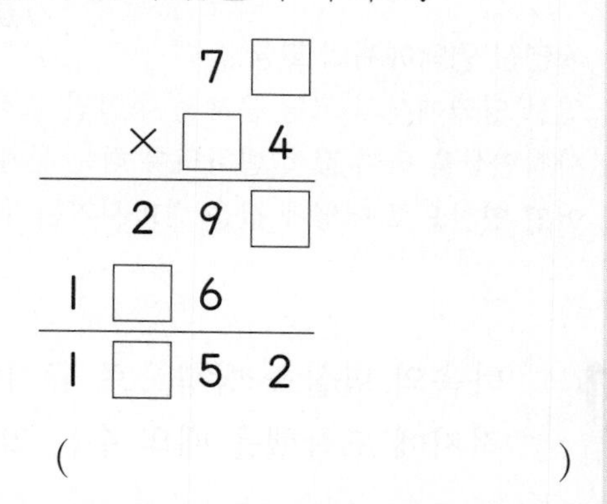

(　　　　　　　　　　)

전략 주어진 수들로 먼저 구할 수 있는 수를 써넣고 나머지 수들을 구한 후 모두 더합니다.

32

다음 덧셈식에서 ㉮, ㉯, ㉰는 서로 다른 숫자를 나타냅니다. ㉮+㉯+㉰를 구하시오.

```
    ㉮ ㉰ ㉯
 +  ㉯ ㉮ ㉰
 ──────────
    8  ㉮ ㉮
```

(　　　　　　　　　　)

전략 덧셈식에서 계산 결과의 백의 자리 숫자가 8이므로 ㉮+㉯는 7 또는 8입니다.

II 연산 영역

STEP 3 코딩 유형 문제

* 연산 영역에서의 코딩

연산 영역에서의 코딩 문제는 주어진 조건에 따라 특정 값에 덧셈, 뺄셈, 곱셈, 나눗셈의 사칙연산을 하여 값이 변하도록 하는 문제입니다.
어떤 연산으로 어떻게 값을 변화시키는지를 생각해서 문제를 해결해 나갑니다.

1 다음의 화살표 방향으로 규칙에 따라 차례대로 계산하여 간다면 목적지에 도착했을 때의 수는 얼마입니까?

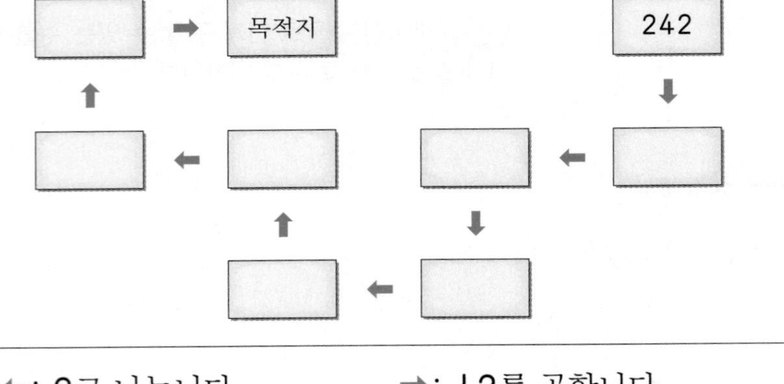

⬅: 2로 나눕니다. ➡: 12를 곱합니다.
⬆: 32를 뺍니다. ⬇: 146을 더합니다.

( )

▶ 주어진 수 242부터 화살표 방향에 따라 순차적으로 사칙연산을 하여 목적지에 도착했을 때의 최종 값을 구합니다.

2 컴퓨터로 처리하고자 하는 문제를 분석하고 그 처리 순서를 단계화하여, 상호 간의 관계를 알기 쉽게 약속된 기호와 도형을 써서 나타낸 그림을 순서도라고 합니다. 다음 순서도의 시작에 0을 넣었을 때 나오는 값을 구하시오.

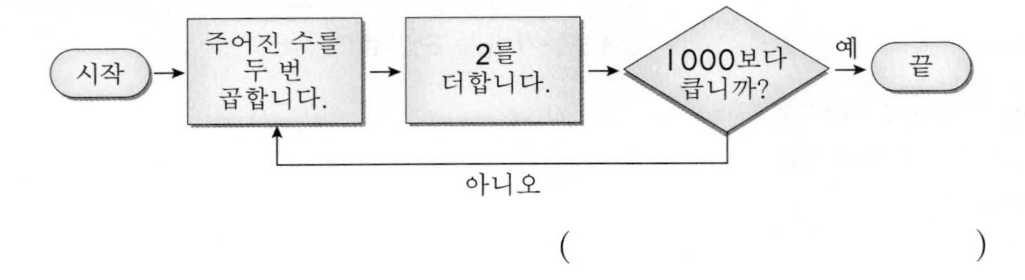

( )

▶ 순서도에서 ⬭ 기호는 순서도의 시작과 끝을 나타냅니다.
▭ 기호는 연산의 처리를 나타냅니다.
→ 기호는 흐름을 나타냅니다.
◇ 기호는 조건이 참이면 '예', 거짓이면 '아니오'로 가는 판단 기호입니다.

3 92부터 96까지의 수를 다음 흐름에 따라 계산하여 나온 수를 모두 더하면 얼마인지 구하시오.

홀수이면 11을 빼고 아래로	⬇	짝수이면 9를 더하고 아래로
100보다 크면 15를 빼고 아래로	⬇	100보다 작으면 14를 더하고 나갑니다.
십의 자리 숫자와 일의 자리 숫자의 차가 5보다 크면 12를 더하고 아래로	⬇	십의 자리 숫자와 일의 자리 숫자의 차가 5보다 작으면 16을 빼고 나갑니다.
각 자리 숫자의 합이 짝수이면 17을 더하고 나갑니다.	⬇	각 자리 숫자의 합이 홀수이면 17을 빼고 나갑니다.

( )

▶ 해당하는 조건에 따라 순차적으로 진행하는 문제입니다. 92, 93, 94, 95, 96을 차례대로 맞는 조건에 따라 계산했을 때 나온 수들을 구하여 모두 더합니다.

4 1000에서 ▢ 부분을 17번 반복해서 빼고 더한 결과는 얼마인지 구하시오.

1000 [−11−12−13−14+15+16+17+18+19]

( )

▶ 앞에서부터 차례대로 계산하는 것보다 반복해야 하는 ▢ 부분에서 규칙을 찾아 ▢ 부분을 한 번 계산할 때 처음 수가 어떻게 변하는지를 알아보고 17번 반복한 결과를 구하면 쉽게 구할 수 있습니다.

5 한 단계를 거칠 때마다 ▲는 1씩 커지고 ■는 2씩 커집니다. ▲가 1, ■가 2부터 시작할 때, 몇 단계부터 식이 성립하는지 구하시오.

▲×■×■>850

( )

▶ 주어진 식에 ▲=1, ■=2를 넣고 식을 계산한 것이 1단계가 됩니다. 각 단계의 계산 결과를 850과 비교하여 850보다 커지기 시작하는 것은 몇 단계부터인지 알아봅니다.

Ⅱ 연산 영역

STEP 4 도전! 최상위 문제

창의·융합

1 지성이네 학교 학생은 모두 498명입니다. 이 학생들이 좋아하는 운동을 조사하였더니 축구를 좋아하는 학생이 267명이고, 야구를 좋아하는 학생이 246명입니다. 다음 조건 을 보고 지성이네 학교에서 축구만 좋아하는 학생은 몇 명인지 구하시오.

조건
- 지성이네 학교의 학생 중에서 축구와 야구를 모두 싫어하는 학생은 49명입니다.
- 축구와 야구를 모두 좋아하는 학생도 있습니다.

(　　　　　　　　)

2 0부터 9까지의 숫자 카드를 한 번씩만 사용하여 다음과 같은 덧셈식을 만들려고 합니다. 합이 가장 작게 되는 경우는 모두 몇 가지인지 구하시오. (단, 456+987과 987+456은 한 가지로 생각합니다.)

$$\begin{array}{r} \square\square\square \\ +\ \square\square\square \\ \hline \end{array}$$

(　　　　　　　　)

창의·사고

3 다음 숫자 카드 중 3장을 골라 한 번씩만 사용하여 세 자리 수를 만들려고 합니다. 만들 수 있는 수 중에서 백의 자리 숫자가 십의 자리 숫자보다 더 크고, 십의 자리 숫자가 일의 자리 숫자보다 더 큰 수는 모두 몇 개입니까?

0　2　3　6　7　9

(　　　　　　　　)

창의·사고

4 ㉠과 ㉡은 다음 •조건•을 만족합니다. ㉠은 세 자리 수이고 ㉡은 한 자리 수입니다. ㉠을 ㉡으로 나누었을 때의 나머지를 구하시오.

•조건•
- ㉠은 (일의 자리 숫자)>(십의 자리 숫자)>(백의 자리 숫자)이고, 각 자리 숫자의 합이 18인 세 자리 수 중에서 가장 큰 수입니다.
- ㉡은 합이 13이고, 곱이 36인 두 수 중에서 작은 수입니다.

(　　　　　　　　)

Ⅱ 연산 영역

생활 속 문제

5 정구와 미래는 마라톤 대회를 나가기 위해 연습량을 규칙적으로 조절하고 있습니다. 9월 1일 목요일부터 시작하여 10월 9일 일요일까지 계획표처럼 연습한다면 정구와 미래 중 누가 몇 km를 더 많이 뛰는지 구하시오.

요일	정구가 뛰는 거리	미래가 뛰는 거리
월	1 km	2 km
화	2 km	2 km
수	4 km	3 km
목	7 km	3 km
금	10 km	4 km
토	7 km	4 km
일	휴식	4 km

( ), ( )

6 어떤 세 자리 수가 있습니다. 이 수의 백의 자리 숫자와 일의 자리 숫자를 바꾼 후 처음 수를 뺐더니 396이 되었습니다. 어떤 세 자리 수 중에서 두 번째로 큰 수를 구하시오.

( )

문제해결

7 ㉮, ㉯, ㉰에 알맞은 숫자를 구하시오.

```
    ㉰ ㉯ ㉮
 −  ㉮ ㉯ ㉰
 ──────────
    ㉮ ㉰ ㉯
```

㉮ (　　　　　　　　　)

㉯ (　　　　　　　　　)

㉰ (　　　　　　　　　)

창의·사고

8 다음 •보기• 의 수들은 같은 규칙을 가지고 있습니다. •힌트• 를 보고 규칙을 찾아 ㉠에 알맞은 수를 구하시오.

•보기•

3	5
1	
4	2

4	6
0	
5	2

7	6
2	
8	4

•힌트•

가운데 수는 위쪽 두 수의 ■을/를 아래쪽 두 수의 ▲(으)로 나눈 나머지입니다. (■, ▲는 각각 합, 차, 곱 중 하나입니다.)

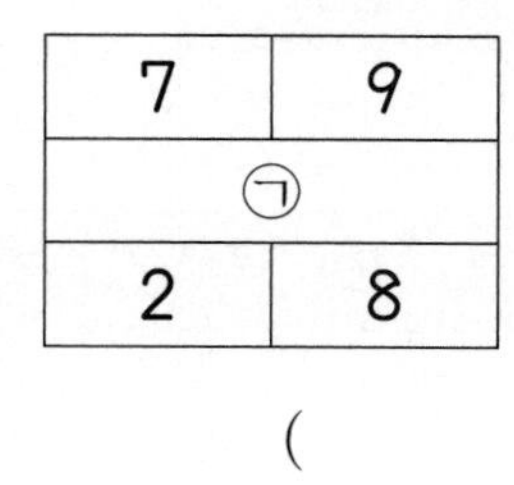

7	9
㉠	
2	8

(　　　　　　　　　　　　　)

특강 영재원 · 창의융합 문제

❖ 복면산의 대표적인 예로 헨리 어니스트 듀드니(Henry Ernest Dudeney)가 1924년 7월에 발표한 다음 문제가 있습니다. 여기서 같은 알파벳은 같은 숫자를 나타내고, 각 알파벳이 나타내는 수는 서로 다른 숫자입니다. 또한 첫 번째 자리의 숫자는 0이 아니라고 가정합니다. 이 문제와 같이 뜻이 있는 문장을 이루는 경우를 alphametic(숫자 퍼즐)이라 구분하여 부르기도 합니다. 물음에 답하시오. (**9~10**)

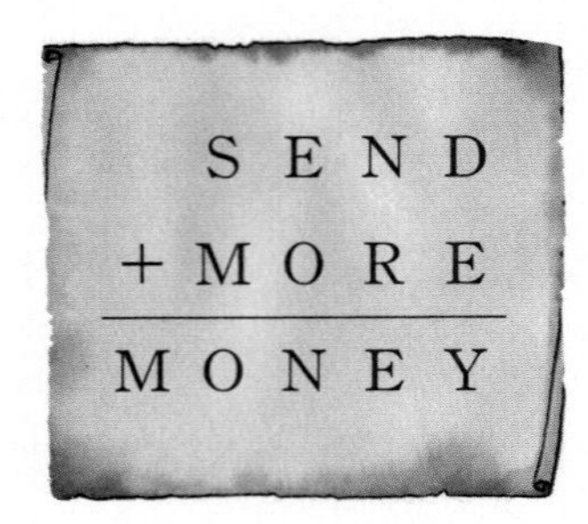

9 M이 나타내는 숫자는 무엇인지 구하시오.

( )

10 각 알파벳이 나타내는 숫자를 구하여 빈칸에 알맞은 수를 써넣으시오.

S	E	N	D

M	O	R	E

M	O	N	E	Y

III

도형 영역

| 주제 구성 |

STEP 1 경시 기출 유형 문제

[주제 학습 10] 점 종이를 이용하여 도형 만들기

그림에서 두 점을 이어서 만들 수 있는 선분은 모두 몇 개인지 구하시오.

( )

문제 해결 전략

① 가로 또는 세로로 두 점을 이어서 만들 수 있는 선분의 개수 구하기

⇨ 4개

② 대각선에 있는 두 점을 이어서 만들 수 있는 선분의 개수 구하기

⇨ 2개

③ 두 점을 이어서 만들 수 있는 선분의 개수 구하기

두 점을 이어서 만들 수 있는 선분은 모두 $4+2=6$(개)입니다.

선생님, 질문 있어요!

Q. 점 종이에서 두 점을 이어서 만들 수 있는 선분을 어떻게 구해야 하나요?

A. 한 점을 기준으로 한 점과 다른 점을 이어서 그을 수 있는 선분을 찾아봅니다. 이때 중복되는 선분은 제외합니다.

두 점을 곧게 이은 선을 선분이라고 해요.

따라 풀기 1 그림에서 세 점을 이어서 만들 수 있는 삼각형은 모두 몇 개인지 구하시오.

( )

따라 풀기 2 그림에서 세 점을 이어서 만들 수 있는 각은 모두 몇 개인지 구하시오.

ㄱ ㄹ

ㄴ ㄷ

( )

[확인 문제]

1-1 일정한 간격으로 찍힌 점을 연결하여 그릴 수 있는 크고 작은 직사각형은 모두 몇 개인지 구하시오.

( )

2-1 일정한 간격으로 찍힌 점을 연결하여 그릴 수 있는 크고 작은 직각삼각형은 모두 몇 개인지 구하시오.

( )

3-1 그림에서 3개의 점을 이어서 그릴 수 있는 각은 모두 몇 개인지 구하시오.

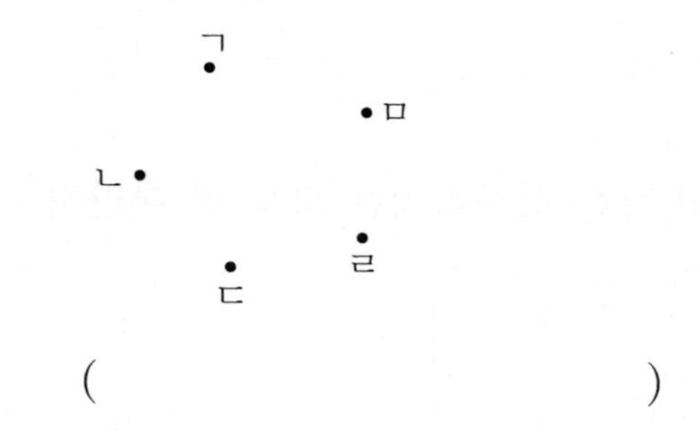

( )

[한 번 더 확인]

1-2 일정한 간격으로 찍힌 점을 연결하여 그릴 수 있는 크고 작은 정사각형은 모두 몇 개인지 구하시오.

( )

2-2 일정한 간격으로 찍힌 점을 연결하여 그릴 수 있는 크고 작은 삼각형 중에서 직각삼각형이 아닌 것은 모두 몇 개인지 구하시오.

( )

3-2 그림에서 3개의 점을 이어서 그릴 수 있는 각은 모두 몇 개인지 구하시오.

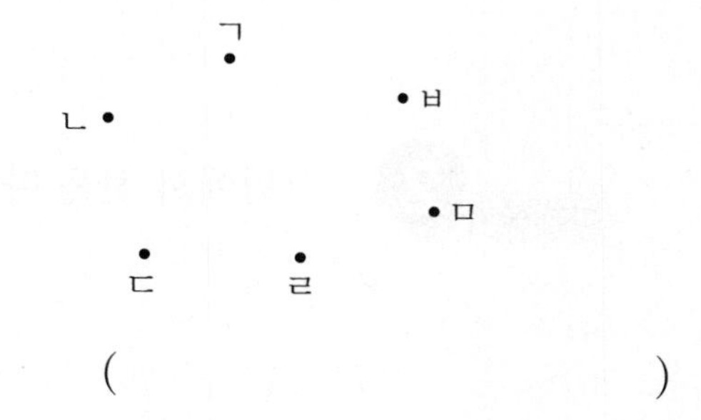

( )

[주제 학습 11] 선을 따라 그릴 수 있는 도형의 개수 구하기

그림에서 선을 따라 그릴 수 있는 크고 작은 직각삼각형은 모두 몇 개인지 구하시오.

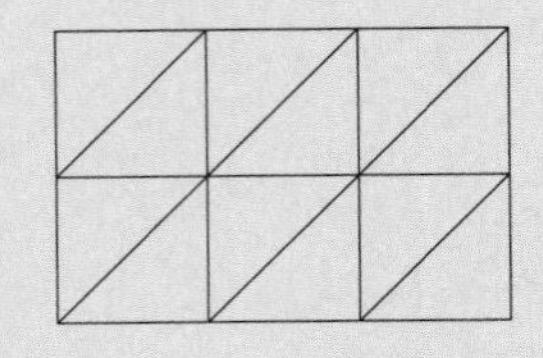

( )

선생님, 질문 있어요!

Q. 도형의 개수를 어떻게 구해야 하나요?

A. 먼저 선을 따라 그릴 수 있는 가장 작은 도형부터 크기별로 찾아보고 각각의 개수를 세어 모두 더합니다.

① 가장 작은 직각삼각형의 개수 구하기

가장 작은 직각삼각형( )은 한 줄에 6개씩 2줄이므로 $6\times2=12$(개)입니다.

② 가장 작은 직각삼각형 4개로 이루어진 직각삼각형의 개수 구하기

가장 작은 직각삼각형 4개로 이루어진 직각삼각형(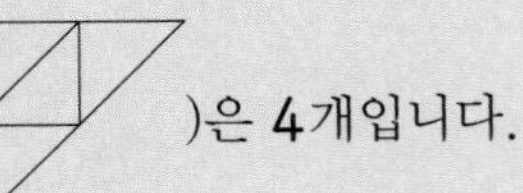)은 4개입니다.

③ 선을 따라 그릴 수 있는 크고 작은 직각삼각형의 개수 구하기

그림에서 선을 따라 그릴 수 있는 크고 작은 직각삼각형은 모두 $12+4=16$(개)입니다.

한 각이 직각인 삼각형을 직각삼각형이라고 해요.

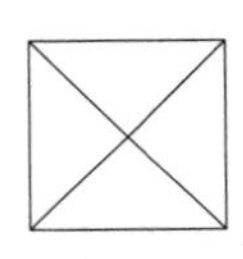

따라 풀기 1 오른쪽 그림은 정사각형 안에 선을 그어 만든 모양입니다. 선을 따라 그릴 수 있는 크고 작은 직각삼각형은 모두 몇 개인지 구하시오.

( )

따라 풀기 2 그림에서 선을 따라 그릴 수 있는 크고 작은 정사각형은 모두 몇 개인지 구하시오.

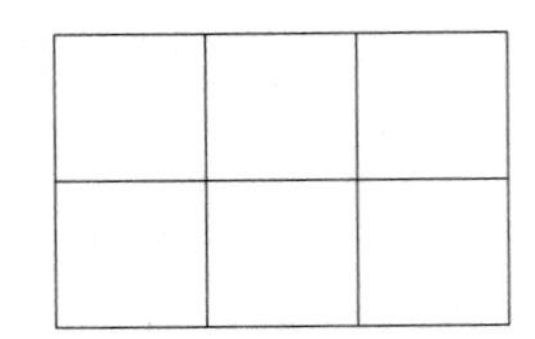

( )

[확인 문제]

1-1 그림에서 선을 따라 그릴 수 있는 직각은 모두 몇 개인지 구하시오.

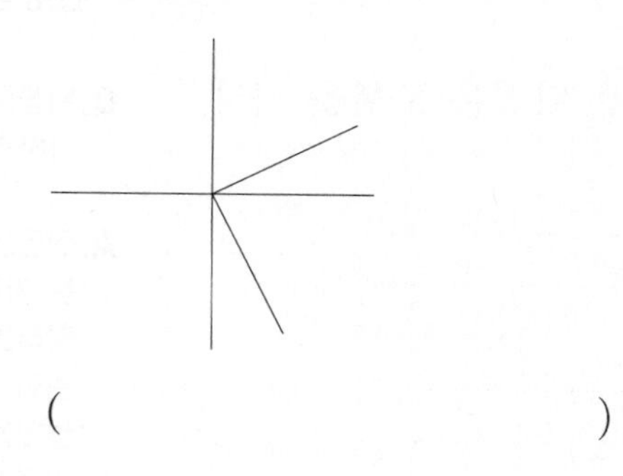

( )

2-1 그림에서 선을 따라 그릴 수 있는 크고 작은 정사각형은 모두 몇 개인지 구하시오.

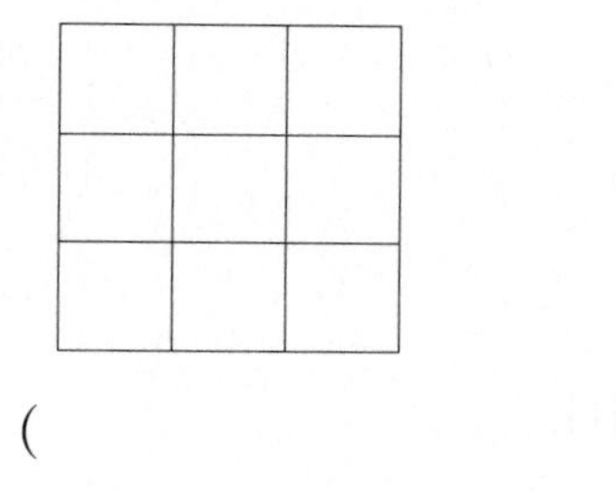

( )

3-1 그림에서 선을 따라 그릴 수 있는 크고 작은 직각삼각형은 모두 몇 개인지 구하시오.

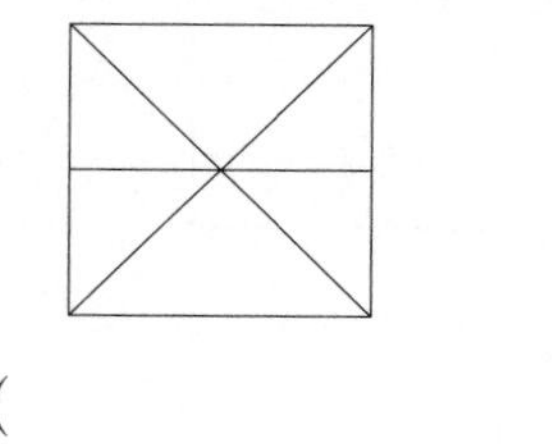

( )

[한 번 더 확인]

1-2 그림에서 선을 따라 그릴 수 있는 직각은 모두 몇 개인지 구하시오.

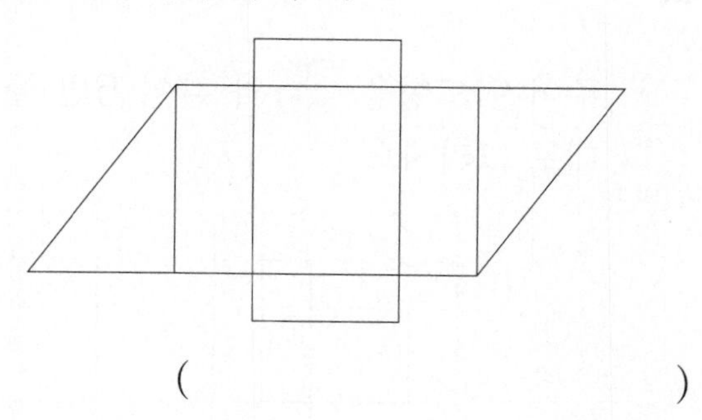

( )

2-2 그림에서 선을 따라 그릴 수 있는 크고 작은 정사각형은 모두 몇 개인지 구하시오.

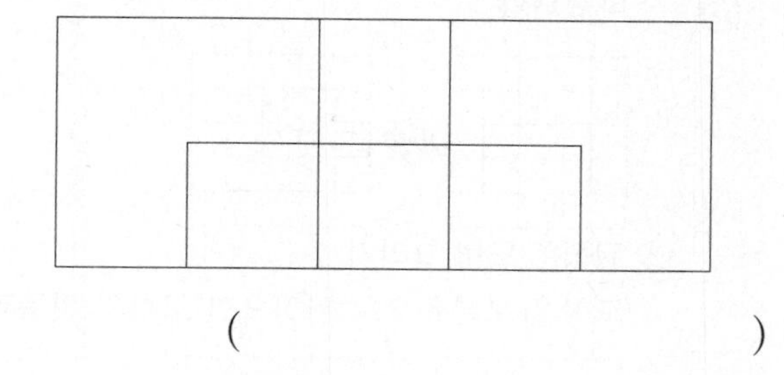

( )

3-2 그림에서 선을 따라 그릴 수 있는 크고 작은 직각삼각형은 모두 몇 개인지 구하시오.

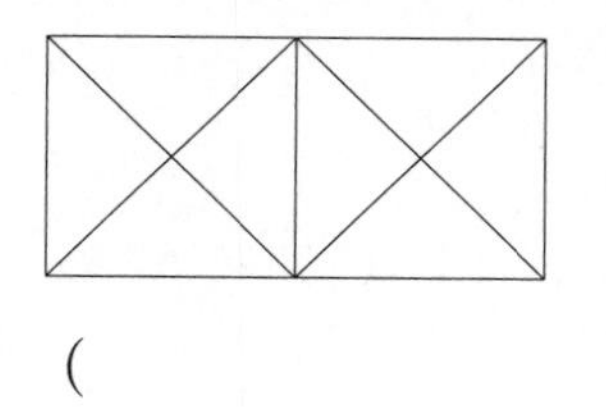

( )

[주제 학습 12] 평면도형이 이동한 모양 구하기

주어진 도형을 와 같이 5번 돌린 뒤 오른쪽으로 뒤집은 도형을 차례대로 그리시오.

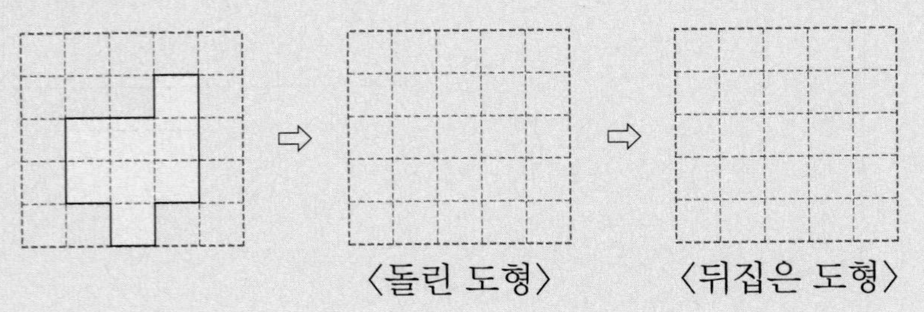

문제 해결 전략

① 돌린 도형 그리기

와 같이 4번 돌리면 처음 도형과 같아지므로 와 같이 5번 돌린 것은 와 같이 한 번 돌린 것과 같습니다.

따라서 도형의 위쪽 → 오른쪽, 오른쪽 → 아래쪽, 아래쪽 → 왼쪽, 왼쪽 → 위쪽으로 바뀝니다.

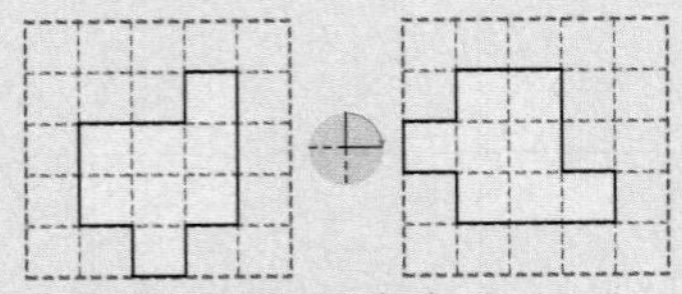

② 뒤집은 도형 그리기

도형을 오른쪽으로 뒤집으면 도형의 왼쪽과 오른쪽이 서로 바뀝니다.

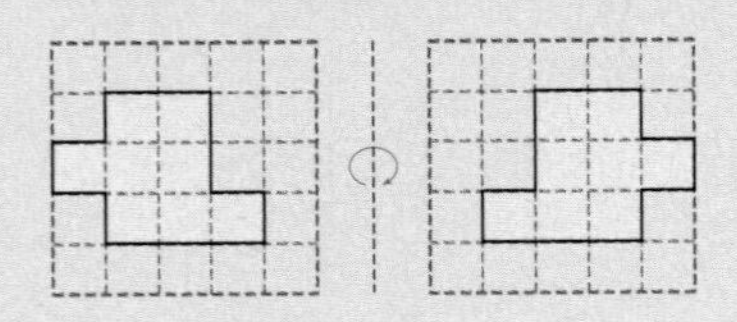

선생님, 질문 있어요!

Q. 뒤집은 모양을 어떻게 생각하면 쉽게 알 수 있나요?

A. 뒤집은 모양을 생각할 때는 거울에 비친 모습을 생각하면 됩니다. 돌리는 기준이 되는 방향에 거울을 놓았을 때 비치는 모양은 어떤 모양인지 생각합니다.

어떤 도형을 왼쪽으로 뒤집은 도형과 오른쪽으로 뒤집은 도형은 같은 모양이에요.

따라 풀기 1

주어진 도형을 와 같이 15번 돌린 도형을 그리시오.

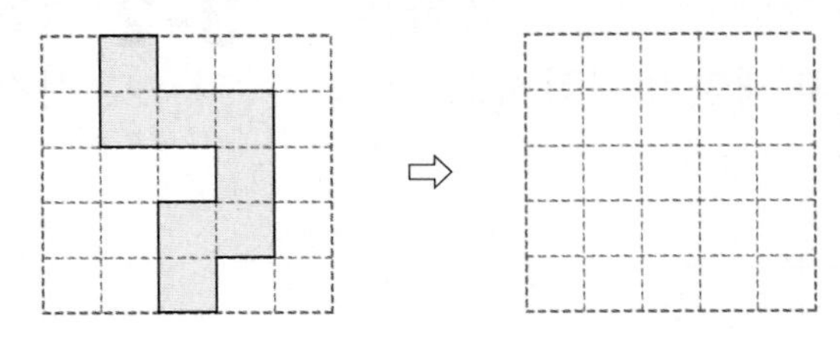

확인 문제

1-1 주어진 도형을 와 같이 돌린 도형을 오른쪽에 그리시오.

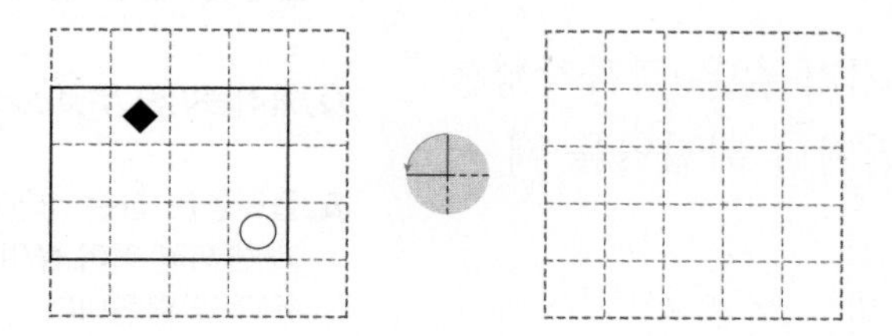

2-1 다음 수 카드를 오른쪽으로 뒤집은 수는 얼마인지 구하시오.

(   )

3-1 어떤 도형을 오른쪽으로 뒤집은 뒤 와 같이 돌렸더니 오른쪽 도형이 되었습니다. 돌리기 전 도형과 처음 도형을 각각 그리시오.

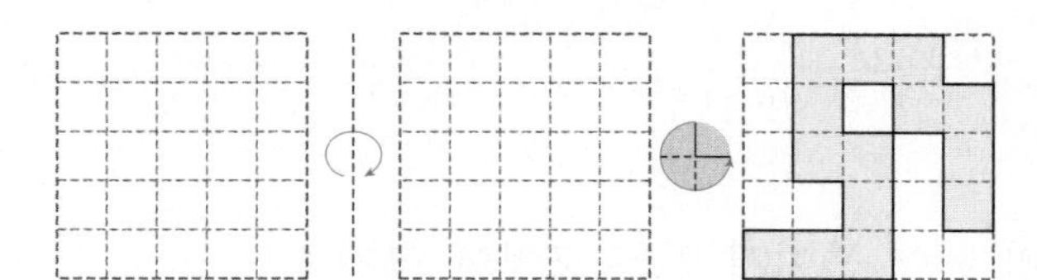

한 번 더 확인

1-2 주어진 도형을 와 같이 돌린 도형을 오른쪽에 그리시오.

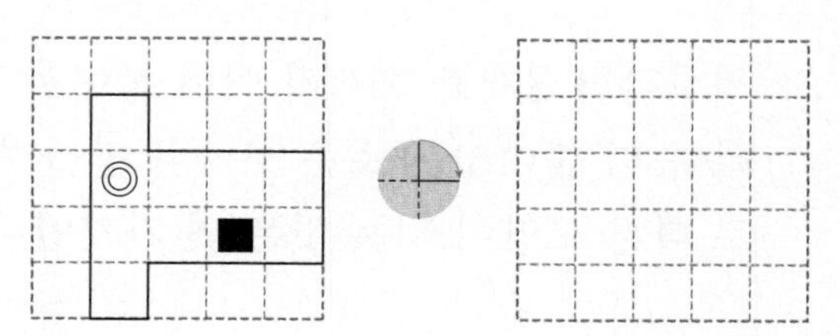

2-2 다음 숫자 카드를 한 번씩만 사용하여 가장 큰 세 자리 수를 만들었습니다. 이 수를 위쪽으로 뒤집은 수를 구하시오.

(   )

3-2 어떤 도형을 아래쪽으로 뒤집은 뒤 와 같이 3번 돌렸더니 오른쪽 도형이 되었습니다. 돌리기 전 도형과 처음 도형을 각각 그리시오.

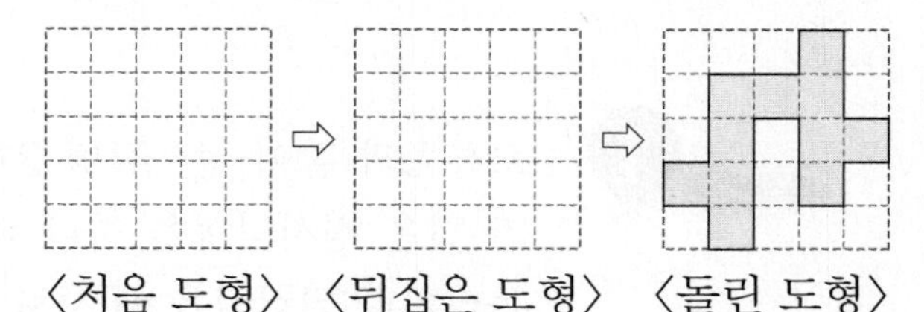

〈처음 도형〉 〈뒤집은 도형〉 〈돌린 도형〉

[주제 학습 13] 폴리폼(이어 붙여 모양 만들기)

정사각형 3개를 변끼리 이어 붙여서 만든 모양에 크기가 같은 정사각형을 하나 더 붙여서 새로운 모양을 만들려고 합니다. 돌리거나 뒤집었을 때 서로 다른 모양이 되는 것은 몇 가지입니까?

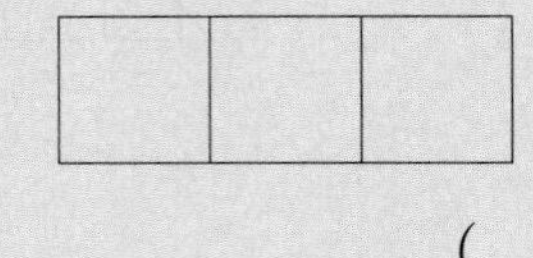

( )

문제 해결 전략

① 각 변에 정사각형을 하나 더 붙여서 모양 만들기

㉠ ㉡ ㉢ / ㉣ / ㉤ ㉥ ㉦ / ㉧

변 ㉠~㉧에 차례대로 정사각형을 하나 더 붙여서 모양을 만들어 봅니다.

㉠ ㉡ ㉢ ㉣

㉤ ㉥ ㉦ ㉧

② 돌리거나 뒤집었을 때 서로 다른 모양이 되는 것의 가짓수 구하기

①에서 만든 모양 중 돌리거나 뒤집었을 때 서로 같은 모양을 한 가지로 생각하면 ㉠, ㉢, ㉤, ㉦이 같은 모양이고 ㉡, ㉥이 같은 모양, ㉣, ㉧이 같은 모양입니다.

따라서 서로 다른 모양이 되는 것은 3가지입니다.

선생님, 질문 있어요!

Q. 폴리폼이란 무엇인가요?

A. 폴리폼은 같은 모양을 변과 변끼리 이어 붙여서 만든 것을 말합니다.
대표적으로 정사각형을 이어 붙여서 만든 것이 폴리오미노인데, 정사각형 4개로 만든 테트리스는 폴리오미노 중 하나인 테트로미노 블록들을 사용하여 하는 게임입니다.

중복되거나 빠뜨리는 모양이 없도록 주의해요.

참고

폴리오미노는 이어 붙인 정사각형의 개수에 따라 이름이 결정됩니다.
2개: 도미노
3개: 트리오미노
4개: 테트로미노
5개: 펜토미노

오른쪽과 같이 정사각형 2개를 변끼리 이어 붙여서 만든 모양에 크기가 같은 정사각형을 하나 더 붙여서 새로운 모양을 만들려고 합니다. 돌리거나 뒤집었을 때 서로 다른 모양이 되는 것은 몇 가지입니까?

( )

[확인 문제]

1-1 주어진 모양에 크기가 같은 정사각형을 하나 더 붙여서 새로운 모양을 만들려고 합니다. 돌리거나 뒤집었을 때 서로 다른 모양이 되는 것은 몇 가지입니까?

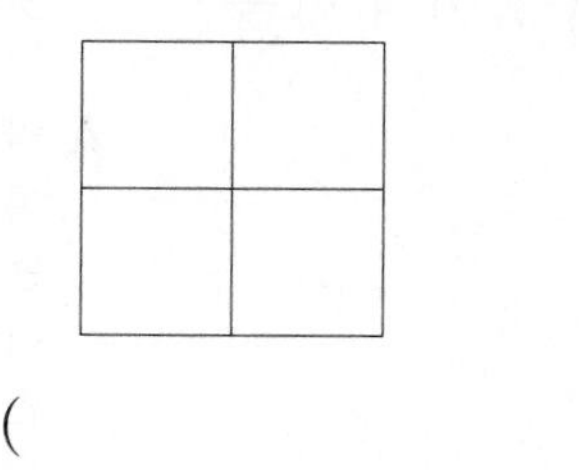

( )

2-1 정사각형을 반으로 잘라 만든 직각삼각형 2개를 변끼리 이어 붙여서 만들 수 있는 모양은 모두 몇 가지인지 구하시오. (단, 돌리거나 뒤집었을 때 같은 모양은 한 가지로 생각합니다.)

( )

3-1 정삼각형 2개를 이어 붙여서 만든 모양에 크기가 같은 정삼각형을 하나 더 붙여서 새로운 모양을 만들려고 합니다. 돌리거나 뒤집었을 때 서로 다른 모양이 되는 것은 몇 가지입니까?

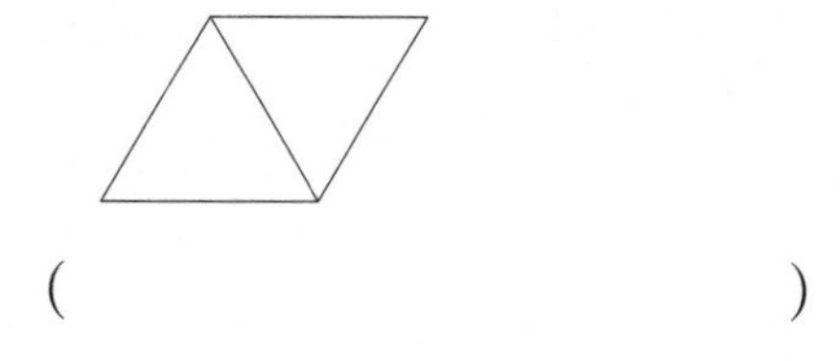

( )

[한 번 더 확인]

1-2 주어진 모양에 크기가 같은 정사각형을 하나 더 붙여서 새로운 모양을 만들려고 합니다. 돌리거나 뒤집었을 때 서로 다른 모양이 되는 것은 몇 가지입니까?

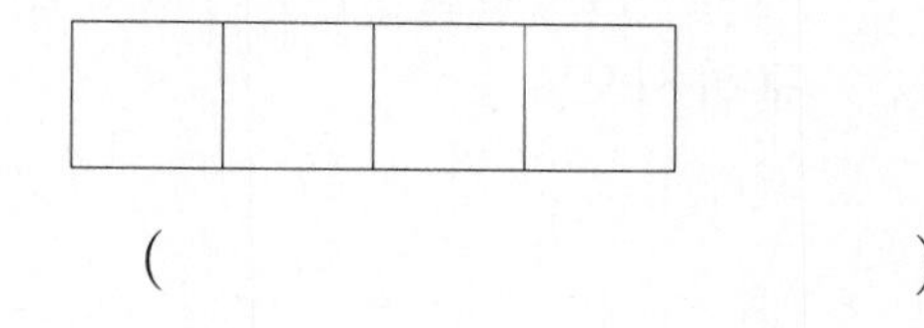

( )

2-2 정육각형 모양 3개를 변끼리 이어 붙여서 새로운 모양을 만들려고 합니다. 돌리거나 뒤집었을 때 서로 다른 모양이 되는 것은 몇 가지입니까?

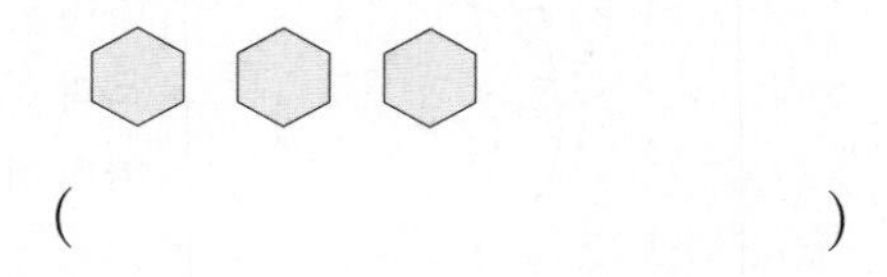

( )

3-2 주어진 모양에 크기가 같은 정사각형을 하나 더 붙여서 새로운 모양을 만들려고 합니다. 서로 다른 모양을 몇 가지 만들 수 있습니까? (단, 돌리거나 뒤집었을 때 같은 모양은 한 가지로 생각합니다.)

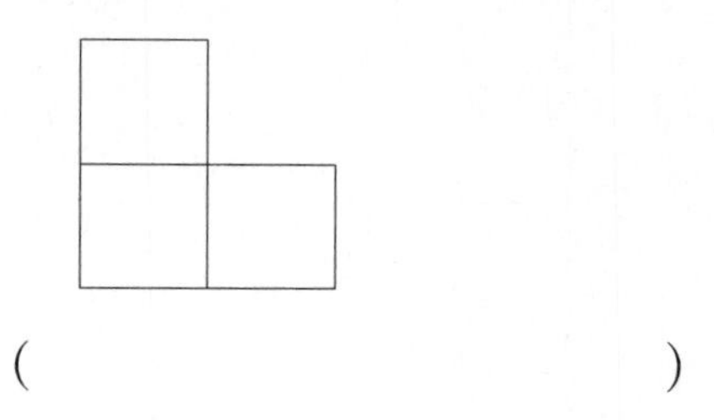

( )

[주제 학습 14] 원의 반지름을 이용하여 길이 구하기

반지름이 각각 7 cm, 10 cm인 두 원이 있습니다. 두 원의 중심과 두 원이 만나는 점을 이어 사각형을 그렸습니다. 사각형의 네 변의 길이의 합을 구하시오.

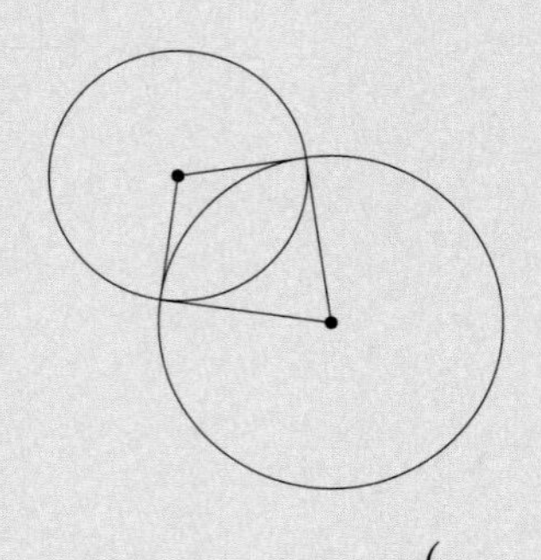

( )

문제 해결 전략

① 사각형의 각 변의 길이 구하기

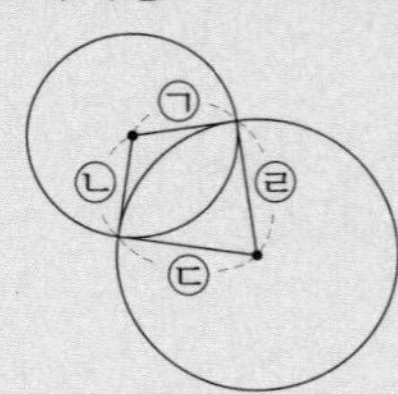

• ㉠과 ㉡은 각각 작은 원의 반지름입니다.
따라서 ㉠=7 cm, ㉡=7 cm입니다.
• ㉢과 ㉣은 각각 큰 원의 반지름입니다.
따라서 ㉢=10 cm, ㉣=10 cm입니다.

② 사각형의 네 변의 길이의 합 구하기
(사각형의 네 변의 길이의 합)=㉠+㉡+㉢+㉣
=7 cm+7 cm+10 cm+10 cm=34 (cm)

선생님, 질문 있어요!

Q. 원의 중심과 반지름은 무엇인가요?

A. 원의 중심은 원의 가장 안쪽에 있는 점으로 한 원에는 원의 중심이 1개 있습니다.
반지름은 원의 중심과 원 위의 한 점을 이은 선분입니다.

한 원에서 원의 반지름은 무수히 많고 길이가 모두 같아요.

따라 풀기 1

지름이 18 cm인 원 3개를 그림과 같이 겹쳐 그렸을 때, 삼각형의 세 변의 길이의 합을 구하시오.

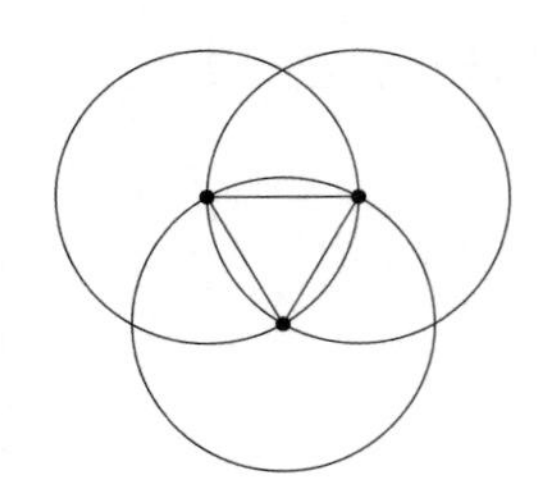

( )

[확인 문제]

1-1 반지름이 8 cm인 원을 그림과 같이 겹쳐 그렸습니다. 선분 ㄱㄴ의 길이는 몇 cm인지 구하시오.

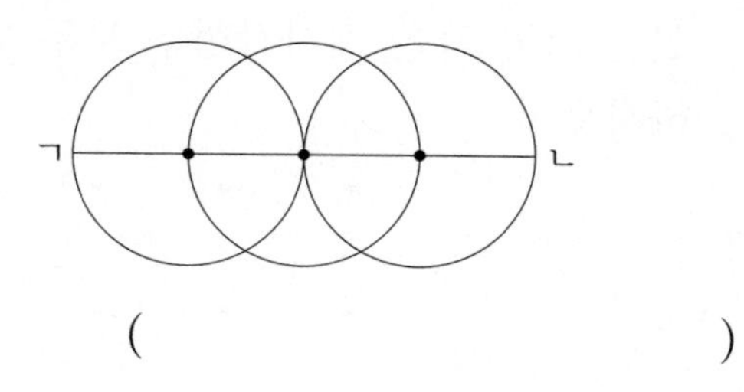

( )

2-1 직사각형 안에 크기가 같은 원 3개를 맞닿게 그린 것입니다. 직사각형의 네 변의 길이의 합이 64 cm일 때 원의 반지름은 몇 cm인지 구하시오.

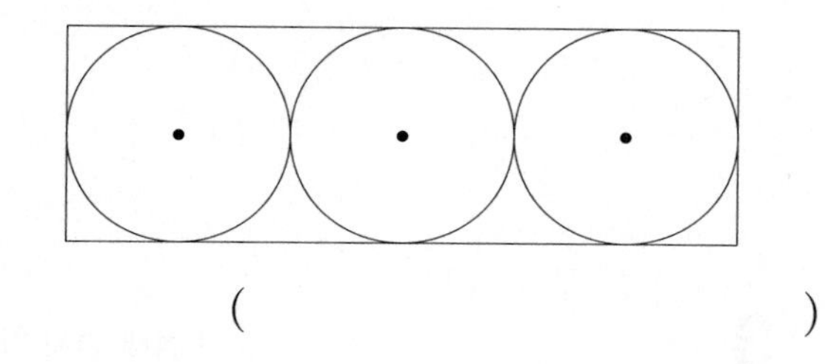

( )

3-1 다음 직사각형 안에 반지름이 2 cm인 원을 겹치지 않게 최대한 많이 그리려고 합니다. 몇 개까지 그릴 수 있습니까?

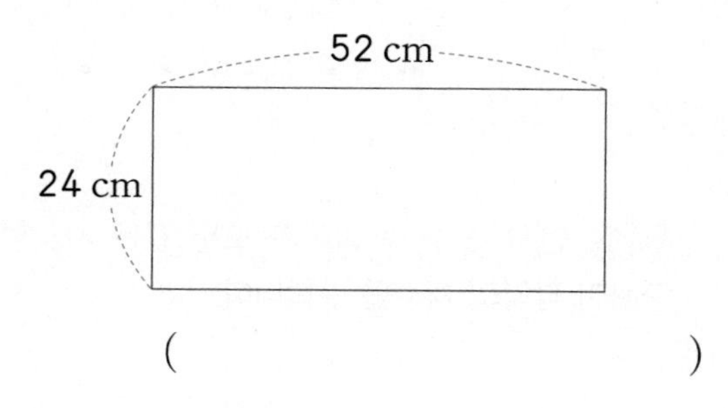

( )

[한 번 더 확인]

1-2 가장 큰 원의 지름이 96 cm일 때, 선분 ㄱㄴ의 길이는 몇 cm인지 구하시오.

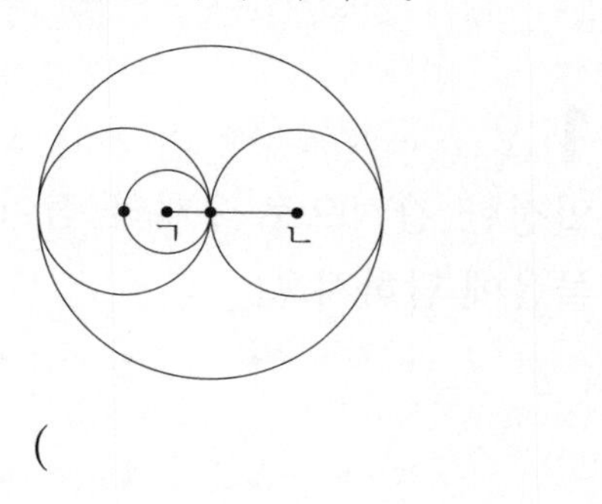

( )

2-2 정사각형 안에 반지름이 6 cm인 원 4개를 서로 맞닿게 그렸습니다. 정사각형의 네 변의 길이의 합을 구하시오.

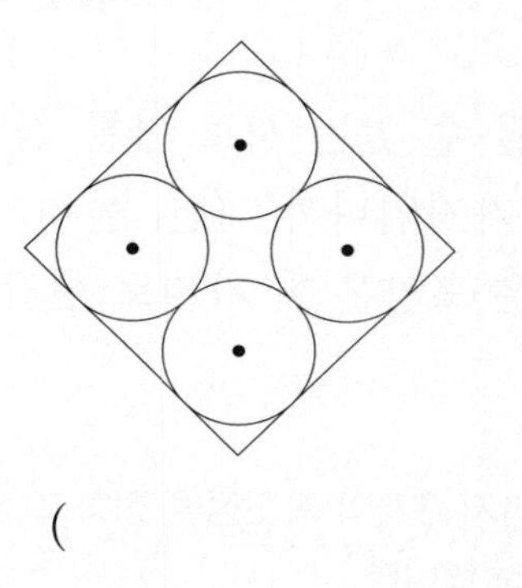

( )

3-2 다음과 같이 지름이 56 cm인 큰 원 안에 크기가 같은 작은 원을 서로 중심이 지나도록 그렸습니다. 각 점은 원의 중심이고 큰 원 안에 작은 원을 7개 그렸을 때 작은 원의 지름은 몇 cm인지 구하시오.

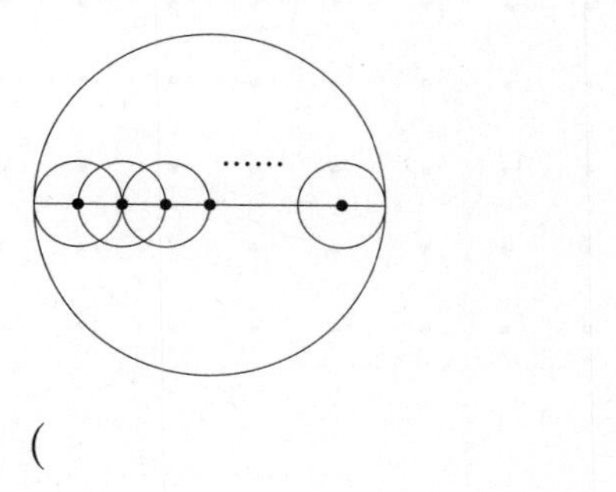

( )

STEP 2 실전 경시 문제

점 종이를 이용하여 도형 만들기

1

일정한 간격으로 9개의 점이 찍혀 있습니다. 물음에 답하시오.

(1) 그릴 수 있는 서로 다른 삼각형은 모두 몇 가지입니까? (단, 돌리거나 뒤집었을 때 같은 모양은 한 가지로 생각합니다.)

(　　　　　　　　)

(2) 그릴 수 있는 서로 다른 직각삼각형은 모두 몇 가지입니까? (단, 돌리거나 뒤집었을 때 같은 모양은 한 가지로 생각합니다.)

(　　　　　　　　)

전략 먼저 3개의 꼭짓점을 정하고 점들을 연결하여 삼각형을 그려 봅니다.

그려 보기

▶ 도형을 그릴 때 점 종이를 활용하세요.

2

일정한 간격으로 찍힌 점을 연결하여 그릴 수 있는 크고 작은 직사각형은 모두 몇 개인지 구하시오.

(　　　　　　　　)

전략 그릴 수 있는 직사각형을 크기별로 개수를 세어 모두 더합니다.

3 | 성대 경시 기출 유형 |

일정한 간격으로 찍힌 점을 연결하여 그릴 수 있는 크고 작은 정사각형은 모두 몇 개인지 구하시오.

(　　　　　　　　)

전략 먼저 네 변의 길이가 모두 같은 사각형을 크기별로 구하여 각각의 개수를 구합니다.

새로운 도형 만들기

4

네 변의 길이의 합이 52 cm인 정사각형 모양의 색종이 2장을 다음과 같이 겹쳐 놓았습니다. 겹친 부분이 정사각형이라면, 이 정사각형의 네 변의 길이의 합은 몇 cm인지 구하시오.

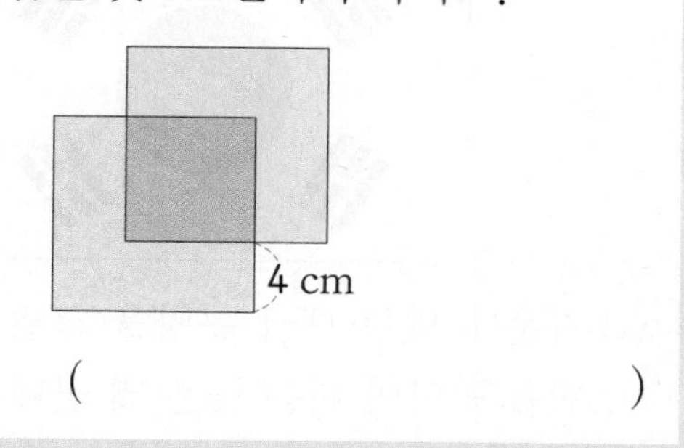

( )

전략 정사각형은 네 변의 길이가 모두 같은 사각형이므로 (네 변의 길이의 합)=(한 변)×4입니다.

5

| 성대 경시 기출 유형 |

가로가 37 cm, 세로가 23 cm인 직사각형 모양의 종이를 점선 ①을 따라 접고 점선 ②를 따라 잘랐습니다. 자르고 남은 직사각형 모양의 종이를 점선 ③을 따라 접고 점선 ④를 따라 잘랐을 때, 자르고 남은 작은 직사각형 모양의 종이의 네 변의 길이의 합을 구하시오.

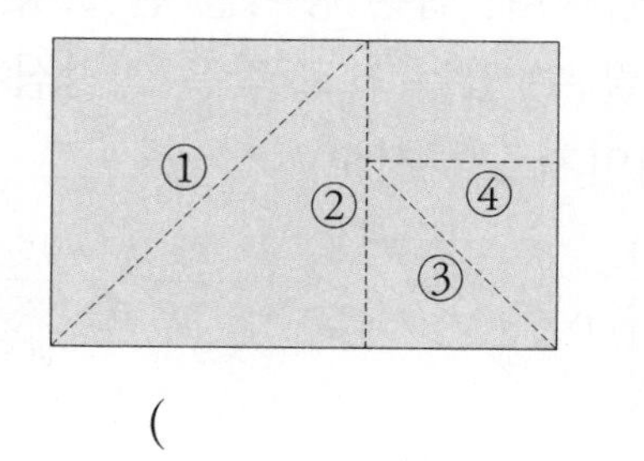

( )

전략 접어서 자른 부분들은 네 변의 길이가 모두 같은 정사각형입니다.

6

| 성대 경시 기출 유형 |

정사각형 5개를 이용하여 직사각형을 만들었습니다. 만든 직사각형의 세로가 24 cm일 때, 가로는 몇 cm인지 구하시오.

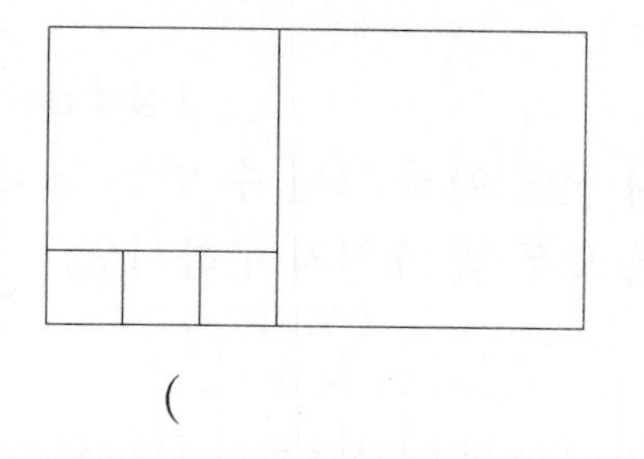

( )

전략 만든 직사각형의 가로와 세로가 각각 가장 작은 정사각형의 한 변의 길이의 몇 배인지 알아봅니다.

7

| 고대 경시 기출 유형 |

가로가 25 cm, 세로가 19 cm인 직사각형 모양의 종이를 남김없이 여러 개의 정사각형 종이로 자르려고 합니다. 자른 정사각형의 수가 가장 적은 때의 정사각형은 몇 개인지 구하시오.

( )

전략 자른 정사각형의 수가 가장 적은 때를 알아보려면 먼저 처음 직사각형의 가로와 세로 중 짧은 쪽을 한 변으로 하는 정사각형을 만들어 잘라 봅니다.

도형의 개수 구하기

8 | 성대 경시 기출 유형 |

그림에서 선을 따라 그릴 수 있는 크고 작은 정사각형은 모두 몇 개인지 구하시오.

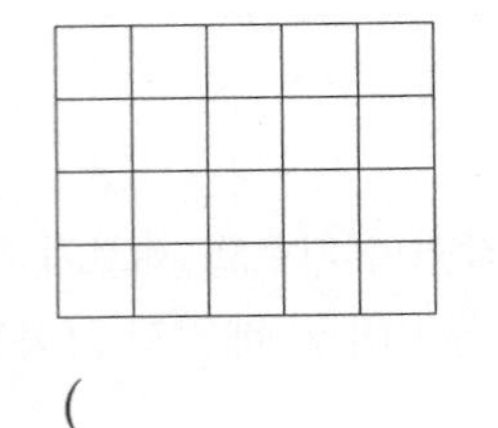

( )

전략 가장 작은 정사각형부터 차례대로 개수를 세어 모두 더합니다.

9 | 창의 · 융합 |

천과 천 사이에 솜을 넣고 바느질하여 무늬를 두드러지게 하는 기법을 '퀼팅'이라고 합니다. 정연이가 퀼팅을 하여 만든 작품입니다. 선을 따라 그릴 수 있는 크고 작은 삼각형은 모두 몇 개인지 구하시오.

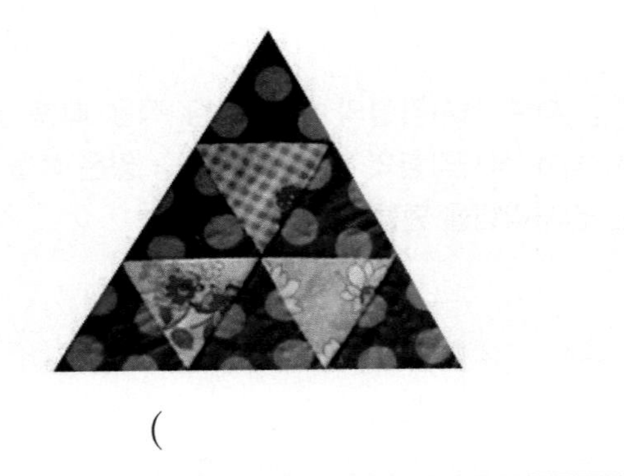

( )

전략 가장 작은 삼각형 1개, 4개, 9개로 이루어진 삼각형의 개수를 각각 구하여 모두 더합니다.

10 | 창의 · 융합 |

진주는 우리나라 국기인 태극기를 그렸습니다. 물음에 답하시오.

(1) 가운데 있는 태극 문양을 그릴 때 컴퍼스의 침을 꽂아야 하는 곳은 몇 군데입니까?

( )

(2) 태극기에서 테두리를 제외하고 찾을 수 있는 직각은 모두 몇 개입니까?

( )

전략 컴퍼스의 침을 꽂아야 하는 곳은 원의 중심의 개수와 같습니다. 직사각형은 네 각이 모두 직각입니다.

11 | 고대 경시 기출 유형 |

다음 그림과 같이 정사각형 모양의 종이를 네 번 접었습니다. 접은 종이를 편 모양에서 선을 따라 그릴 수 있는 크고 작은 직각삼각형은 모두 몇 개인지 구하시오.

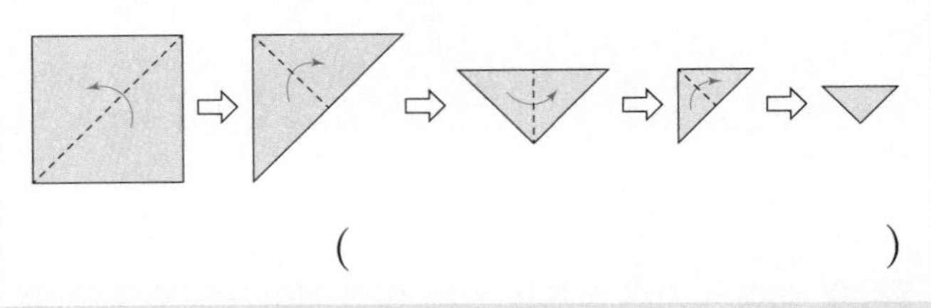

( )

전략 접은 종이를 편 모양은 어떤 모양일지 그려 봅니다.

12 | 성대 경시 기출 유형 |

그림에서 선을 따라 그릴 수 있는 크고 작은 정사각형은 모두 몇 개입니까?

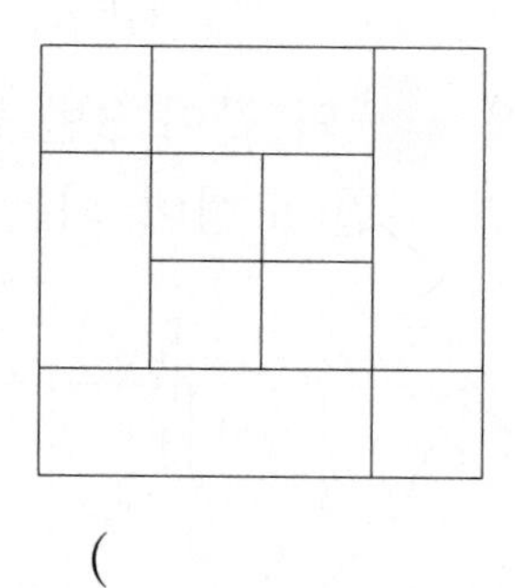

( )

전략 가장 작은 정사각형부터 선을 따라 그릴 수 있는 정사각형을 차례대로 찾아 셉니다.

13 | 창의・융합 |

은정이는 몬드리안의 작품 《빨강, 파랑, 노랑의 구성》을 따라 그렸습니다. 오른쪽 그림에서 선을 따라 그릴 수 있는 크고 작은 직사각형은 모두 몇 개입니까?

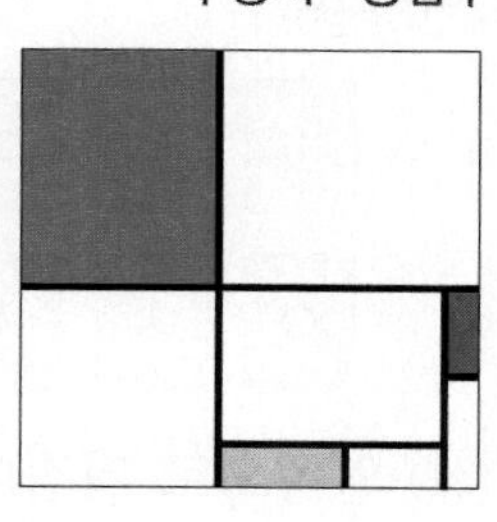

( )

전략 나누어진 직사각형 8개를 묶어 보면서 크고 작은 직사각형을 찾아봅니다.

14 | 고대 경시 기출 유형 |

그림에서 선을 따라 그릴 수 있는 크고 작은 직각삼각형은 모두 몇 개인지 구하시오.

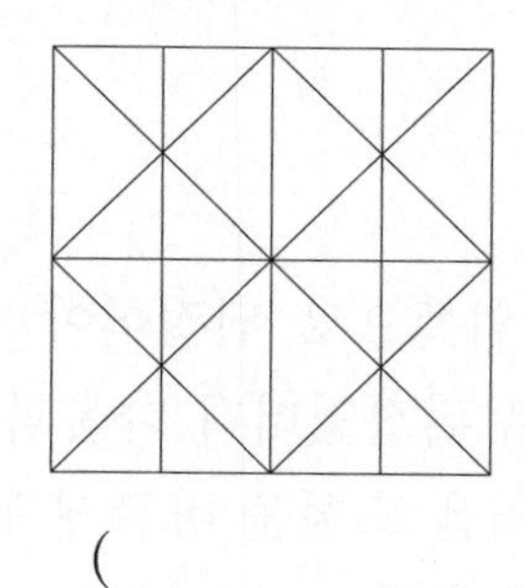

( )

전략 그릴 수 있는 직각삼각형을 종류별로 모두 찾아 개수를 세어 더합니다.

15 | 성대 경시 기출 유형 |

그림에서 선을 따라 그릴 수 있는 크고 작은 직각삼각형은 모두 몇 개인지 구하시오.

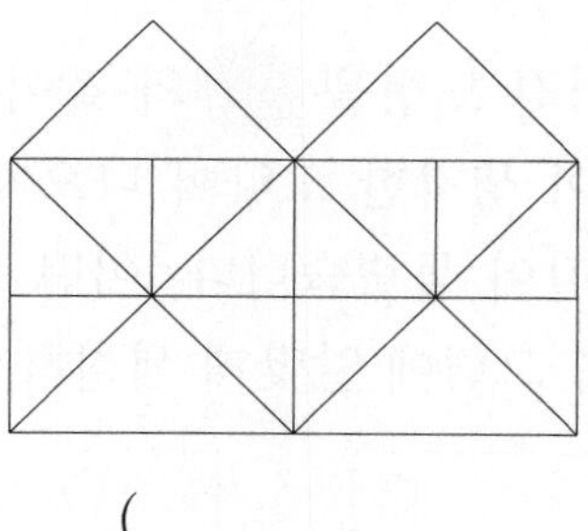

( )

전략 먼저 직각삼각형의 종류를 크기별로 알아보고 각각 개수를 세어 봅니다.

평면도형이 이동한 모양 구하기

16

어떤 도형을 위쪽으로 뒤집어야 할 것을 잘못 하여 왼쪽으로 뒤집었더니 다음과 같은 도형이 되었습니다. 처음 도형을 바르게 뒤집은 도형을 오른쪽에 그리시오.

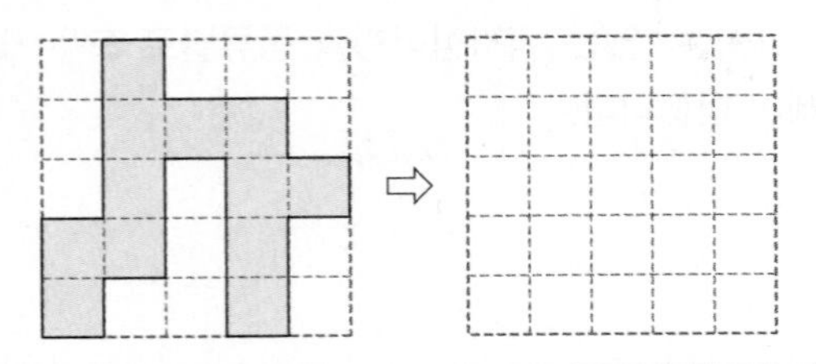

전략 먼저 잘못 뒤집은 방향과 반대 방향으로 뒤집어서 처음 도형을 알아봅니다.

17

준하는 주어진 도형을 와 같이 두 번 돌렸더니, 자신이 생각한 모양이 나오지 않아서 다시 와 같이 돌렸습니다. 어떤 모양이 나오는지 오른쪽 그림에 알맞게 색칠하시오.

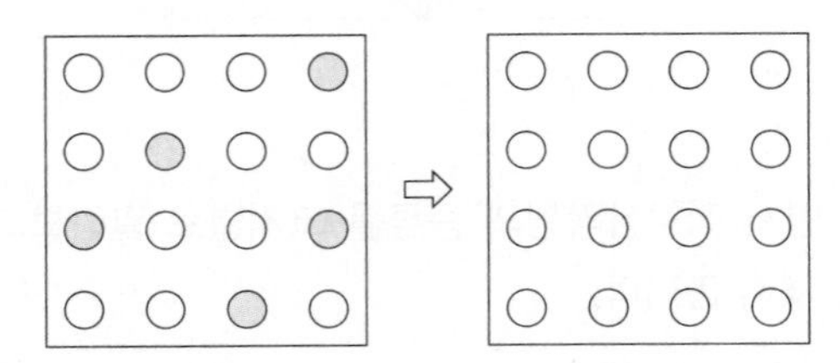

전략 돌린 방향을 생각해서 최종적으로 준하가 돌리기 한 후에 어떤 모양이 되는지를 생각합니다.

18

주어진 도형을 와 같이 3번 돌린 뒤 위쪽으로 뒤집으면 어떤 도형이 되는지 오른쪽에 그리시오.

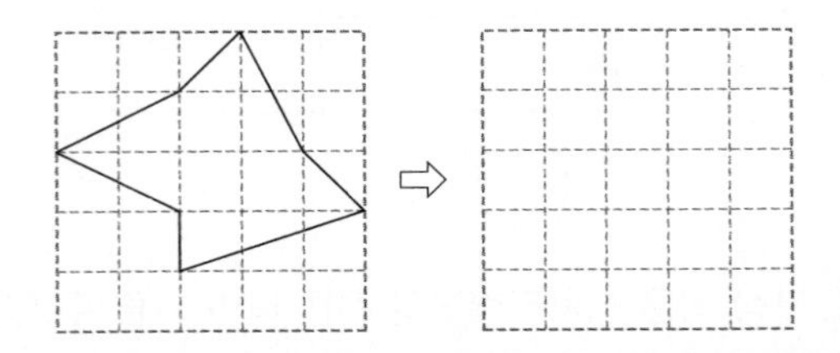

전략 먼저 와 같이 3번 돌리면 어떻게 돌린 것과 같은지 알아봅니다.

19 | 성대 경시 기출 유형 |

한글 자음이 적힌 카드가 있습니다. 물음에 답하시오.

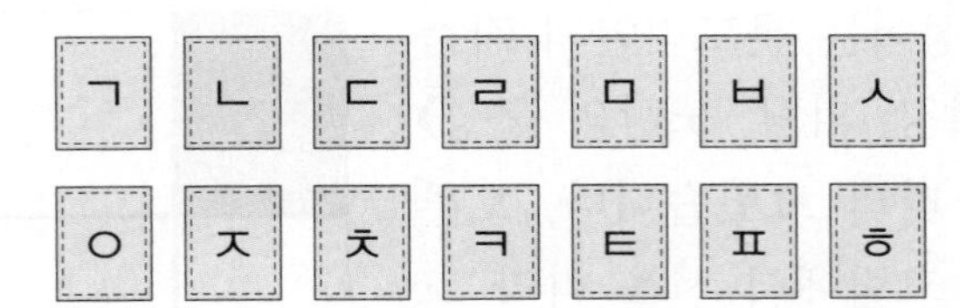

(1) 왼쪽으로 뒤집어도 원래 모양과 똑같은 자음은 몇 개입니까?

( )

(2) 위쪽으로 뒤집어도 원래 모양과 똑같은 자음은 몇 개입니까?

( )

전략 각 글자를 주어진 방향으로 뒤집어 보고 원래 글자의 모양과 비교해 봅니다.

폴리폼

20

크기가 같은 정사각형 4개를 변끼리 이어 붙여서 만든 도형을 테트로미노(tetromino)라고 합니다. 테트로미노 조각을 모두 그리시오.
(단, 돌리거나 뒤집었을 때 포개어지는 것은 같은 것으로 봅니다.)

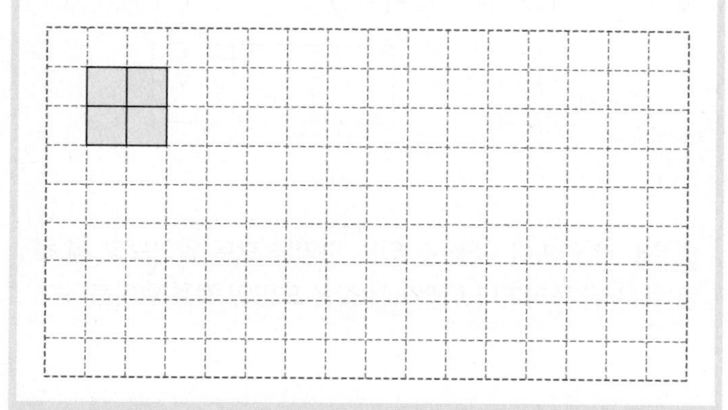

전략 정사각형 3개를 먼저 붙여서 만들고 나머지 하나를 추가하면서 만들어 봅니다.

21

| 창의 · 융합 |

크기가 같은 정삼각형 4개를 변끼리 이어 붙여서 만든 도형을 테트리아몬드(tetriamond)라고 합니다. 테트리아몬드 조각을 모두 그리시오. (단, 돌리거나 뒤집었을 때 포개어지는 것은 같은 것으로 봅니다.)

전략 정삼각형 3개를 먼저 붙여서 만들고 나머지 하나를 추가하면서 만들어 봅니다.

22

| 성대 경시 기출 유형 |

주어진 모양에 크기가 같은 정사각형을 하나 더 추가해서 만들 수 있는 모양은 모두 몇 가지인지 구하시오. (단, 돌리거나 뒤집었을 때 같은 모양은 한 가지로 생각합니다.)

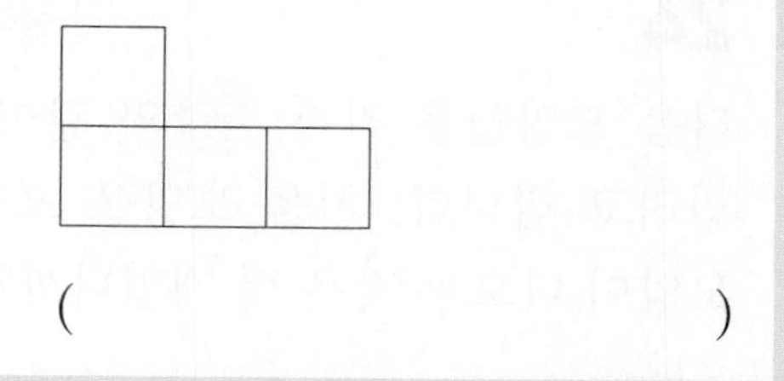

(　　　　　　　　)

전략 주어진 모양의 변마다 정사각형을 붙여 보고 그중 돌리거나 뒤집었을 때 같은 모양이 되는 것은 제외합니다.

23

크기가 같은 직각삼각형 3개를 변끼리 이어 붙여서 만들 수 있는 모양은 모두 몇 가지인지 구하시오. (단, 돌리거나 뒤집었을 때 같은 모양은 한 가지로 생각합니다.)

(　　　　　　　　)

전략 직각삼각형의 변과 변을 이어 붙여서 모양을 만들어 봅니다. 이때, 돌리거나 뒤집었을 때 같은 모양이 되는 것은 한 가지만 그립니다.

그려 보기

▶도형을 그릴 때 모눈종이를 활용하세요.

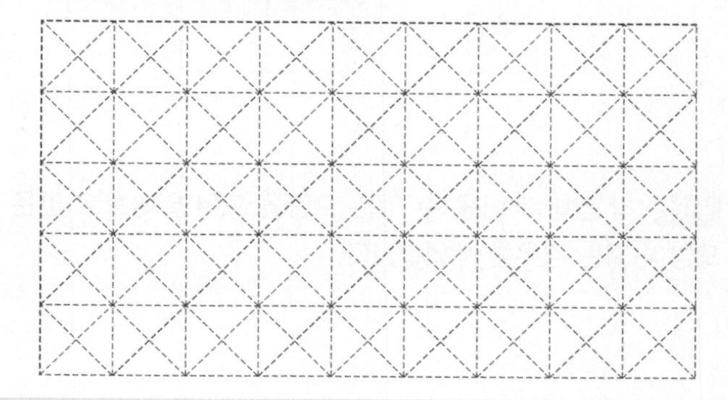

무늬 만들기

24 | 성대 경시 기출 유형 |

다음 모양들을 각각 ⊕와 같이 계속해서 돌리려고 합니다. 처음 모양을 포함해서 2가지 모양이 나오는 것은 몇 개입니까?

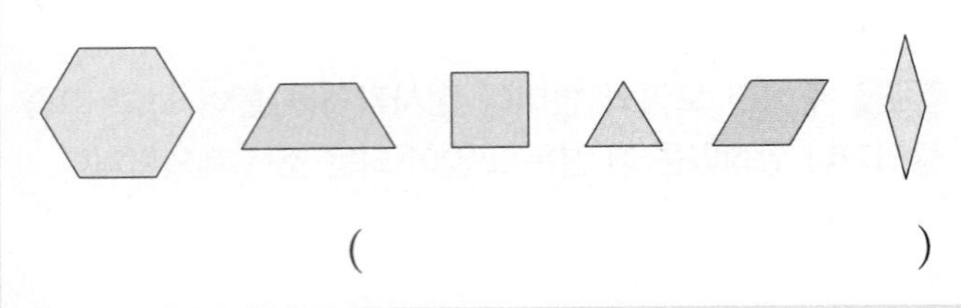

( )

전략 각각의 모양을 ⊕와 같이 계속 돌리면서 나올 수 있는 모양이 모두 몇 가지인지 세어 봅니다.

25 | 성대 경시 기출 유형 |

왼쪽 타일을 밀기, 돌리기, 뒤집기를 이용하여 오른쪽 두 칸을 채워서 새로운 모양을 만들려고 합니다. 나올 수 있는 모양은 모두 몇 가지인지 구하시오. (단, 돌리거나 뒤집었을 때 같은 모양은 한 가지로 생각합니다.)

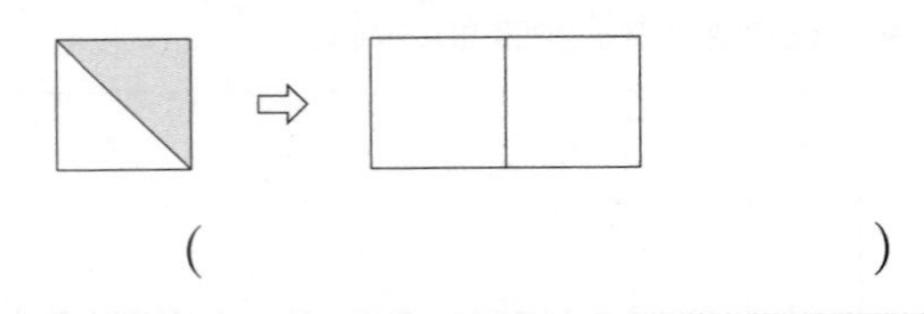

( )

전략 각 칸마다 나올 수 있는 모양을 모두 알아보고 같은 모양이 되는 경우를 제외합니다.

26

왼쪽 타일을 밀기, 뒤집기를 이용하여 오른쪽 세 칸을 채워서 새로운 모양을 만들려고 합니다. 나올 수 있는 모양은 모두 몇 가지인지 구하시오. (단, 돌리거나 뒤집었을 때 같은 모양은 한 가지로 생각합니다.)

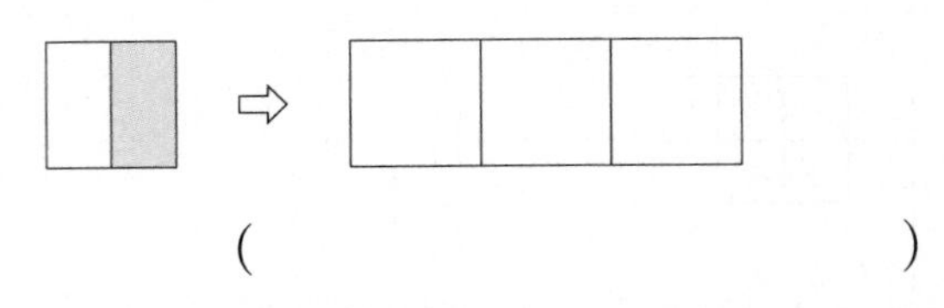

( )

전략 각 칸마다 나올 수 있는 모양을 모두 알아보고 세 칸을 채운 뒤 돌리거나 뒤집어서 같은 모양인 것을 알아봅니다.

27

왼쪽 두 개의 타일을 밀기, 돌리기를 이용하여 오른쪽 두 칸을 채워서 새로운 모양을 만들려고 합니다. 나올 수 있는 모양은 모두 몇 가지인지 구하시오. (단, 두 개의 타일을 모두 사용해야 하고 돌리거나 뒤집었을 때 같은 모양은 한 가지로 생각합니다.)

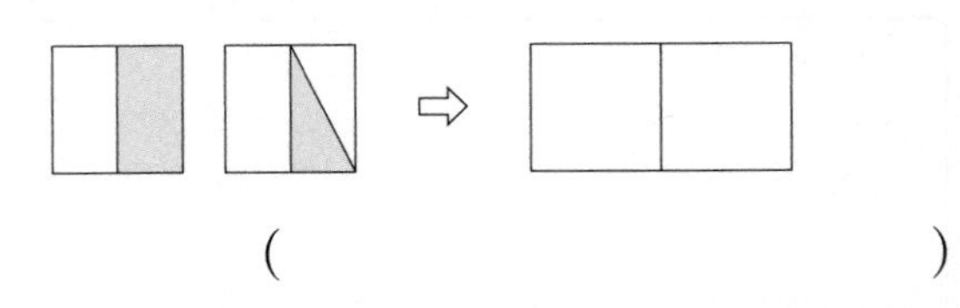

( )

전략 두 타일을 오른쪽 두 칸에 밀거나 돌려 가면서 무늬를 만들고 같은 모양이 되는 경우를 제외합니다.

원의 반지름을 이용하여 길이 구하기

28 | 창의 · 융합 |

네 변의 길이의 합이 168 cm인 정사각형 모양의 상자가 있습니다. 이 상자 안에 똑같은 크기의 통조림 9캔을 넣었더니 상자에 딱 맞게 들어갔습니다. 통조림 뚜껑 1개의 반지름은 몇 cm인지 구하시오.

(　　　　　　　　　　)

전략 원의 반지름과 정사각형의 한 변의 길이 사이의 관계를 알아봅니다.

29 | 성대 경시 기출 유형 |

가장 큰 원의 반지름은 가장 작은 원의 반지름의 두 배이고, 중간 원의 지름은 가장 큰 원과 가장 작은 원의 지름의 합의 반과 같습니다. 그림에서 삼각형의 세 변의 길이의 합이 54 cm일 때, 중간 원의 반지름은 몇 cm인지 구하시오.

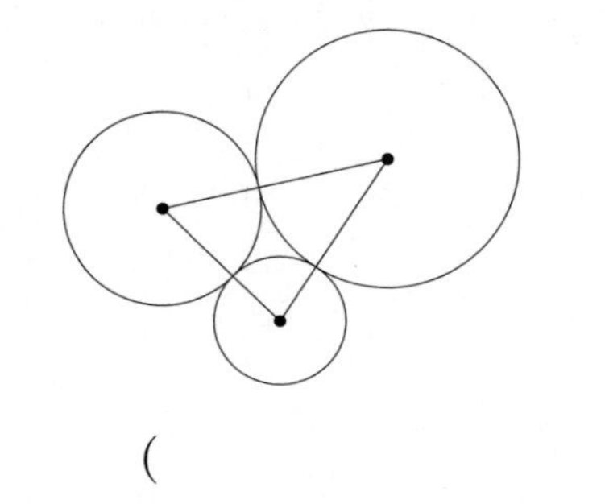

(　　　　　　　　　　)

전략 가장 작은 원의 반지름을 □ cm로 놓고 나머지 두 원의 반지름도 □를 이용하여 나타냅니다.

30

다음 조건을 모두 만족하도록 그린 4개의 원 중에서 두 번째로 작은 원의 중심을 점 ㄱ, 가장 큰 원의 중심을 점 ㄴ이라고 할 때, 선분 ㄱㄴ의 길이를 구하시오.

조건

[조건 1] 원의 중심은 한 직선 위에 있습니다.
[조건 2] 가장 작은 원의 반지름은 1 cm이고, 오른쪽으로 갈수록 반지름이 1 cm씩 늘어납니다.
[조건 3] 가장 큰 원을 제외한 나머지 원의 중심은 각각 바로 오른쪽 원 위의 점입니다.

(　　　　　　　　　　)

전략 가장 큰 원을 제외한 나머지 원의 중심이 바로 오른쪽 원 위의 점이어야 하므로 겹쳐진 그림이 됩니다.

그려 보기

▶도형을 그릴 때 모눈종이를 활용하세요.

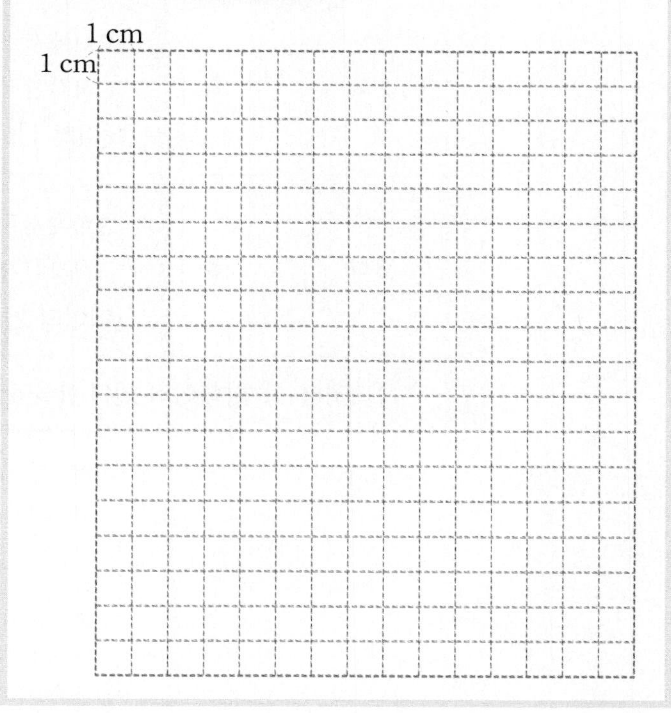

STEP 3 | 코딩 유형 문제

＊도형 영역에서의 코딩
컴퓨터로 코딩을 할 때, 어떤 부분이 반복되면 '루프'를 사용하여 간편하게 작업할 수 있습니다. 평면도형을 루프를 이용하여 명령 기호에 따라 차례대로 그려 보면 새로운 도형이 만들어집니다.
도형 영역에서의 코딩 문제는 주어진 조건에 따라 도형의 모양이 어떤 규칙을 가지고 변하는지를 찾는 문제입니다. 규칙적인 모양의 변화 속에서 도형의 개수를 알아봅니다.

1 다음 흐름에 따라 출력된 값은 얼마입니까?

• • • •	⬇	점 4개를 일정한 간격으로 찍은 후에 시작합니다.
• • • • • • 1회	⬇	한 회마다 점을 오른쪽에 2개씩 추가합니다.
2회	⬇	2회에서 그릴 수 있는 직각삼각형의 수를 [데이터 1]이라고 합니다.
3회	⬇	3회에서 그릴 수 있는 직각삼각형의 수를 [데이터 2]라고 합니다.
[데이터 1]과 [데이터 2]의 합을 출력하시오.		

( )

▶ 화살표를 따라 순차적으로 변하는 점의 수와 모양을 알아보고, 그릴 수 있는 직각삼각형의 수를 세어 [데이터 1]과 [데이터 2]를 각각 구한 후 두 수를 더합니다.

2 다음과 같은 규칙을 반복하여 새로운 모양을 만들려고 합니다.

> 시작하기: ◸
>
> 추가하기: 오른쪽에 ◿, ◸을 번갈아 추가하기

추가하기 1회의 모양은 ◸◿와 같을 때, 추가하기 5회의 모양에서 선을 따라 그릴 수 있는 크고 작은 직각삼각형은 모두 몇 개인지 구하시오.

(　　　　　　　　　　)

▶ 반복되는 모양이 어떤 모양인지를 알고 추가하기 5회의 모양을 만들어 직각삼각형의 개수를 구합니다.

3 현주는 컴퓨터로 작은 정사각형부터 규칙에 따라 계속해서 바깥쪽에 큰 정사각형을 그려 나가고 있습니다. 네 번째 정사각형까지 그린 그림은 다음과 같습니다. 같은 규칙으로 다섯 번째 정사각형을 그리고 난 후 가장 작은 정사각형을 똑같이 4개로 나눈 직각삼각형 조각으로 그림을 모두 덮으려고 합니다. 직각삼각형 조각은 몇 개가 필요한지 구하시오.

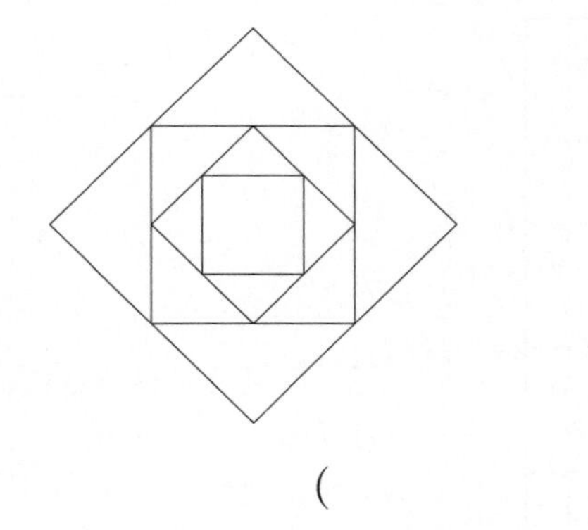

(　　　　　　　　　　)

▶ 가장 작은 정사각형부터 정사각형이 한 개씩 늘어날 때마다 직각삼각형 조각이 몇 개로 늘어나는지 규칙을 찾습니다.

Ⅲ 도형 영역

STEP 4 도전! 최상위 문제

1 가로로 7개, 세로로 6개의 점이 일정한 간격으로 찍혀 있습니다. 주어진 선분을 이용하여 직각삼각형을 만들 때, 이 점 종이에서 크고 작은 직각삼각형은 모두 몇 개를 만들 수 있는지 구하시오.

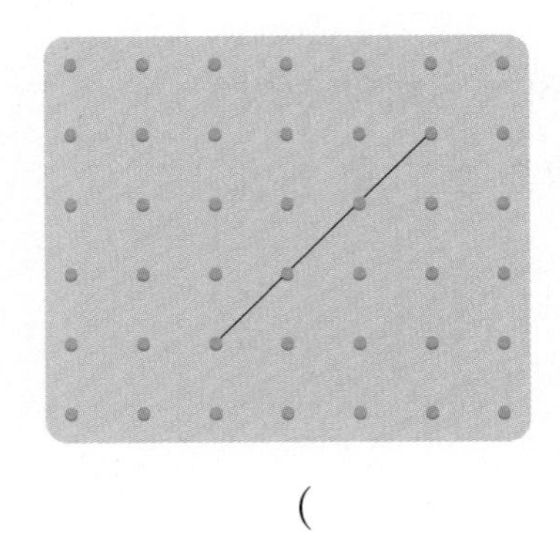

(　　　　　　　　　　)

창의・사고

2 한 변이 14 cm인 정사각형 모양의 모눈종이가 있습니다. 이 종이를 가로가 1 cm, 세로가 9 cm인 직사각형 모양의 종이띠로 최대한 보이는 부분이 없도록 덮으려고 할 때, 직사각형 모양의 종이를 몇 개 사용해야 하는지 구하시오. (단, 직사각형 모양의 종이는 서로 겹치지 않게 놓아야 하고, 모눈종이 밖으로 나가는 부분 없이 덮어야 합니다.)

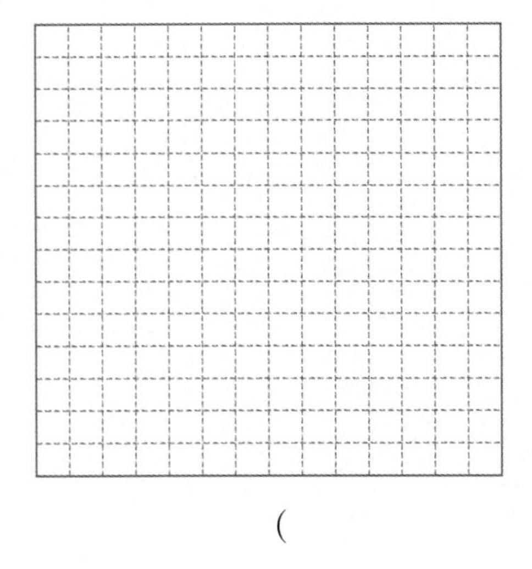

(　　　　　　　　　　)

창의·사고

3 정육각형 4개를 변끼리 이어 붙여 만들 수 있는 모양을 모두 그리고, 몇 가지인지 쓰시오. (단, 돌리거나 뒤집었을 때 같은 모양은 한 가지로 생각합니다.)

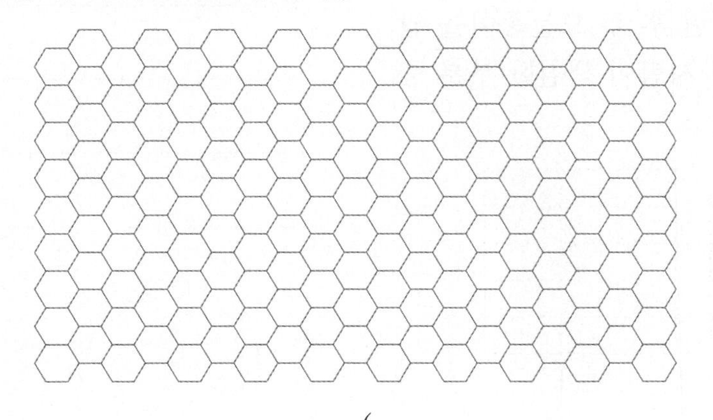

( )

창의·융합

4 다음과 같이 디지털 숫자로 만든 수 25는 와 같이 돌려도 52로 수가 됩니다.

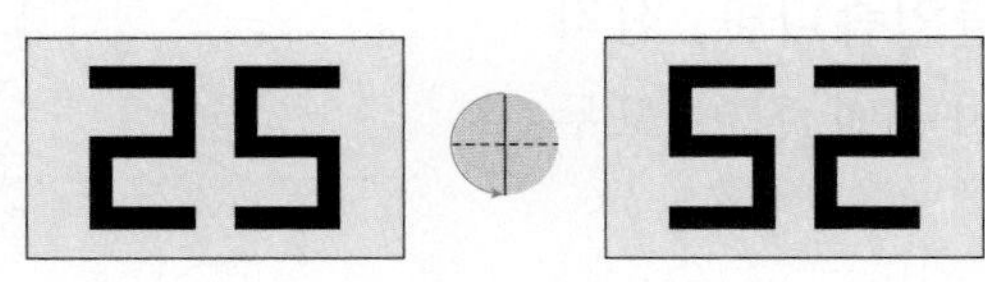

1부터 9까지의 숫자 중 와 같이 돌려도 수가 되는 숫자를 각각 한 번씩만 사용하여 세 자리 수를 만들려고 합니다. 만들 수 있는 가장 큰 세 자리 수와 가장 작은 세 자리 수를 각각 와 같이 돌린 두 수의 차는 얼마인지 구하시오.

( )

창의·융합

5 주어진 모양을 호선이는 와 같이 돌린 뒤 왼쪽으로 뒤집고 다시 와 같이 돌렸고, 은아는 오른쪽으로 뒤집은 뒤 와 같이 돌리고 다시 위쪽으로 뒤집었습니다. 호선이와 은아가 각자 완성한 도형을 모눈종이에 그린 후 두 모눈종이를 완전히 겹쳐서 빛으로 비춰 보았을 때 두 사람이 색칠한 부분 중 겹치는 칸은 모두 몇 칸인지 구하시오.

호선　　　　　　　　　　은아

(　　　　　　　　　　)

6 다음 그림과 같이 반지름이 3 cm인 원을 이어 붙인 다음 바깥쪽에 있는 원의 중심을 이어 삼각형을 만들었습니다. 삼각형의 세 변의 길이의 합이 126 cm가 되게 하려면 원이 모두 몇 개 필요한지 구하시오.

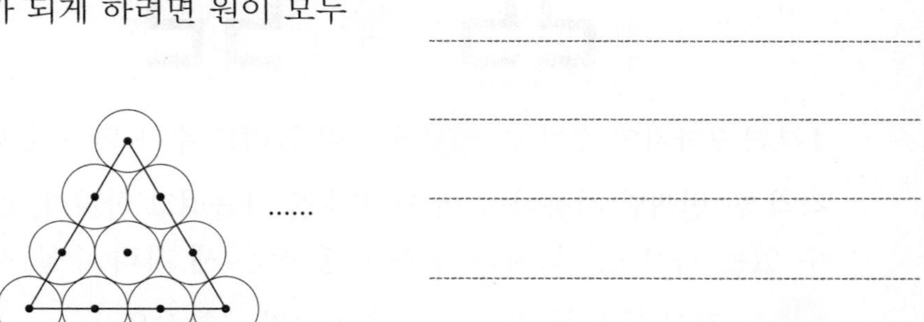

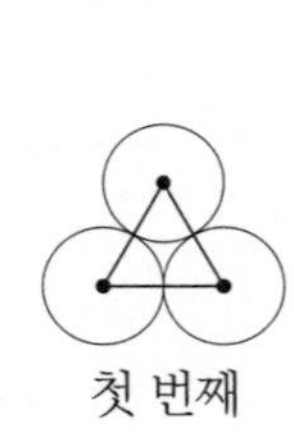

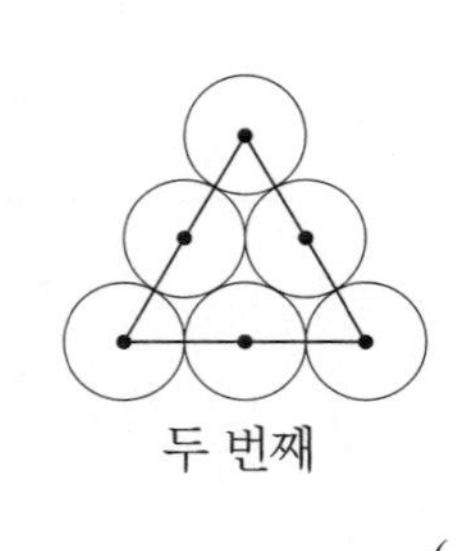

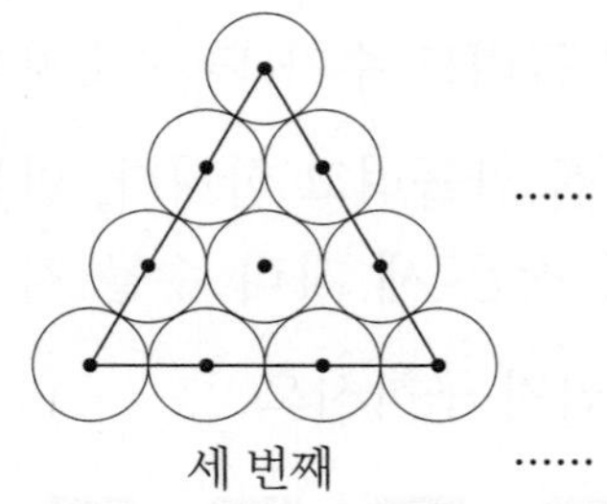

첫 번째　　　두 번째　　　세 번째　……

(　　　　　　　　　　)

창의·사고

7 주어진 그림에 있는 정삼각형과 크기가 같은 정삼각형을 2개 더 이어 붙여서 만들 수 있는 모양은 모두 몇 가지인지 구하시오. (단, 돌리거나 뒤집었을 때 같은 모양은 한 가지로 생각합니다.)

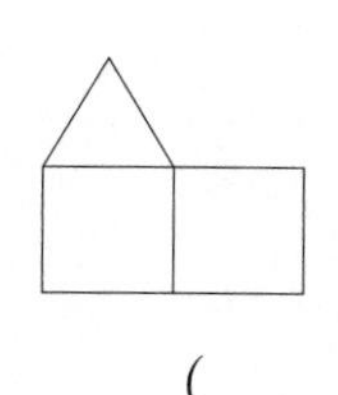

( )

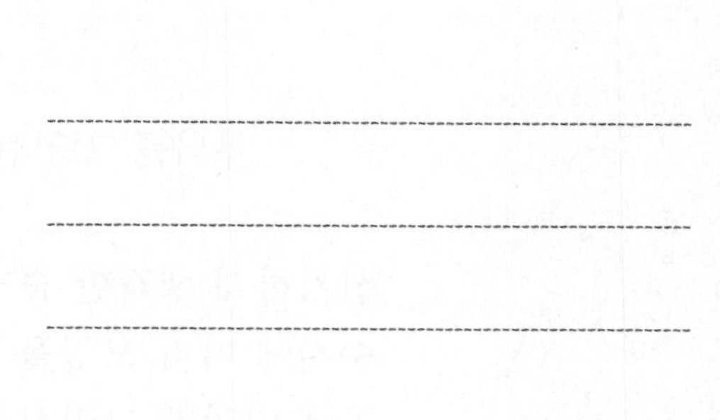

창의·사고

8 큰 원 안에 작은 원을 그려서 영역을 나누고 있습니다. 예를 들어 보기 와 같이 작은 원이 2개일 때, 가장 적게 나눈 경우에는 3개의 영역으로 나눌 수 있지만 가장 많게 나눈 경우에는 5개의 영역으로 나눌 수 있습니다. 큰 원 안에 있는 작은 원의 수가 6개일 때, 영역을 가장 많게 나눌 경우에는 몇 개의 영역으로 나눌 수 있는지 구하시오.

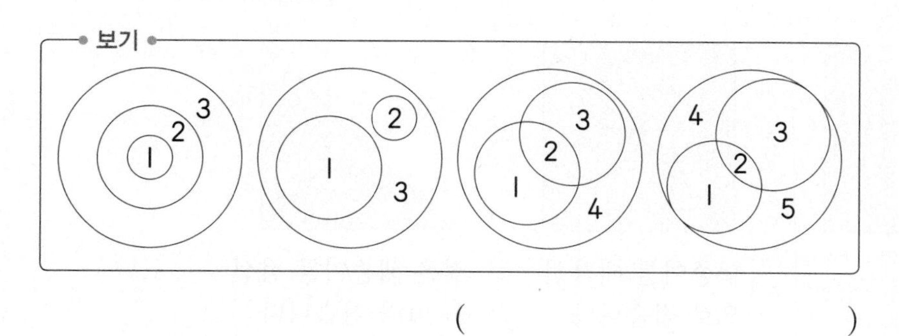

( )

영재원 · 창의융합 문제

9 승재는 인터넷에서 정사각형 모양의 색종이를 접어서 오리면 다양한 모양이 나오는 것을 보았습니다.

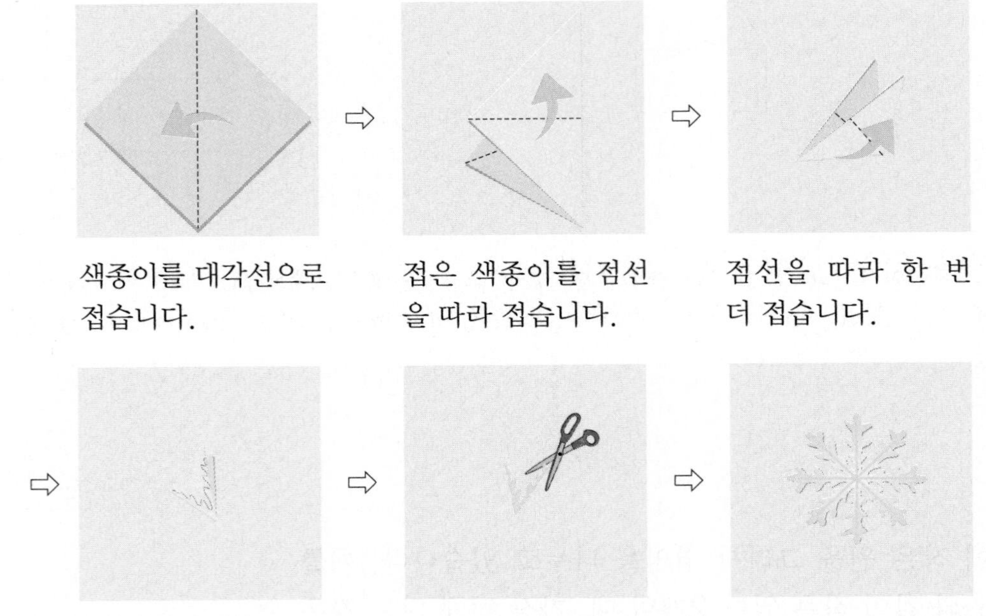

신기하게 생각한 승재는 직접 멋진 모양을 만들어 보기로 했습니다. 승재가 아래 순서에 따라 모양을 만들었을 때, 종이를 펼치면 어떤 모양이 될지 맨 마지막 빈 곳에 알맞게 그리시오.

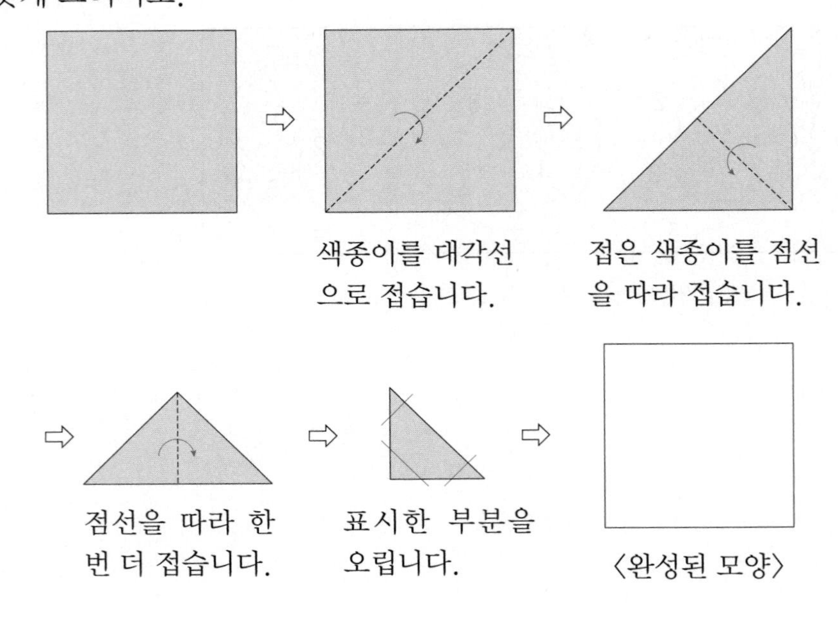

Ⅳ

측정 영역

| 주제 구성 |

STEP 1 경시 기출 유형 문제

[주제 학습 15] 시간의 응용

희정이는 3시 25분 47초에 수학 공부를 하기 시작했습니다. 공부를 마치고 시계를 보니 5시 12분 15초였다면 희정이가 수학 공부를 한 시간은 몇 시간 몇 분 몇 초인지 구하시오.

(　　　　　　　　　　)

문제 해결 전략

① 식 세우기

(수학 공부를 한 시간)=(공부를 마친 시각)−(공부를 시작한 시각)

=5시 12분 15초−3시 25분 47초

② 시간의 차 계산하기

초는 초끼리, 분은 분끼리, 시는 시끼리 받아내림에 주의하여 계산합니다.

$$\begin{array}{rrr} & 60 & \\ 4 & 11 & 60 \\ \cancel{5}\text{시} & \cancel{12}\text{분} & 15\text{초} \\ -\ 3\text{시} & 25\text{분} & 47\text{초} \\ \hline 1\text{시간} & 46\text{분} & 28\text{초} \end{array}$$

선생님, 질문 있어요!

Q. 시각과 시간의 차이는 무엇인가요?

A. 시각은 어느 한 시점을 의미하고, 시간은 어떤 시각에서 어떤 시각까지의 사이를 의미합니다. 몇 시 몇 분 몇 초는 시각을, 언제부터 언제까지는 시간을 의미합니다.

따라 풀기 1 성주가 축구를 시작할 때 시계를 보니 4시 46분 56초였습니다. 축구를 끝내고 시계를 보니 7시 3분 22초였습니다. 성주가 축구를 한 시간은 몇 시간 몇 분 몇 초인지 구하시오.

(　　　　　　　　　　)

따라 풀기 2 현재 시각은 2시 53분 49초입니다. 초바늘이 아홉 바퀴 반을 돌았을 때의 시각을 구하시오.

(　　　　　　　　　　)

[확인 문제]

1-1 실험실에서 실험을 시작할 때 시계를 보니 오전 10시 38분 54초였습니다. 실험 시간이 3시간 26분 48초였다면 실험은 오후 몇 시 몇 분 몇 초에 끝나는지 구하시오.

(　　　　　　　　　　)

2-1 연정이는 9시 25분부터 18분 동안 운동을 하고 3분을 쉬고, 15분 동안 운동하고 2분을 쉬고, 다시 9분 동안 운동하고 1분을 쉬고, 4분 마무리 운동을 하고 운동을 마쳤습니다. 연정이가 운동을 마친 시각은 몇 시 몇 분인지 구하시오.

(　　　　　　　　　　)

3-1 6시간에 4분씩 늦어지는 시계가 있습니다. 이번 주 수요일 낮 12시에 시계를 정확히 맞추어 놓았다면 다음 주 수요일 낮 12시에 이 시계가 가리키는 시각은 오전 몇 시 몇 분인지 구하시오.

(　　　　　　　　　　)

[한 번 더 확인]

1-2 지후는 자전거를 1시간 47분 28초 동안 탔습니다. 지후가 자전거 타기를 마치고 시계를 보니 9시 14분 15초였다면 지후가 자전거를 타기 시작한 시각은 몇 시 몇 분 몇 초인지 구하시오.

(　　　　　　　　　　)

2-2 정수네 학교는 오전 9시에 1교시를 시작해서 5교시까지 합니다. 1, 3교시 후에는 각각 5분을 쉬고, 2교시 후에는 10분을 쉽니다. 4교시가 끝난 후 점심시간은 50분이고, 그 후 바로 5교시를 시작합니다. 매 교시 수업이 45분씩이라면 5교시가 끝나는 시각은 오후 몇 시 몇 분인지 구하시오.

(　　　　　　　　　　)

3-2 4시간에 3분씩 빨라지는 시계가 있습니다. 월요일 오전 9시에 시계를 정확히 맞추어 놓았다면 같은 주 토요일 오후 1시에 이 시계가 가리키는 시각은 오후 몇 시 몇 분인지 구하시오.

(　　　　　　　　　　)

주제 학습 16 길이의 응용

길이가 27 cm인 종이테이프 7장을 직선으로 8 mm씩 겹치게 이어 붙였습니다. 이어 붙인 종이테이프의 전체 길이는 몇 cm 몇 mm인지 구하시오.

( )

선생님, 질문 있어요!

Q. 겹치게 이어 붙이면 전체 길이는 어떻게 되나요?

A. 테이프나 철사, 끈 등을 겹치게 이어 붙이거나 매듭을 지어 이으면 전체 길이는 겹친 부분 또는 매듭의 길이만큼 줄어듭니다.

문제 해결 전략

① 종이테이프 7장의 길이의 합 구하기
길이가 27 cm인 종이테이프 7장의 길이의 합은 $27 \times 7 = 189$ (cm)입니다.

② 겹치는 부분의 수 구하기
겹치는 부분의 수는 종이테이프의 수보다 1 작으므로 종이테이프 7장을 이어 붙였을 때 겹치는 부분은 6군데입니다.

③ 겹치는 부분의 길이의 합 구하기
겹치는 부분의 길이의 합은 8 mm씩 6군데이므로 $8 \times 6 = 48$ (mm)입니다.
⇨ 48 mm=4 cm 8 mm

④ 이어 붙인 종이테이프의 전체 길이 구하기
(이어 붙인 종이테이프의 전체 길이)
=(종이테이프 7장의 길이의 합)−(겹치는 부분의 길이의 합)
=189 cm−4 cm 8 mm=184 cm 2 mm

참고
- 10 mm=1 cm입니다.
- 길이의 합 또는 차를 계산할 때 cm는 cm끼리, mm는 mm끼리 계산합니다.

따라 풀기 1 길이가 12 cm인 색 테이프 2장을 직선으로 겹치게 이어 붙였더니 전체 길이가 19 cm가 되었습니다. 겹쳐진 부분의 길이는 몇 cm인지 구하시오.

( )

따라 풀기 2 한 변이 8 cm 9 mm인 정사각형이 있습니다. 이 정사각형의 네 변의 길이의 합은 몇 cm 몇 mm인지 구하시오.

( )

확인 문제

1-1 정희의 키는 132 cm 4 mm이고 현애의 키는 140 cm 2 mm입니다. 누구의 키가 몇 cm 몇 mm 더 큰지 구하시오.

( ), ( )

2-1 색 테이프 3장의 길이를 비교하니 가장 짧은 것의 길이는 가장 긴 것의 길이의 반이고, 중간 것의 길이는 12 cm 8 mm이고, 가장 긴 것의 길이는 중간 것의 길이보다 3 cm 6 mm가 더 깁니다. 가장 짧은 것의 길이는 몇 cm 몇 mm인지 구하시오.

( )

3-1 가장 긴 변의 길이가 6 cm 6 mm이고 세 변의 길이의 합이 15 cm 4 mm인 삼각형이 있습니다. 가장 긴 변을 제외한 나머지 두 변의 길이가 서로 같을 때, 그중 한 변의 길이는 몇 cm 몇 mm인지 구하시오.

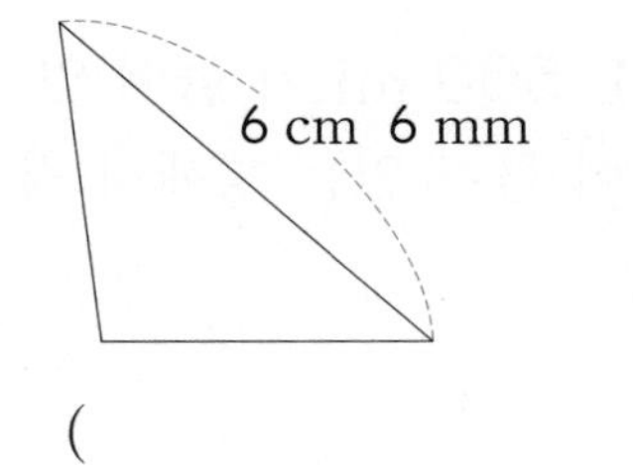

( )

한 번 더 확인

1-2 3 cm 9 mm 길이의 선을 긋고, 이어서 4 cm 7 mm 길이의 선을 그었습니다. 그리고 다시 8 cm 5 mm 길이의 선을 이어서 그었습니다. 그은 선의 전체 길이는 몇 cm 몇 mm인지 구하시오.

( )

2-2 길이가 3 cm 4 mm인 색 테이프 8장을 직선으로 4 mm씩 겹치게 이어 붙였습니다. 이어 붙인 색 테이프의 전체 길이는 몇 cm 몇 mm인지 구하시오.

( )

3-2 한 변이 12 cm인 정사각형 2개를 그림과 같이 겹쳐서 네 변의 길이의 합이 62 cm인 큰 직사각형을 만들었습니다. 겹쳐진 부분의 가로는 몇 cm인지 구하시오.

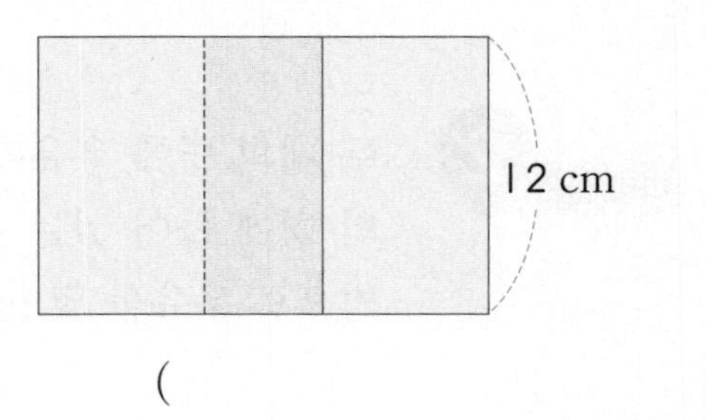

( )

[주제 학습 17] 들이의 응용

두 개의 통에 기름이 각각 7 L 500 mL와 5 L 700 mL가 들어 있습니다. 두 개의 통에 들어 있는 기름의 양을 같게 하려면 많이 들어 있는 통에서 적게 들어 있는 통으로 기름을 몇 mL 옮겨야 하는지 구하시오.

( )

문제 해결 전략

① 두 개의 통에 들어 있는 기름의 양의 차 구하기
두 개의 통에 들어 있는 기름의 양의 차는
7 L 500 mL−5 L 700 mL=1 L 800 mL입니다.

② 옮겨야 하는 기름의 양 구하기
두 개의 통에 들어 있는 기름의 양을 같게 하려면 많이 들어 있는 통에서 두 개의 통에 들어 있는 기름의 양의 차의 반만큼을 옮겨야 합니다. 두 개의 통에 들어 있는 기름의 양의 차의 반은 1 L 800 mL의 반이므로 900 mL입니다. 즉, 많이 들어 있는 통에서 적게 들어 있는 통으로 기름을 900 mL 옮겨야 합니다.

선생님, 질문 있어요!

Q. 두 통에 들어 있는 기름의 양을 같게 하려면 어떻게 해야 할까요?

A. [방법 1]
두 통에 들어 있는 양의 차를 구해서 반으로 나눈 양만큼을 적게 들어 있는 통으로 옮기면 됩니다.

[방법 2]
두 통에 들어 있는 전체 양을 구하여 반으로 나누면 한 통에 들어 있어야 하는 양이 됩니다.

따라 풀기 1

물이 가득 차 있는 15 L들이의 수조에서 물을 850 mL씩 4번 덜어 냈습니다. 수조에 남아 있는 물은 몇 L 몇 mL인지 구하시오.

( )

두 개의 병에 우유가 각각 1 L 800 mL와 2 L 500 mL가 들어 있습니다. 두 개의 병에 들어 있는 우유의 양을 같게 하려면 많이 들어 있는 병에서 적게 들어 있는 병으로 우유를 몇 mL 옮겨야 하는지 구하시오.

( )

확인 문제

1-1 수조에 물이 12 L 300 mL 들어 있었는데, 오전에 7 L 800 mL를 사용하고 다시 5 L 900 mL를 채워 넣었습니다. 지금 수조에 들어 있는 물은 몇 L 몇 mL인지 구하시오.

(　　　　　　　　　　)

2-1 세 개의 잔에 각각 400 mL, 750 mL, 350 mL의 주스가 들어 있습니다. 세 개의 잔에 들어 있는 주스의 양을 같게 하려면 가장 많이 들어 있는 잔의 주스를 몇 mL 옮겨야 하는지 구하시오.

(　　　　　　　　　　)

3-1 빈 수조가 있습니다. 이 수조에 물을 일정한 속도로 4분에 520 mL씩 채우고 1분에 40 mL씩 사용한다면 20분 후에는 수조에 물이 몇 L 몇 mL 있겠습니까?

(　　　　　　　　　　)

한 번 더 확인

1-2 수조에 물이 7 L 250 mL 들어 있었습니다. 이 수조에 월요일에는 2 L 850 mL, 화요일에는 3 L 450 mL, 수요일에는 4 L 150 mL, 목요일에는 5 L 950 mL의 물을 더 넣었다면 수조에 있는 물은 몇 L 몇 mL가 되겠습니까?

(　　　　　　　　　　)

2-2 세 개의 통에 각각 8 L 100 mL, 4 L 300 mL, 6 L 500 mL의 물이 들어 있습니다. 세 개의 통에 들어 있는 물의 양을 같게 하려면 가장 많이 들어 있는 통의 물을 몇 L 몇 mL 옮겨야 하는지 구하시오.

(　　　　　　　　　　)

3-2 192 L들이의 빈 물탱크가 있습니다. 이 물탱크에 물을 3분에 18 L씩 일정한 속도로 채우고 배수구를 통해 2분에 4 L씩 내보냅니다. 물탱크에 물이 가득 차는 때는 몇 분 후인지 구하시오.

(　　　　　　　　　　)

[주제 학습 18] 무게의 응용

무게가 같은 감 3개를 접시에 담아 저울에 재어 보니 960 g이었습니다. 이 접시에 감을 4개 더 올려놓고 재었더니 1520 g이 되었습니다. 빈 접시의 무게는 몇 g인지 구하시오.

( )

선생님, 질문 있어요!

Q. 접시에 담은 감의 무게는 어떻게 구할 수 있나요?

A. 추가한 감의 무게를 구하면 감 1개의 무게를 구할 수 있습니다.

문제 해결 전략

① 주어진 조건으로 식 세우기
(감 3개의 무게)+(빈 접시의 무게)=960 g,
(감 3개의 무게)+(빈 접시의 무게)+(감 4개의 무게)=1520 g

② 감 1개의 무게 구하기
감 4개의 무게는 1520 g−960 g=560 g입니다.
⇨ 감 1개의 무게는 560÷4=140 (g)입니다.

③ 빈 접시의 무게 구하기
감 3개의 무게는 140×3=420 (g)이므로 420 g+(빈 접시의 무게)=960 g에서
(빈 접시의 무게)=960 g−420 g=540 g입니다.

따라 풀기 1 약수터에서 물을 받고 있습니다. 빈 물통의 무게는 1 kg 200 g입니다. 물통에 물을 절반만큼 받았을 때의 무게가 8 kg 500 g이었습니다. 물통에 물을 가득 받았을 때의 무게는 몇 kg 몇 g인지 구하시오.

( )

따라 풀기 2 요리를 하기 위해 12 kg 800 g의 밀가루 반죽을 만들었습니다. 반죽을 1인분에 750 g씩 사용한다고 한다면 7인분을 만드는 데 사용하고 남은 반죽의 무게는 몇 kg 몇 g입니까?

( )

확인 문제

1-1 저울에 똑같은 무게의 생선 3마리를 올리고 무게를 잰 후에 다시 똑같은 무게의 생선 2마리를 추가로 올렸더니 580 g이 늘어났습니다. 생선 5마리의 무게는 몇 kg 몇 g인지 구하시오.

( )

2-1 주스가 가득 들어 있는 주스병 4개의 무게를 재었더니 10 kg 540 g이었습니다. 주스병에 있는 주스를 모두 마시고 빈 주스병 4개의 무게를 재었더니 2 kg 300 g이었습니다. 주스병 하나에 들어 있던 주스만의 무게는 몇 kg 몇 g인지 구하시오. (단, 주스병의 무게는 모두 같습니다.)

( )

3-1 참외 1개의 무게는 귤 3개의 무게와 같고, 귤 1개의 무게는 방울토마토 12개의 무게와 같습니다. 참외 3개와 귤 8개의 무게는 방울토마토 몇 개의 무게와 같은지 구하시오. (단, 같은 과일끼리는 무게가 각각 같습니다.)

( )

한 번 더 확인

1-2 은비가 강아지를 안고 저울에 올라가면 무게가 34 kg 820 g이고, 도훈이가 강아지를 안고 저울에 올라가면 무게가 36 kg 760 g입니다. 은비와 도훈이의 몸무게의 합이 69 kg 540 g이라면 강아지의 무게는 몇 kg 몇 g인지 구하시오.

( )

2-2 사과 5개가 들어 있는 바구니의 무게는 1 kg 890 g이고, 사과 8개가 들어 있는 바구니의 무게는 2 kg 520 g입니다. 이때, 바구니만의 무게는 몇 g인지 구하시오. (단, 사과의 무게는 모두 같고, 두 바구니의 무게는 같습니다.)

( )

3-2 두 개의 빨간색 공과 네 개의 파란색 공의 무게가 같고, 세 개의 노란색 공과 다섯 개의 파란색 공의 무게가 같으며 네 개의 초록색 공과 여섯 개의 파란색 공의 무게가 같습니다. 이때 여섯 개의 빨간색 공과 세 개의 노란색 공과 두 개의 초록색 공의 무게의 합은 파란색 공 몇 개의 무게와 같은지 구하시오.

( )

STEP 2 실전 경시 문제

시간의 응용

1

현재 시각은 11시 47분 27초입니다. 초바늘이 19바퀴를 돌고 38초만큼 더 지난 후의 시각은 몇 시 몇 분 몇 초인지 구하시오.

( )

전략 초바늘이 한 바퀴 도는 데 걸리는 시간은 60초, 즉 1분입니다.

2 | 고대 경시 기출 유형 |

거울에 비친 시계로 현재의 시각이 보였습니다. 2시간 40분 후의 시곗바늘의 위치를 오른쪽 시계에 그리시오.

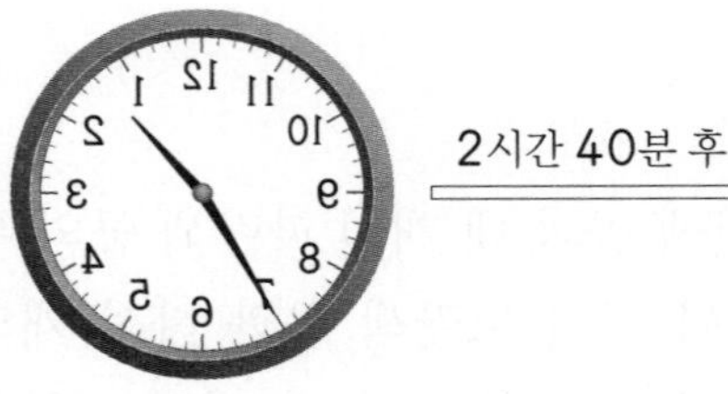

2시간 40분 후

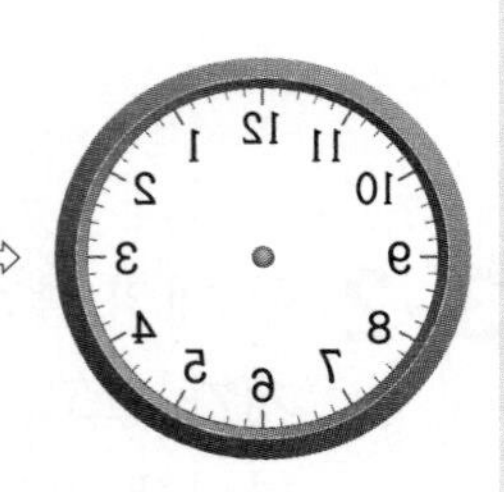

현재 시각

전략 현재 시각을 읽고 2시간 40분 후의 시각을 구하여 짧은바늘과 긴바늘이 각각 어느 숫자 사이에 있을지 생각해 봅니다.

3

지민이는 시계의 짧은바늘이 9와 10 사이에 있는 것을 8과 9 사이에 있는 것으로 잘못 보고 3시간 45분 동안 운동을 하였습니다. 운동을 마친 실제 시각이 오후 1시 35분이었다면 지민이는 운동하기 전 시계를 보고 몇 시 몇 분으로 잘못 생각했었는지 구하시오.

( )

전략 시계의 짧은바늘이 8과 9 사이에 있으면 8시와 9시 사이의 시각입니다.

4 | 성대 경시 기출 유형 |

시간이 조금씩 늦어지는 시계가 있습니다. 오전 10시 정각에 시계를 맞추고 나서 오후 2시에 시계를 보았더니 3초가 늦어졌습니다. 이 시계를 오늘 오전 8시 정각에 정확히 맞춘 후 일주일이 지난 오후 4시 정각에 보았을 때, 이 시계는 몇 시 몇 분 몇 초를 가리키고 있을지 구하시오.

( )

전략 시계가 늦어지면 정확한 시간보다 부족한 시간이 되고 빠르게 가면 정확한 시간보다 넘치는 시간이 됩니다.

5

나무 막대를 톱으로 똑같이 6도막으로 자르려고 합니다. 한 번 자르는 데 2분 25초가 걸리고, 한 번 자를 때마다 30초씩 쉬려고 합니다. 나무 막대를 9시 8분 20초부터 자르기 시작했다면 다 자른 후의 시각은 몇 시 몇 분 몇 초인지 구하시오.

(　　　　　　　　　　)

전략 나무 막대를 6도막으로 자르려면 5번만 자르면 됩니다. 다 자르고 난 후에 쉬는 시간은 생각하지 않습니다.

6

| 성대 경시 기출 유형 |

서울에서 모스크바를 경유해서 런던으로 가는 비행기를 타려고 합니다. 시간을 알아보니 모스크바는 서울보다 6시간이 느립니다. 서울이 10월 8일 오후 12시 16분이면 모스크바는 10월 8일 오전 6시 16분입니다. 런던은 모스크바보다 3시간이 느립니다. 런던이 10월 15일 오후 8시 15분이면 서울은 며칠 몇 시 몇 분인지 구하시오.

(　　　　　　　　　　)

전략 먼저 서울과 런던의 시간이 얼마만큼 차이가 나는지 구합니다.

7

| 성대 경시 기출 유형 |

1시간에 ㉠분씩 느리게 가는 시계가 있습니다. 이 시계를 오전 11시에 정확한 시각에 맞추고, 다음 날 오후 5시에 시계를 보니 오후 1시 30분이었습니다. ㉠은 얼마입니까?

(　　　　　　　　　　)

전략 오전 11시부터 다음 날 오후 5시까지의 시간 동안 시계의 시각은 실제 시각보다 얼마나 느려졌는지 알아봅니다.

8

| 창의 · 융합 |

빛 축제에 3종류의 전구를 사용했습니다. 빨간색 전구는 2초마다, 파란색 전구는 3초마다, 초록색 전구는 8초마다 깜박입니다. 8시 19분 54초에 세 전구가 동시에 깜박였다면, 바로 다음번에 세 전구가 동시에 깜박이는 시각은 몇 시 몇 분 몇 초인지 구하시오.

(　　　　　　　　　　)

전략 세 전구가 각각 깜박이는 시각을 알아보고 몇 초마다 동시에 깜박거리는지 구합니다.

길이의 응용

9 | 성대 경시 기출 유형 |

3개의 막대 A, B, C가 있습니다. B의 길이는 A의 길이보다 65 cm 더 길고, C의 길이는 B의 길이보다 38 cm 더 짧습니다. A의 길이가 4 m 87 cm라면 C의 길이는 몇 m 몇 cm인지 구하시오.

( )

전략 A의 길이가 주어졌으므로 A의 길이를 이용하여 B의 길이를 구한 뒤 C의 길이를 구합니다.

10 | 성대 경시 기출 유형 |

길이가 각각 3 cm, 4 cm, 5 cm, 6 cm인 막대가 한 개씩 있습니다. 이 막대를 길게 이어 붙여서 잴 수 있는 길이는 모두 몇 가지입니까? (단, 막대는 한 개만 사용할 수도 있고, 여러 개 사용할 수도 있습니다.)

( )

전략 막대를 길게 이어 붙여서 길이를 재는 방법이므로 막대를 겹치는 경우는 생각하지 않습니다. 길이의 합을 이용하여 나올 수 있는 모든 길이를 구해 봅니다.

11

길이의 차가 9 cm 4 mm인 두 막대를 일직선으로 겹치지 않게 이어 붙였더니 24 cm 2 mm가 되었습니다. 긴 막대의 길이는 몇 cm 몇 mm인지 구하시오.

( )

전략 두 막대를 겹치지 않게 일직선으로 이어 붙인 길이는 두 막대의 길이의 합과 같습니다.

12 | 창의 · 융합 |

양초에 불을 붙이면 빛과 열을 내면서 타는데 이러한 현상을 '연소'라고 합니다. 초가 연소하면 초의 길이는 짧아집니다. 민정이는 길이가 12 cm인 양초에 불을 붙이고, 양초의 길이의 변화를 관찰하려고 합니다. 다음과 같이 1분 15초 간격으로 양초의 길이를 측정하여 기록하였습니다. 양초의 길이가 처음 양초의 길이의 $\frac{1}{4}$이 되는 시점은 처음 초에 불을 붙이고 몇 초 후인지 구하시오.

처음 12 cm

1분 15초 후 10 cm 5 mm

2분 30초 후 9 cm

3분 45초 후 7 cm 5 mm

( )

전략 1분 15초 간격으로 측정한 양초의 길이를 보고 1분 15초마다 양초의 길이가 얼마나 줄어드는지 알아봅니다.

13

| 고대 경시 기출 유형 |

희선이와 석범이가 A, B 두 지점에서 동시에 서로를 향하여 걷기 시작했습니다. 희선이는 1분에 100 m를 가는데, 두 사람이 만난 후 석범이는 1500 m를 더 가서 A 지점에 도착했고, 희선이는 14분을 더 가서 B 지점에 도착했습니다. 두 지점 사이의 거리는 몇 m인지 구하시오.

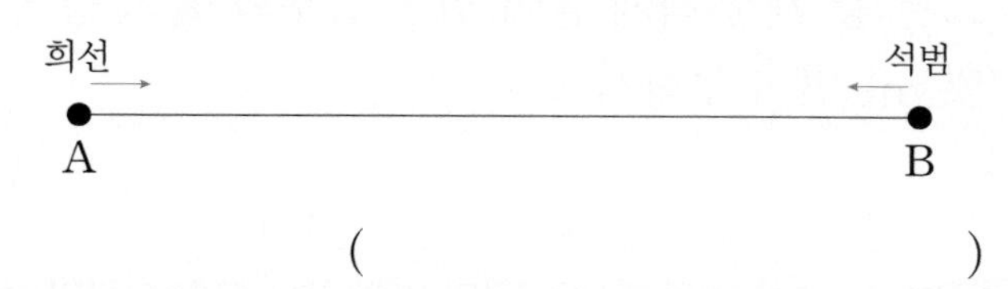

(　　　　　　　　　　)

전략 희선이와 석범이가 A, B 두 지점에서 서로를 향하여 걸으므로 희선이가 석범이를 만나기 전까지 걸은 구간과 두 사람이 만난 후 석범이가 걷는 구간은 같습니다.

14

한 변이 12 cm인 정사각형 모양의 색종이 4장을 그림과 같이 겹쳐서 붙였습니다. 가로로 2 cm 7 mm씩 겹쳤고 세로로 3 cm 2 mm씩 겹쳤습니다. 4장을 붙여 만든 큰 직사각형의 네 변의 길이의 합은 몇 cm 몇 mm인지 구하시오.

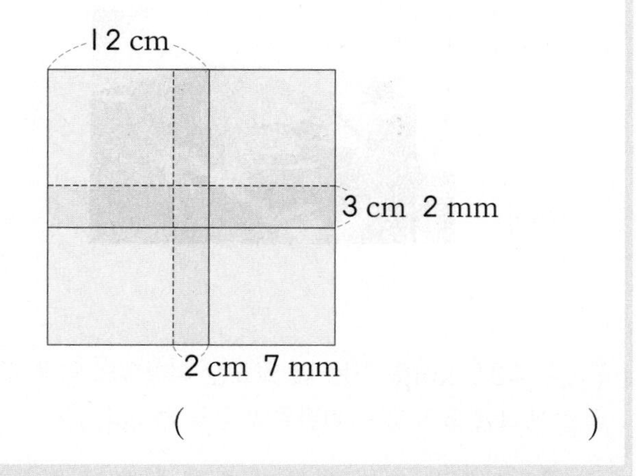

(　　　　　　　　　　)

전략 정사각형 모양의 색종이 4장을 붙여 만든 큰 직사각형의 가로와 세로를 각각 구합니다.

15

굵기가 일정한 금속 막대 1 m 50 cm의 무게를 재었더니 3 kg 600 g이었습니다. 이 금속 막대 1 kg 200 g의 가격이 800원이라고 할 때, 8 m 50 cm의 가격은 얼마인지 구하시오.

(　　　　　　　　　　)

전략 금속 막대 1 kg 200 g의 가격을 알고 있으므로 금속 막대 1 kg 200 g의 길이를 구할 수 있습니다.

16

| 창의 · 융합 |

초등학생들이 쓰는 책상의 가로는 60 cm입니다. 교실의 가로를 재어 보았더니 9 m 20 cm였습니다. 평소에는 ㈎ 형태로 책상을 배열하였다가 시험 기간에는 ㈏ 형태로 책상 배열을 바꿉니다. 각 배열에서 떨어져 있는 책상과 책상, 책상과 벽 사이의 간격이 모두 같을 때, 책상 배열을 ㈎에서 ㈏로 바꾸면 간격 하나의 길이는 몇 cm가 줄어드는지 구하시오.

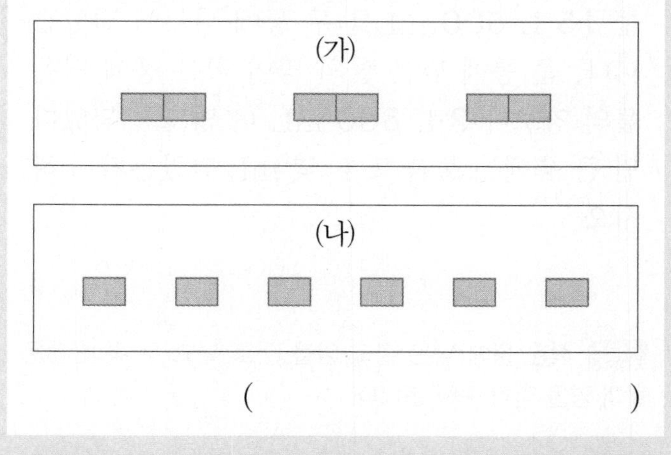

(　　　　　　　　　　)

전략 교실의 가로, 책상의 크기와 수는 변하지 않고 간격의 수만 바뀌었습니다.

들이의 응용

17

비어 있는 수조에 물을 담으려고 합니다. 호영이는 바가지로 900 mL씩 7번 담고, 미라는 컵으로 500 mL씩 9번 담았습니다. 호영이와 미라가 담은 물의 양은 몇 L 몇 mL인지 구하시오.

(   )

전략 호영이와 미라가 담은 물의 양을 각각 구한 후 합을 구합니다.

18

물 15 L 600 mL를 두 통에 나누어 담았습니다. 큰 통에 담은 물의 양이 작은 통에 담은 물의 양보다 2 L 800 mL 더 많도록 담았다면 큰 통에는 물을 몇 L 몇 mL 담았는지 구하시오.

(   )

전략 작은 통에 담은 물의 양을 □로 놓고 두 통에 담은 물의 양을 각각 구해 봅니다.

19 | 고대 경시 기출 유형 |

물이 들어 있는 세 개의 그릇이 있는데 이 중 두 그릇에 들어 있는 물의 양을 각각 더하면 946 mL, 1137 mL, 1095 mL입니다. 세 그릇 중 가장 적게 들어 있는 그릇의 물의 양은 몇 mL인지 구하시오.

(   )

전략 두 그릇에 들어 있는 물의 양의 합을 모두 더하면 세 개의 그릇에 들어 있는 물의 양을 두 번 더한 양과 같습니다.

20 | 창의 · 융합 |

휘발유 1 L로 8 km를 갈 수 있는 자동차가 있습니다. 이 자동차의 연료 탱크에 휘발유가 17 L 800 mL 들어 있는데 488 km를 가야 한다면 이 자동차에 휘발유를 최소 몇 L 몇 mL 더 넣어야 하는지 구하시오.

(   )

전략 488 km를 가는 데 필요한 휘발유의 양을 구한 후 연료 탱크에 들어 있는 휘발유의 양을 뺍니다.

무게의 응용

21 | 창의 · 융합 |

오른쪽은 일본의 큐빅수박입니다. 수박 열매가 10 cm 자랐을 때 상자에 넣고 약 2주 동안 재배하면 이러한 큐빅수박이 만들어진다고 합니다. 무게가 같은 큐빅수박 4통을 한 통씩 각각 포장한 후 한 상자에 담아 무게를 재어 보니 32 kg 520 g이었습니다. 빈 상자의 무게가 1 kg 320 g이고 큐빅수박 1통을 포장하는 데 사용한 포장지의 무게가 640 g이라면 큐빅수박 한 통의 무게는 몇 kg 몇 g인지 구하시오.

( )

전략 큐빅수박 4통을 한 통씩 포장하여 한 상자에 담았으므로 포장지는 4개이지만 상자는 1개입니다.

22

어떤 물통에 물이 $\frac{5}{7}$만큼 들어 있을 때와 $\frac{2}{7}$만큼 들어 있을 때의 무게의 차가 690 g이라고 합니다. 물통의 무게가 425 g이라면 물이 가득 들어 있는 물통의 무게는 몇 kg 몇 g인지 구하시오.

( )

전략 물이 가득 들어 있는 물통의 무게는 가득 들어 있는 물의 무게와 물통의 무게의 합과 같습니다.

23

예지의 아버지의 몸무게는 예지 몸무게의 3배보다 125 g이 더 무겁고, 예지의 어머니의 몸무게는 예지 몸무게의 2배보다 250 g이 더 가볍습니다. 예지의 몸무게가 25 kg 800 g이라면, 예지의 아버지와 어머니의 몸무게의 차는 몇 kg 몇 g인지 구하시오.

( )

전략 예지의 몸무게를 이용하여 아버지와 어머니의 몸무게를 각각 구한 후 차를 구합니다.

24

어머니께서 햄버그스테이크를 만들기 위해서 쇠고기 한 근 반과 돼지고기 두 근을 사서 쟁반에 놓고 다진 야채 850 g을 넣어 반죽하셨습니다. 햄버그스테이크 한 장당 반죽을 450 g씩 저울로 재어서 만드셨습니다. 450 g짜리 햄버그스테이크를 최대한 많이 만들고 남은 반죽으로 작은 햄버그스테이크를 한 장 만든다면 햄버그스테이크는 몇 장 만들 수 있는지 구하시오.

( )

전략 고기 한 근은 600 g입니다. 먼저 어머니께서 사신 고기의 무게를 구합니다.

STEP 3 코딩 유형 문제

＊측정 영역에서의 코딩

측정 영역에서의 코딩 문제는 주어진 조건에 따라 시간, 길이, 들이, 무게의 측정값이 변화하는 규칙을 찾는 문제입니다. 특히 측정값은 값이 커지면 단위가 바뀌는 것을 주의해야 합니다. 예를 들어 시간을 나타낼 때 분 단위가 커지면 60분=1시간으로 나타냅니다.

1 화살표에 따라 저울에 공을 추가로 올려놓았습니다. ★에 같은 종류의 공이 들어 있다면 어떤 공이 몇 개 들어 있었는지 구하시오.

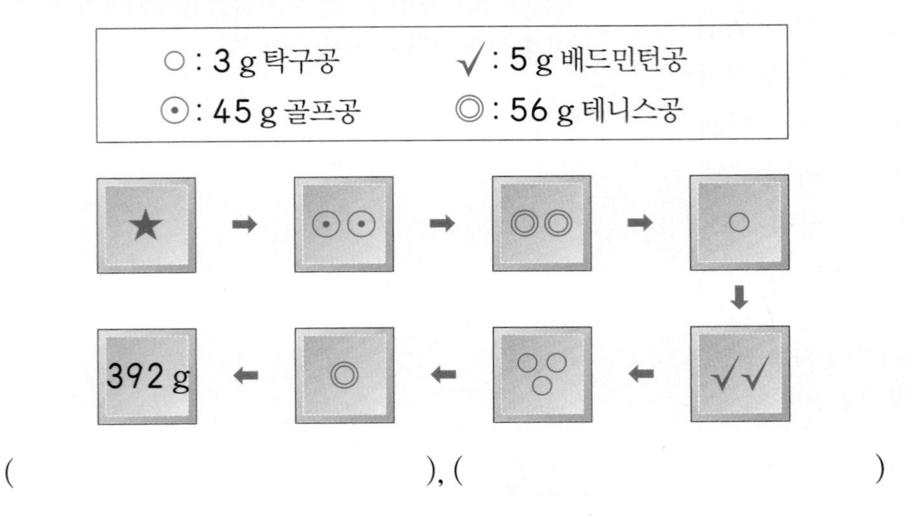

( ), ( )

▶ 기호가 나타내는 공의 무게를 기호의 수만큼 더해 가는 과정을 나타낸 것입니다.
★의 무게를 구하려면 올린 공의 무게만큼 빼야 합니다.

2 이상한 나라에서는 시각이 토끼를 만나면 3시간 15분 후로 가고 거북을 만나면 2시간 50분 전으로 돌아갑니다. 화살표를 한 번 지날 때마다 15분씩 시간이 간다면 출발해서 화살표를 따라 같은 위치로 다시 돌아올 때 시계는 몇 시 몇 분을 가리키는지 구하시오.

출발 오전 11:18	➡	토끼	➡	거북
⬆				⬇
거북				거북
⬆				⬇
토끼	⬅	토끼	⬅	토끼

( )

▶ 출발 위치부터 한 칸씩 이동할 때마다 시간이 어떻게 변하는지를 확인하여 차례대로 시각을 계산합니다.

3 기호의 • 조건 • 에 따라 로봇이 그릇에 있는 액체의 양을 조절합니다.

• 조건 •

[조건 1] ∪는 5 mL를 더합니다.
[조건 2] ∩는 6 mL를 덜어 냅니다.
[조건 3] ∈는 7 mL를 더합니다.
[조건 4] ∋는 8 mL를 덜어 냅니다.

다음과 같은 과정을 5번 반복했을 때 그릇에 남은 액체가 148 mL였습니다. 처음 그릇에 있던 액체의 양은 얼마인지 구하시오.

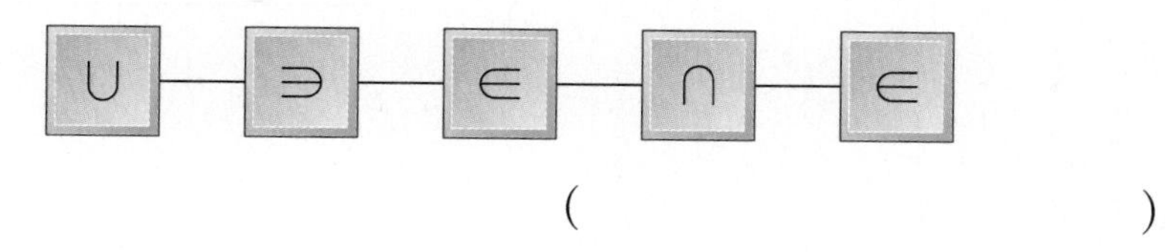

(　　　　　　　　)

▶ 기호에 따라 지시하는 내용이 다르므로 주의하여 진행합니다. 과정을 한 번 진행할 때마다 액체의 양이 어떻게 변화하는지 알아봅니다.

4 피노키오는 거짓말을 하면 코가 세 배로 길어지고 착한 일을 하면 코의 길이가 반으로 줄어든다고 합니다. 피노키오가 아침에 일어났을 때의 코의 길이는 8 cm였습니다. 피노키오가 한 일을 보고 현재 피노키오의 코의 길이는 몇 cm인지 구하시오.

시각	한 일
8시 15분	숙제를 안 했는데 부모님께 했다고 말했습니다.
8시 30분	아침 식사 후 부모님을 도와서 설거지를 했습니다.
9시 25분	친구들과 놀다가 학교에 지각했는데, 부모님이 아프셔서 지각했다고 했습니다.
10시 58분	아픈 친구를 부축하여 보건실에 데려다 주었습니다.
12시 20분	점심 식사 후 교실 바닥에 있는 휴지를 주웠습니다.

(　　　　　　　　)

▶ 시간 순서대로 피노키오의 코의 길이가 어떻게 변하는지 계산합니다.

Ⅳ 측정 영역

STEP 4 | 도전! 최상위 문제

생활 속 문제

1 밀가루 공장에서 밀가루 20포대를 생산하는 데 3시간이 걸린다고 합니다. 밀가루 한 포대에는 8 kg이 들어 있습니다. 어느 제빵 회사에서 빵을 만드는 데 밀가루 960 kg이 필요하여 밀가루 공장에 주문하려고 합니다. 밀가루를 몇 포대 주문해야 하고, 이를 생산하는 데 걸리는 시간은 모두 몇 시간인지 구하시오.

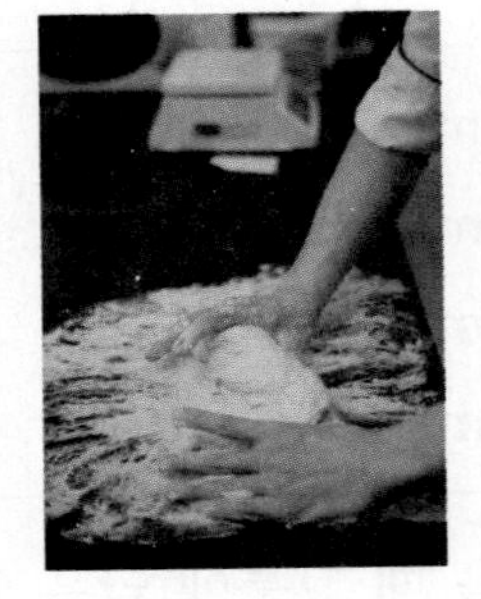

(　　　　　　　　　　), (　　　　　　　　　　)

생활 속 문제

2 서울에 있는 은지와 밴쿠버로 간 성규의 통화 내용입니다. 성규가 은지에게 다시 전화할 때 은지가 전화를 받는 서울의 날짜와 시각을 구하시오.

은지: 성규야, 캐나다 밴쿠버는 어때?
성규: 지금 여기는 새벽이야. 너무 졸리다.
은지: 그래? 지금 서울은 저녁 8시 48분인데.
성규: 여기는 새벽 4시 48분이야.
은지: 그럼 거기는 18일이 아니야?
성규: 18일은 맞아. 11월 18일 일요일 새벽이야. 으, 졸려. 내가 오늘 오전에 야구 시합이 있어서 야구 시합 끝나고 오후 5시 반에 다시 전화할게.

(　　　　　　　　　　)

창의・사고

3 아버지가 다섯 명의 자녀에게 황금 1 kg 280 g을 똑같이 나누어 주려고 했습니다. 그런데 마음이 바뀌어서 첫째는 황금의 절반을, 둘째는 남은 것의 절반을, 셋째는 또 남은 것의 절반을, 넷째도 남은 것의 절반을, 다섯째도 남은 것의 절반을 나누어 주고 남은 것은 불우 이웃 돕기를 하였습니다. 다섯째는 아버지가 처음에 나누어 주려던 것보다 몇 g 더 적게 받았는지 구하시오.

( )

창의・융합

4 문화재 연구가들이 경주에 있는 탑의 높이를 재었습니다. 분황사 모전석탑의 높이를 최대 길이가 2 m 50 cm인 자로 재었더니 3번 이어서 잰 후 180 cm가 더 있었습니다. 다음에는 감은사지 삼층석탑의 높이를 최대 길이가 3 m인 자로 5번을 이어서 재었더니 1 m 60 cm가 모자랐습니다. 다보탑의 높이는 최대 길이가 4 m 50 cm인 자로 2번 이어서 재고 1 m 29 cm가 더 있었습니다. 세 탑 중 가장 높은 탑과 두 번째로 높은 탑의 높이의 차는 몇 m 몇 cm인지 구하시오.

분황사 모전석탑

감은사지 삼층석탑

다보탑

( )

IV 측정 영역

생활 속 문제

5 세정이와 세훈이는 어항에 있는 물을 갈아 주려고 합니다. 세정이는 600 mL들이 바가지로, 세훈이는 350 mL들이 컵으로 어항에 있는 물을 퍼내려고 합니다. 세정이가 7번 퍼내고, 세훈이가 8번 퍼냈더니 어항에 있는 물이 모두 없어졌습니다. 수도꼭지에서 1초에 250 mL의 물이 나온다면 어항에 새로 물을 가득 채우는 데 몇 초가 걸리는지 구하시오.

(　　　　　　　　　　)

창의・융합

6 과학 시간에 모둠별로 용수철저울을 만들어서 늘어난 용수철의 길이를 재고 있습니다. 세 모둠이 각각 용수철저울에 70 g의 추를 달았을 때, 용수철의 길이는 모두 몇 cm인지 구하시오.

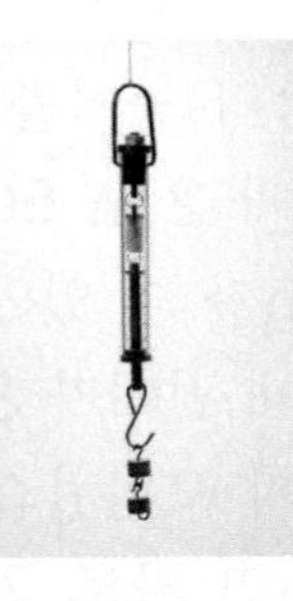

철수네 모둠: 아무것도 매달지 않았을 때 6 cm였고, 10 g 추를 매달았더니 11 cm, 20 g은 16 cm, 30 g은 21 cm……였습니다.
영희네 모둠: 매달은 추가 10 g일 때 12 cm, 20 g일 때 16 cm, 30 g일 때 20 cm……였습니다.
병태네 모둠: 매달은 추가 20 g일 때 11 cm, 40 g일 때 17 cm, 60 g일 때 23 cm……였습니다.

(　　　　　　　　　　)

창의·사고

7 길이가 7 cm 2 mm인 나무 막대를 그림과 같이 똑같은 길이만큼 겹쳐서 전체 길이가 55 cm 5 mm가 되도록 놓으려고 합니다. 겹쳐진 부분의 수를 최소한으로 할 때, 나무 막대를 몇 mm씩 겹쳐서 놓아야 하는지 구하시오.

......

(　　　　　　　　　　)

정보처리

8 시각이 숫자로 나오는 전자시계가 있습니다. 오후 1시는 13시로 표시되고 오후 9시는 21시로 표시된다고 합니다. 오전 9시부터 오후 7시까지 다음 조건 을 만족하는 경우는 모두 몇 가지인지 구하시오.

조건

[조건 1] '시' 부분의 숫자끼리 더하고 '분' 부분의 숫자끼리 곱합니다.

예 15 ⇨ $1+5=6$, 32 ⇨ $3\times2=6$

[조건 2] 조건 1에서 나온 두 수가 서로 같습니다.

(　　　　　　　　　　)

IV 측정 영역

영재원 · 창의융합 문제

❖ 해가 뜨는 시각을 일출 시각, 해가 지는 시각을 일몰 시각이라고 합니다. 어느 지역의 일출 시각과 일몰 시각을 5일 동안 기록한 표입니다. 물음에 답하시오. (**9~10**)

일	일출 시각	일몰 시각
1일	오전 6시 25분 17초	오후 5시 59분 38초
2일	오전 6시 26분 58초	오후 5시 57분 19초
3일	오전 6시 27분 34초	오후 5시 56분 52초
4일	오전 6시 28분 25초	오후 5시 54분 12초
5일	오전 6시 29분 42초	오후 5시 53분 05초

9 해가 뜰 때부터 질 때까지의 시간을 낮이라고 합니다. 1일부터 5일까지의 낮의 길이를 표로 나타내시오.

일	낮의 길이
1일	
2일	
3일	
4일	
5일	

10 해가 져서 어두워진 때부터 다음 날 해가 떠서 밝아지기 전까지의 시간을 밤이라고 합니다. 조사한 날 중 낮의 길이가 가장 짧은 날의 밤의 길이는 낮의 길이보다 몇 시간 몇 분 몇 초 더 긴지 구하시오.

(　　　　　　　　　　)

V
확률과 통계 영역

| 주제 구성 |

STEP 1 경시 기출 유형 문제

[주제 학습 19] 표에서 항목의 수 구하기

윤미네 반 친구들이 좋아하는 색깔을 조사하여 나타낸 것입니다. 표를 완성하고 가장 많은 학생들이 좋아하는 색깔은 무엇인지 쓰시오.

〈좋아하는 색깔〉

빨강	파랑	파랑	빨강	파랑
노랑	초록	빨강	파랑	파랑
분홍	빨강	노랑	파랑	빨강
파랑	노랑	초록	노랑	보라

〈좋아하는 색깔별 학생 수〉

색깔	빨강	파랑	노랑	초록	분홍	보라	합계
학생 수	5				1	1	20

( )

문제 해결 전략

① 표 완성하기
각 색깔별로 좋아하는 학생 수를 빠뜨리거나 중복되지 않게 세어 표를 완성합니다.

② 가장 많은 학생들이 좋아하는 색깔 구하기
따라서 가장 많은 학생인 7명이 좋아하는 색깔은 파랑입니다.

선생님, 질문 있어요!

Q. 자료를 정리하여 표로 나타낼 때 꼭 마지막에 해야 할 것이 무엇인가요?

A. 자료를 정리하여 표로 나타낼 때에는 합계가 맞는지 꼭 확인해야 합니다. 합계가 20명이면 자료도 20개가 맞는지 확인합니다.

표는 각각의 수와 합계를 쉽게 알 수 있어요.

참고

표를 만들기 위해서는 자료를 빠짐없이 중복되지 않도록 세는 것이 중요합니다.

따라 풀기 1

영재네 반 학생들이 좋아하는 과일을 조사하여 나타낸 표입니다. 복숭아를 좋아하는 학생은 몇 명입니까?

〈좋아하는 과일별 학생 수〉

과일	사과	배	감	복숭아	포도	귤	망고	합계
학생 수	7	2	1		5	2	1	26

( )

확인 문제

1-1 희선이네 반 학생이 좋아하는 운동을 조사하여 나타낸 것입니다. ㉠~㉤ 중 가장 큰 수와 가장 작은 수의 합은 얼마입니까?

〈좋아하는 운동〉

야구	축구	농구	피구	배구
♥♥♥♥♥	♥♥♥♥	♥♥♥	♥♥♥♥♥♥♥	♥♥♥♥♥

〈좋아하는 운동별 학생 수〉

운동	야구	축구	농구	피구	배구	합계
학생 수	㉠	㉡	㉢	㉣	㉤	24

( )

한 번 더 확인

1-2 명호네 반 학생이 좋아하는 계절을 조사하여 나타낸 것입니다. ㉠~㉣ 중 가장 큰 수와 가장 작은 수의 차는 얼마입니까?

〈좋아하는 계절〉

봄	여름	가을	겨울
●●●●●●●●	●●●●●●●●●	●●●●●●	●●●●●●●

〈좋아하는 계절별 학생 수〉

계절	봄	여름	가을	겨울	합계
학생 수	㉠	㉡	㉢	㉣	30

( )

2-1 단비네 학교 학생들이 받고 싶어 하는 생일 선물을 조사하여 나타낸 표입니다. 생일 선물로 휴대 전화를 받고 싶어 하는 학생은 장난감을 받고 싶어 하는 학생보다 몇 명 더 많습니까?

〈받고 싶은 생일 선물별 학생 수〉

선물	휴대 전화	자전거	장난감	학용품	합계
학생 수	127	35		17	248

( )

2-2 건우네 학교 학생들이 좋아하는 동물을 조사하여 나타낸 표입니다. 고양이를 좋아하는 학생은 토끼를 좋아하는 학생보다 6명 더 많다고 할 때 건우네 학교 학생은 모두 몇 명입니까?

〈좋아하는 동물별 학생 수〉

동물	강아지	햄스터	고양이	토끼	합계
학생 수	101	87		38	

( )

[주제 학습 20] 모르는 항목의 수를 구하여 그래프 완성하기

정민이네 학교 3학년 학생들이 태어난 계절을 조사하여 나타낸 그림그래프입니다. 3학년 학생이 125명일 때 그림그래프를 완성하시오.

〈태어난 학생 수〉

계절	학생 수
봄	
여름	
가을	
겨울	

10명
1명

문제 해결 전략

① 봄, 가을, 겨울에 태어난 학생 수 구하기
봄: 23명, 가을: 44명, 겨울: 26명

② 여름에 태어난 학생 수 구하기
(여름에 태어난 학생 수)=125−23−44−26=32(명)

③ 그림그래프 완성하기
여름에 태어난 학생이 32명이므로 ☺은 3개, ☺은 2개 그립니다.

선생님, 질문 있어요!

Q. 그림그래프는 왜 사용하나요?

A. 조사한 수를 정리해서 나타낼 때 그래프는 표와는 달리 간단한 그림으로 나타내어지므로 자료의 내용을 한눈에 알아볼 수 있기 때문에 사용합니다.

참고

그림그래프에서 그림은 자료의 특징을 나타낼 수 있는 것으로 정합니다.

각 농장별로 수확한 블루베리 생산량을 조사하여 나타낸 그림그래프입니다. 전체 블루베리 생산량이 1990상자일 때, 그림그래프를 완성하시오.

〈농장별 블루베리 수확량〉

농장	가	나	다	라	마
수확량					

100상자
10상자

확인 문제

1-1 어느 장난감 회사에서 하루 동안에 생산하는 장난감 종류별 생산량을 조사하여 그래프로 나타낸 것입니다. 가 장난감의 하루 생산량이 32개이고 하루 동안의 생산량이 189개일 때, 그림그래프를 완성하시오.

〈장난감 종류별 생산량〉

종류	생산량
가	
나	
다	◎◎◎◎○
라	◎◎◎◎◎◎○○

◎10개 ○1개

2-1 동건이네 학교 3학년 학생들이 사물놀이를 하기 위해 자신이 연주하고 싶은 악기를 조사하여 나타낸 그림그래프입니다. 3학년 학생이 154명일 때, 그림그래프를 완성하시오.

〈연주하고 싶은 악기별 학생 수〉

악기	학생 수
북	
꽹과리	
장구	
징	

10명 1명

한 번 더 확인

1-2 어느 지역의 학교별 학생 수를 조사하여 그림그래프로 나타낸 것입니다. 마 학교의 학생 수가 다 학교의 학생 수보다 107명 더 많을 때, 그림그래프를 완성하시오.

〈학교별 학생 수〉

학교	학생 수
가	
나	
다	
라	
마	

100명 10명 1명

2-2 현주네 학교 3학년 학생들의 혈액형을 조사하여 나타낸 그림그래프입니다. 3학년 전체 학생이 109명이고 O형이 AB형보다 11명 더 많을 때, 그림그래프를 완성하시오.

〈혈액형별 학생 수〉

혈액형	학생 수
A	
B	
O	
AB	

10명 1명

V 확률과 통계 영역

[주제 학습 21] 그림이 나타내는 수 구하기

지원이네 학교 3학년 학생들이 좋아하는 과일을 조사하여 나타낸 표와 그림그래프입니다. 그림그래프에서 각 그림이 나타내는 수를 각각 구하시오.

〈좋아하는 과일별 학생 수〉

과일	복숭아	귤	포도	사과	합계
학생 수	28	27	42		117

〈좋아하는 과일별 학생 수〉

과일	학생 수
복숭아	●●●●●•••
귤	●●●●●••
포도	●●●●●●●●••
사과	●●●●

● ☐ 명

• ☐ 명

선생님, 질문 있어요!

Q. 그래프에서 단위량은 꼭 10, 1로 해야 하나요?

A. 수량이 두 자리 수인 경우 단위량을 10과 1의 두 가지로 나타내는 것이 일반적으로 좋습니다.

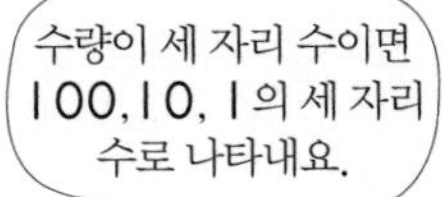

문제 해결 전략

① 사과를 좋아하는 학생 수 구하기

(사과를 좋아하는 학생 수)$=117-28-27-42=20$(명)

② 각 그림이 나타내는 수 구하기

사과는 큰 그림 4개이므로 큰 그림은 $20\div4=5$(명)을 나타냅니다. 포도는 42개이고 큰 그림이 8개, 작은 그림이 2개이므로 작은 그림은 1명을 나타냅니다.

따라 풀기 1

어느 마을의 농장별 사과 생산량을 조사하여 나타낸 그림그래프입니다. 가 농장과 다 농장의 사과 생산량이 각각 540상자, 400상자일 때 그림그래프에서 각 그림이 나타내는 수를 각각 구하시오.

〈농장별 사과 생산량〉

농장	생산량
가	●●●●●••••
나	●●●•••••••••
다	●●●●
라	●●●●••••••

● ☐ 상자

• ☐ 상자

확인 문제

1-1 어느 지역의 학원별 학생 수를 조사하여 나타낸 표와 그림그래프입니다. 그림그래프에서 각 그림이 나타내는 수를 각각 구하시오.

〈학원별 학생 수〉

학원	가	나	다	라	합계
학생 수	215	160		120	645

〈학원별 학생 수〉

학원	학생 수
가	
나	
다	
라	

명 명

2-1 유천이네 반 학생들의 필통에 들어 있는 연필 수별 학생 수를 조사하여 나타낸 그림그래프입니다. 연필이 7~8자루인 학생이 20명, 3~4자루인 학생이 24명일 때, 연필이 1~2자루인 학생은 5~6자루인 학생보다 몇 명 더 많습니까?

〈필통에 들어 있는 연필별 학생 수〉

연필 수	학생 수
1~2자루	
3~4자루	
5~6자루	
7~8자루	

( )

한 번 더 확인

1-2 혜수네 학교 학생들의 장래 희망을 조사하여 나타낸 표와 그림그래프입니다. 그림그래프에서 각 그림이 나타내는 수를 각각 구하시오.

〈장래 희망별 학생수〉

장래 희망	의사	검사	연예인	교사	합계
학생 수	122	83		41	406

〈장래 희망별 학생수〉

장래 희망	학생 수
의사	
검사	
연예인	
교사	

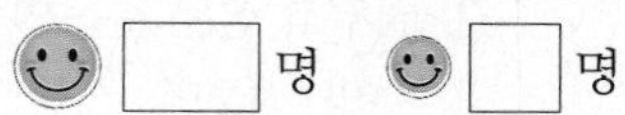

2-2 어느 지역의 병원별 이용자 수를 조사하여 나타낸 그림그래프입니다. 가 병원과 다 병원을 이용한 사람이 각각 28명, 30명일 때, 나 병원과 라 병원의 이용자 수의 차를 구하시오.

〈병원별 이용자 수〉

병원	이용자 수
가	
나	
다	
라	

( )

[주제 학습 22] 그래프 분석하기

주영이네 학교 3학년 학생들이 배우고 싶은 운동을 조사하여 나타낸 그림그래프입니다. 학교에서 운동부를 새롭게 만든다면 어느 운동 종목을 선택하는 것이 좋겠습니까?

〈배우고 싶은 운동별 학생 수〉

(　　　　　　　　　　　　)

① 배우고 싶은 운동별 학생 수 구하기
수영: 32명, 스키: 38명, 승마: 23명, 태권도: 27명

② 가장 많은 학생들이 배우고 싶은 운동 종목 찾기
가장 많은 학생들이 배우고 싶어 하는 운동은 스키입니다.

③ 운동 종목 예측하기
가장 많은 학생들이 배우고 싶어 하는 운동은 스키이므로 스키 종목을 새롭게 만드는 것이 좋을 것 같습니다.

선생님, 질문 있어요!

Q. 조사한 수를 이용하여 앞으로의 것을 예상할 수 있나요?

A. 표나 그래프 등 수량을 통하여 항목의 수가 많은 것을 미리 예측하여 준비할 수 있습니다.

그래프에서 수량의 변화에 따라 앞으로의 것을 예측하고 대비할 수 있어요.

따라 풀기 1

안나네 농장에서 생산한 연도별 토마토 생산량을 조사하여 나타낸 그림그래프입니다. 2014년의 생산량이 2016년의 생산량의 절반일 때, 생산량이 가장 많았던 해와 가장 적었던 해의 토마토 생산량의 차를 구하시오.

〈연도별 토마토 생산량〉

연도	생산량
2013년	(큰 토마토 4개, 작은 토마토 2개)
2014년	
2015년	(큰 토마토 5개, 작은 토마토 2개)
2016년	(큰 토마토 3개, 작은 토마토 2개)

(큰 토마토) 100상자
(작은 토마토) 10상자

(　　　　　　　　　　　　)

확인 문제

1-1 어느 여행사에서 사람들이 여행 가고 싶어 하는 대륙을 조사하여 나타낸 그림그래프입니다. 더 많은 상품을 준비하면 좋을 것 같은 대륙은 어디입니까?

〈가고 싶은 대륙별 사람 수〉

아시아	북아메리카
유럽	아프리카

10명 1명

( )

2-1 어느 지역의 자동차 대리점별 한 달 판매량을 조사하여 나타낸 그림그래프입니다. 나 대리점의 판매량이 라 대리점의 판매량의 2배일 때, 가장 많이 판매한 대리점은 가장 적게 판매한 대리점보다 차를 몇 대 더 많이 판매하였습니까?

〈대리점별 판매량〉

대리점	판매량
가	
나	
다	
라	

10대 1대

( )

한 번 더 확인

1-2 아인이네 학교 3학년 학생들이 가고 싶어 하는 체험학습 장소를 조사하여 나타낸 그림그래프입니다. 체험학습 장소로 가면 좋은 곳은 어디입니까?

〈가고 싶은 장소별 학생 수〉

장소	학생 수
박물관	
과학관	
동물원	
놀이공원	

10명 1명

( )

2-2 어느 마을의 마을버스의 월별 승객 수를 조사하여 나타낸 그림그래프입니다. 1월부터 4월까지의 승객이 1720명이고 3월의 승객이 2월의 승객보다 220명 더 많을 때, 가장 많은 승객 수와 가장 적은 승객 수의 차를 구하시오.

〈월별 승객 수〉

월	승객 수
1월	
2월	
3월	
4월	

100명 10명

( )

V 확률과 통계 영역

STEP 2 실전 경시 문제

표에서 항목의 수 구하기

1

태영이네 학교 학생들이 사는 마을을 조사하여 나타낸 표입니다. 사랑 마을에 사는 학생들이 하얀 마을에 사는 학생보다 8명 적을 때, 태영이네 학교 학생들은 모두 몇 명입니까?

〈마을별 학생 수〉

마을	반달	보람	포도	사랑	하얀	합계
학생 수	57	62	89		92	

( )

전략 하얀 마을에 사는 학생 수를 이용하여 사랑 마을에 사는 학생 수를 구한 후 전체 학생 수를 구합니다.

2

옷을 만드는 공장에서 한 달 동안 만든 옷의 종류별 생산량을 표로 나타내었습니다. 가장 많이 생산한 옷은 가장 적게 생산한 옷보다 몇 벌 더 많습니까?

〈옷의 종류별 생산량〉

종류	바지	셔츠	치마	조끼	합계
생산량(벌)	127	354	113		676

( )

전략 조끼 생산량을 구한 다음 가장 많이 생산한 옷과 가장 적게 생산한 옷을 찾아 두 옷의 생산량의 차를 구합니다.

3 | 성대 경시 기출 유형 |

설아네 학교 학생들이 키우고 싶은 동물을 조사하여 나타낸 표입니다. 햄스터를 키우고 싶은 학생은 고양이를 키우고 싶은 학생보다 24명 더 많고, 물고기를 키우고 싶은 학생은 새를 키우고 싶은 학생보다 19명 더 많다고 합니다. 설아네 학교 학생은 모두 몇 명입니까?

〈키우고 싶은 동물별 학생 수〉

동물	강아지	고양이	햄스터	물고기	새	합계
학생 수	157	29			32	

( )

전략 햄스터와 물고기를 키우고 싶어 하는 학생 수를 구한 후 전체 학생 수를 구합니다.

4

어느 음식점에서 종류별로 하루 동안 판매되는 음식의 판매량을 조사하여 표로 나타낸 것입니다. 짬뽕은 짜장면보다 38그릇 적게 팔렸고, 볶음밥은 짜장면의 반만큼 팔렸고, 탕수육은 짬뽕의 반만큼 팔렸습니다. 이 음식점에서 이날 판매된 음식은 모두 몇 그릇입니까?

〈음식의 종류별 판매량〉

종류	짜장면	짬뽕	볶음밥	탕수육	합계
음식 수(그릇)	142				

( )

전략 짜장면의 수를 이용하여 짬뽕의 수와 볶음밥의 수를 구하고, 짬뽕의 수를 이용하여 탕수육의 수를 구하여 합계를 구합니다.

5

소영이네 반 학생들이 좋아하는 분식을 조사하여 나타낸 표입니다. 김밥을 좋아하는 학생이 가장 적고 라면을 좋아하는 학생이 가장 많을 때, 라면을 좋아하는 학생은 몇 명입니까?
(단, 라면, 떡볶이, 김밥, 튀김을 좋아하는 학생 수는 모두 다릅니다.)

〈좋아하는 분식별 학생 수〉

분식	라면	떡볶이	김밥	튀김	합계
학생 수		9	8		38

( )

전략 라면과 튀김을 좋아하는 학생 수의 합을 구한 후 라면, 튀김을 좋아하는 학생 수가 나올 수 있는 경우를 알아봅니다.

6

| 성대 경시 기출 유형 |

서언이네 반 학생들이 모둠별로 캔 고구마의 양을 조사하여 나타낸 표입니다. 가 모둠과 라 모둠이 캔 고구마의 무게는 같고, 라 모둠은 다 모둠보다 2 kg 더 많이 캤습니다. 다 모둠이 캔 고구마는 몇 kg입니까?

〈모둠별 캔 고구마의 무게〉

모둠	가	나	다	라	마	합계
무게(kg)		17			12	51

( )

전략 다 모둠이 캔 고구마의 무게가 □ kg이면 가와 라 모둠이 캔 고구마의 무게는 각각 (□+2) kg입니다.

그림그래프 완성하기

7

지현이네 학교 3학년 학생 216명이 태어난 계절을 조사하여 나타낸 그림그래프입니다. 그림그래프를 완성하시오.

〈계절별 태어난 학생 수〉

계절	학생 수
봄	
여름	
가을	
겨울	

10명 1명

전략 3학년 전체 학생 수를 이용하여 봄에 태어난 학생 수를 구한 다음 그림그래프를 완성합니다.

8

| 성대 경시 기출 유형 |

어느 인형 공장의 지역별 인형 생산량을 조사하여 나타낸 그림그래프입니다. 전체 인형의 생산량이 851개이고 광주 공장의 생산량이 대전 공장의 생산량보다 82개 더 많다고 합니다. 그림그래프를 완성하시오.

〈지역별 인형 생산량〉

지역	생산량
서울	
광주	
대구	
대전	

100개 10개 1개

전략 광주와 대전 공장의 인형 생산량 수의 합을 이용하여 그림그래프를 완성합니다.

V 확률과 통계 영역

9

유미네 학교 학생 220명이 좋아하는 민속놀이를 조사하여 나타낸 그림그래프입니다. 제기차기를 좋아하는 학생 수는 팽이치기를 좋아하는 학생 수의 2배일 때, 그림그래프를 완성하시오.

〈좋아하는 민속놀이별 학생 수〉

놀이	학생 수
제기차기	
윷놀이	
팽이치기	
연날리기	

10명 1명

전략 팽이치기를 좋아하는 학생 수가 □명이면 제기차기를 좋아하는 학생 수는 (□×2)명입니다.

10

수목원에 있는 나무를 조사하여 나타낸 것입니다. 소나무 수는 느티나무 수의 2배이고, 밤나무는 전나무보다 67그루 더 많습니다. 나무가 모두 767그루일 때, 그림그래프를 완성하시오.

〈종류별 나무 수〉

종류	나무 수
소나무	
느티나무	
밤나무	
전나무	

100그루 10그루 1그루

전략 소나무의 수를 먼저 구하고 전나무의 수를 □그루라 하여 각 나무의 수를 구한 후 그림그래프를 완성합니다.

그림이 나타내는 수

11

지우는 집에 있는 종류별 책 수를 조사하여 그림그래프로 나타내었습니다. 동화책이 140권, 위인전이 86권일 때, 그림그래프에서 각 그림이 나타내는 수를 각각 구하시오.

〈종류별 책 수〉

종류	책 수
동화책	
위인전	
과학책	
만화책	

□권 □권

전략 동화책의 수를 이용하여 큰 그림이 나타내는 수를 먼저 구합니다.

12

태호네 학교 학생 563명이 좋아하는 운동을 조사하여 나타낸 것입니다. 축구를 좋아하는 학생이 245명일 때, 그림그래프를 완성하시오.

〈좋아하는 운동별 학생 수〉

운동	학생 수
축구	
야구	
농구	
배구	

전략 축구를 좋아하는 학생 245명을 이용하여 세 종류의 그림이 나타내는 수를 각각 구합니다.

13

| 창의・융합 |

어느 자동차 공장의 월별 자동차 생산량을 조사하여 나타낸 것입니다. 8월 생산량이 520대, 10월 생산량이 1000대일 때, 12월 생산량은 몇 대인지 구하시오.

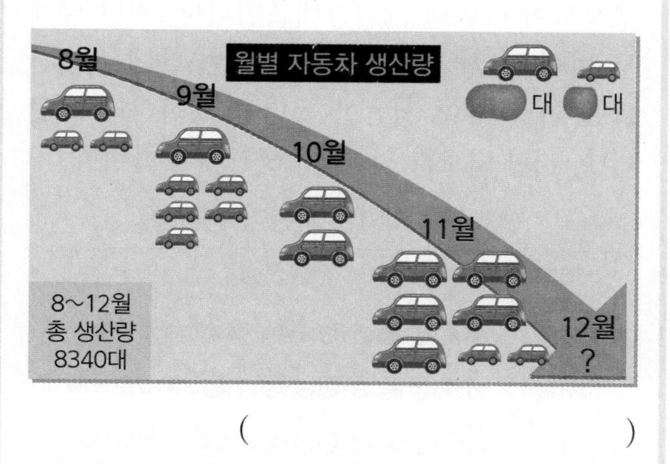

( )

전략 큰 그림과 작은 그림이 각각 몇 대를 나타내는지 알아본 후 월별 자동차 생산량을 각각 구해 봅니다.

14

| HMC 경시 기출 유형 |

과수원별 사과나무 수를 조사하여 나타낸 것입니다. 강물 과수원의 사과나무가 850그루, 구름 과수원의 사과나무가 900그루일 때, 사과나무가 가장 많은 과수원과 가장 적은 과수원의 사과나무 수의 차는 몇 그루입니까?

〈과수원별 사과나무 수〉

(전체 사과나무 수: 3390그루)

과수원	사과나무 수
바람	
햇살	
강물	
구름	

( )

전략 큰 그림과 작은 그림이 나타내는 수를 구한 다음 햇살 과수원의 사과나무 수를 구합니다.

그래프 분석하기

15

다음은 학예회 때 하고 싶은 활동을 조사한 것입니다. 연극과 노래를 하고 싶은 학생은 춤과 수화를 하고 싶은 학생보다 몇 명 더 많습니까?

〈하고 싶은 활동별 학생 수〉

활동	학생 수
춤	
연극	
수화	
노래	

10명
1명

( )

전략 연극과 노래, 춤과 수화를 하고 싶은 학생들의 수의 합을 각각 구해 봅니다.

16

사랑이네 학교 학생 252명이 학예회를 하고 싶은 계절을 조사하여 나타낸 그림그래프입니다. 학예회를 어느 계절에 하면 좋을지 쓰시오.

〈학예회를 하고 싶은 계절별 학생 수〉

계절	학생 수
봄	
여름	
가을	
겨울	

10명 1명

( )

전략 학예회를 가을에 하고 싶은 학생 수를 구하여 각 항목의 수를 비교합니다.

V 확률과 통계 영역

17

어느 주스 가게에서 지난 주에 판매된 주스의 판매량을 조사하여 나타낸 그림그래프입니다. 지난 주의 주스 판매량이 1673병이고, 월요일의 판매량이 화요일 판매량의 $\frac{1}{2}$일 때, 이 주스 가게에서는 어느 요일에 주스를 가장 많이 준비해야 합니까?

〈지난 주 요일별 주스 판매량〉

요일	판매량
월	
화	
수	
목	
금	
토	
일	

100병 10병 1병

(　　　　　　　　)

전략 판매량이 많은 요일일수록 주스를 많이 준비해야 하므로 각 요일의 주스 판매량을 알아봅니다.

18

어느 자전거 공장에서 지난 달 지역별 생산량을 조사하여 나타낸 그림그래프입니다. 지난 달에 두 번째로 많이 생산한 곳이 이번 달에는 지난 달에 가장 많이 생산한 곳만큼 생산하려고 합니다. 지난 달보다 몇 대 더 생산해야 합니까?

〈지난 달 지역별 자전거 생산량〉

지역	생산량
서울	
부산	
광주	
대구	

100대 10대

(　　　　　　　　)

전략 지난 달의 자전거 생산량이 가장 많은 지역과 두 번째로 많은 지역을 찾습니다.

19

어느 과수원에서 작년 과일별 생산량을 조사한 것입니다. 올해 생산량은 작년보다 사과가 210상자 늘고, 배가 70상자 줄고, 감이 2배가 되고, 밤이 3배가 되었습니다. 올해 이 과수원의 전체 과일 생산량은 모두 몇 상자입니까?

〈작년 과일별 생산량〉

과일	생산량
사과	
배	
감	
밤	

100상자 10상자

(　　　　　　　　)

전략 작년 생산량을 이용하여 올해 생산량을 구합니다.

20

어느 지역에서 각 과수원의 생산량을 조절하기 위해 포도나무가 가장 많은 과수원의 포도나무를 반으로 줄여 줄인 포도나무는 세 과수원에 똑같이 나누어 주기로 했습니다. 대부 과수원의 포도나무는 몇 그루가 됩니까?

〈과수원별 포도나무 수〉

과수원	포도나무 수
제부	◎◎◎◎◎○○○○
대부	◎◎◎◎○○○○○○○○
시화	◎◎◎◎◎◎◎○○○○○
영동	◎◎◎◎◎◎◎◎○○○○

◎ 100그루 ○ 10그루

( )

전략 포도나무가 가장 많은 과수원을 찾아 포도나무를 얼마만큼 나누어 주어야 하는지 알아봅니다.

21

| HMC 경시 기출 유형 |

어느 마을의 소의 수가 나 농장은 가 농장보다 36마리 더 많고, 다 농장은 가 농장의 2배입니다. 라 농장의 소의 수가 다 농장의 $\frac{1}{3}$일 때, 라 농장의 소의 수를 구하시오.

〈농장별 소의 수〉

농장	소의 수
가	🐮🐮🐮🐮🐄🐄
나	
다	
라	

🐮 10마리 🐄 1마리

( )

전략 가 농장의 소의 수를 이용하여 나, 다, 라 농장의 소의 수를 차례대로 구해 봅니다.

22

| 창의 · 융합 |

혈액형은 오스트리아의 의학자 란트슈타이어에 의하여 ABO식 혈액형, MN식 혈액형, Rh식 혈액형이 발견되었습니다. 이 중에서 ABO식 혈액형이 일반적으로 알고 있는 A, B, O형 혈액형입니다. 또한 데카스텔로와 스털리가 다른 성질인 AB형 혈액형을 발견하였습니다.

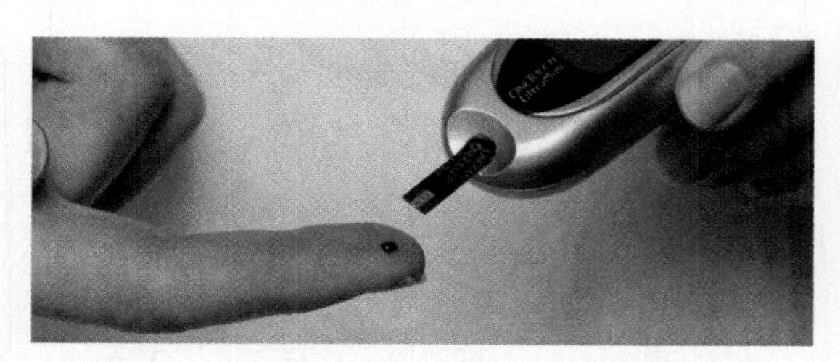

다음은 유희네 학교 학생들의 혈액형을 조사하여 나타낸 그림그래프입니다. A형과 B형인 학생 수의 합이 O형과 AB형인 학생 수의 합보다 27명 많고, O형인 학생 수가 AB형인 학생 수보다 16명 더 많다고 합니다. B형인 학생은 몇 명인지 구하시오.

〈혈액형별 학생 수〉

혈액형	학생 수
A	☻☻☻☻☻☻☺☺
B	
O	☻☻☻☻☻☺☺☺☺☺
AB	

☻ 10명 ☺ 1명

( )

전략 AB형인 학생 수를 구한 후 O형과 AB형인 학생 수의 합을 이용하여 B형인 학생 수를 구합니다.

STEP 3 코딩 유형 문제

＊확률과 통계 영역에서의 코딩
확률과 통계 영역에서의 코딩 문제는 주어진 조건에 따라 자료를 정리하여 표를 만들거나 주어진 조건에 따라 표와 그래프를 완성하는 문제입니다. 조건의 변화가 생기면 표와 그래프가 어떻게 변하는지를 찾아서 문제를 풀어야 합니다.

1 어느 자동차 대리점에서 판매한 상반기 월별 판매량을 그림그래프로 나타내려고 합니다. 다음을 보고 그림그래프를 완성하시오.

〈월별 판매량〉

월	1월	2월	3월	4월	5월	6월
판매량	104	88	112	91	123	182

① 그림그래프의 왼쪽 세로에 월을 쓰고, 오른쪽에는 판매량을 쓰도록 합니다.
② 백의 자리, 십의 자리, 일의 자리를 구분할 수 있는 그림 3개를 정합니다.
③ 그림그래프의 각 칸의 오른쪽에 판매량에 맞게 정한 그림을 그려 넣습니다.

〈월별 판매량〉

( )대 ( )대 ( )대

▶ 자료를 보고 그림그래프로 나타내는 방법은 여러 가지이지만 문제에서 요구하는 방법으로 순서에 맞게 차례대로 그림그래프를 완성합니다.

2 다음은 작년 프로 야구팀의 순위를 나타낸 것입니다. 윤희는 반 친구들을 대상으로 올해 우승할 것 같은 프로 야구팀을 조사하고 있습니다. 흐름에 맞게 그래프를 그려 보시오.

〈작년 프로 야구팀 순위〉

1위	2위	3위	4위	5위
곰	사자	공룡	영웅	용

① 작년 성적으로 10개 팀 중 5개 팀을 조사하였습니다.
② 학생들에게 우승할 것 같은 팀에 붙임딱지를 붙이게 했습니다.
③ 곰 팀은 29표를 받았고, 사자 팀은 12표를 받았습니다.
④ 공룡 팀은 곰 팀보다 5표를 더 많이 받았고, 영웅 팀은 사자 팀의 2배만큼 받았습니다. 용 팀은 공룡 팀의 반을 받았습니다.

〈우승할 것 같은 프로야구팀〉

팀	곰	사자	공룡	영웅	용
붙임딱지 수					

(큰 그림) 10표
(작은 그림) 1표

▶ 순차적으로 변화하는 것을 조건에 따라 어떻게 달라지는지 찾아서 그림그래프를 그립니다.

3 유진이네 반 선생님께서는 1학기 동안 상을 받은 학생들을 조사하여 표를 만들려고 합니다. 다음을 보고 표를 완성하여 보시오.

① 3월에는 모든 반에서 3명씩 상을 받았습니다.
② 4월에는 한 반에서 2명이 상을 받았습니다.
③ 5월에는 두 반에서 각각 4명씩 상을 받았습니다.
④ 6월에는 세 반에서 각각 1명씩 상을 받았습니다.
⑤ 7월에는 한 반에서 2명이 상을 받았습니다.
⑥ 여섯 반 모두 상을 받은 학생 수가 서로 다릅니다.
⑦ 상을 받은 학생 수는 3반>2반>6반>1반>4반>5반입니다.

〈반별 상을 받은 학생 수〉

반	1반	2반	3반	4반	5반	6반
학생 수						

▶ 조건에 따라 값을 정하는 것으로 표를 완성하기 위해 값을 정하여 구한 다음 마지막 조건에 따라 순서를 바꿔도 됩니다.

V 확률과 통계 영역

STEP 4 도전! 최상위 문제

1 원영이네 학교 3학년 학생 113명이 좋아하는 색깔을 조사하고 있습니다. 모두 조사하려면 몇 명을 더 조사해야 합니까?

〈좋아하는 색깔〉

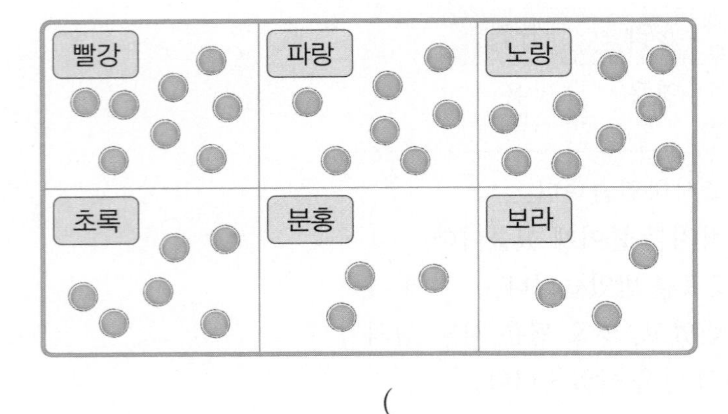

(　　　　　　　　　　)

2 모둠별로 받은 칭찬 붙임딱지 수를 조사하여 나타낸 표입니다. 어제까지 다 모둠은 여섯 모둠 중에서 3위를 했는데 오늘 다 모둠만 몇 장을 받아서 단독 1위가 되었습니다. 오늘 다 모둠이 받은 칭찬 붙임딱지는 최소 몇 장입니까? (단, 어제와 오늘 모둠별 칭찬 붙임딱지 수는 서로 다릅니다.)

〈어제까지 받은 모둠별 칭찬 붙임딱지 수〉

모둠	가	나	다	라	마	바
붙임딱지 수	24	32		41	34	29

(　　　　　　　　　　)

문제 해결

3 민재네 학교 학생들이 좋아하는 과일을 조사하여 표로 나타내었습니다. 귤을 좋아하는 학생은 수박을 좋아하는 학생 수의 2배이고, 사과를 좋아하는 학생은 포도를 좋아하는 학생 수의 3배입니다. 민재네 학교 전체 학생은 모두 몇 명인지 구하시오.

〈좋아하는 과일별 학생 수〉

마을	사과	귤	수박	포도	딸기	합계
학생 수	63		47		89	

( )

창의·사고

4 다음은 희정이네 학교 3학년 학생들이 사는 마을을 남학생과 여학생별로 조사하여 나타낸 표입니다. 푸른 마을에 사는 여학생이 가장 많으며, 동산 마을에 사는 여학생은 가장 적지는 않습니다. 푸른 마을에 사는 여학생은 몇 명입니까?

〈마을별 학생 수〉

마을	햇빛	달빛	별빛	푸른	동산	봄꽃	합계
남학생 수	16	14				18	92
여학생 수			14				
합계	30	24	26			36	178

( )

V 확률과 통계 영역

창의·융합

5 독감은 인플루엔자 바이러스에 의한 전염성이 높은 급성 호흡기 질환입니다. 추운 날씨로 인하여 독감 환자가 급증하는 가운데 어느 병원의 이번 주 요일별 독감 환자 수를 조사하여 그림그래프로 나타내었습니다. 월요일 환자 수가 21명, 화요일 환자 수가 44명이고, 다음 주에도 비슷한 환자 수가 올 것을 대비한다면 병원에서는 적어도 몇 명의 약을 준비해야 합니까?

〈이번 주 요일별 환자 수〉

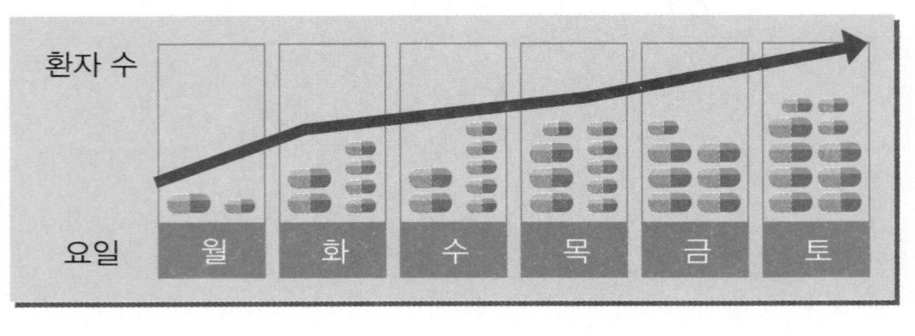

(　　　　　　　　　　)

6 어느 지역의 학교별 전체 학생 수를 조사하여 나타낸 그림그래프입니다. 네 학교의 전체 학생 수는 1711명이고, 다 학교 학생 수는 나 학교 학생 수보다 220명 더 많습니다. 원빈이는 학생 수가 가장 많은 학교를 다니고, 나영이는 학생 수가 세 번째로 많은 학교에서 다니고 있다면 원빈이네 학교 학생은 나영이네 학교 학생보다 몇 명 더 많습니까?

〈학교별 학생 수〉

학교	학생 수
가	
나	
다	
라	

100명 10명 1명

(　　　　　　　　　　)

생활 속 문제

7 진명이네 학교 학생들이 좋아하는 TV 프로그램을 종류별로 조사하여 나타낸 그림그래프의 일부분입니다. 전체 학생이 275명이고, 가려진 부분의 학생 수 중 $\frac{1}{3}$은 드라마를 좋아하고, 뉴스는 7명, 나머지는 예능을 좋아한다면 진명이네 학교 학생 중 예능을 좋아하는 학생은 모두 몇 명입니까?

〈좋아하는 프로그램별 학생 수〉

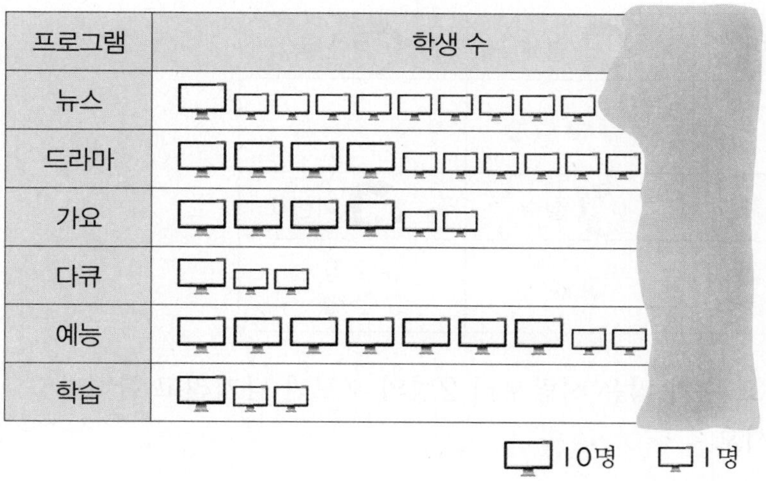

프로그램	학생 수
뉴스	
드라마	
가요	
다큐	
예능	
학습	

10명 1명

( )

창의·사고

8 우주네 반과 지호네 반 학생들이 좋아하는 과일을 조사하여 나타낸 표입니다. 각 과일마다 좋아하는 학생 수가 어느 한 반이 다른 반의 2배입니다. 우주네 반에서 가장 많은 학생들이 좋아하는 과일은 포도이고, 지호네 반에서 가장 많은 학생들이 좋아하는 과일은 귤일 때, 두 반에서 복숭아를 좋아하는 학생은 모두 몇 명입니까?

〈우주네 반의 과일별 좋아하는 학생 수〉

과일	사과	포도	귤	바나나	복숭아	합계
학생 수	12			6		41

〈지호네 반의 과일별 좋아하는 학생 수〉

과일	사과	포도	귤	바나나	복숭아	합계
학생 수	6			12		40

( )

V 확률과 통계 영역

정답은 49쪽에 

영재원 · 창의융합 문제

❖ 정민이네 반에서 회장 선거를 하고 있습니다. 다음은 첫 번째 투표에서 회장 선거에 나온 후보들의 득표 수를 조사하여 나타낸 그림그래프입니다. 그림그래프를 보고 물음에 답하시오. (**9**~**11**)

〈후보별 득표 수〉

정민	영재	신동
●●●● ●●●	●●●●●	●●●●
영희	**철수**	**지현**
●●●● ●●●●	●●	●●●● ●●●

9 결선 투표를 하기 위해 득표 수가 많은 사람부터 2명의 후보만 남기려고 합니다. 어떤 어려움이 있는지 쓰시오.

____

____

____

10 가장 적은 표를 받은 2명을 빼 나가면서 투표를 다시 하기로 했습니다. 최소한 투표를 몇 번 하면 회장을 뽑을 수 있습니까?

( )

11 최종 후보 2명은 첫 번째 투표에서 가장 많은 표를 받은 사람과 세 번째로 적은 표를 받은 사람이 올라갔습니다. 나머지 4명에게 투표하였던 학생들이 두 명에게 똑같이 나누어서 투표했다면 최종 당선된 학생은 몇 표를 받았습니까?

( )

VI

규칙성 영역

| 주제 구성 |

STEP 1 경시 기출 유형 문제

[주제 학습 23] 달력에서 규칙 찾기

오른쪽은 어느 달의 달력입니다. 달력에서 화살표 방향으로 놓여 있는 수들은 어떤 규칙이 있는지 쓰시오.

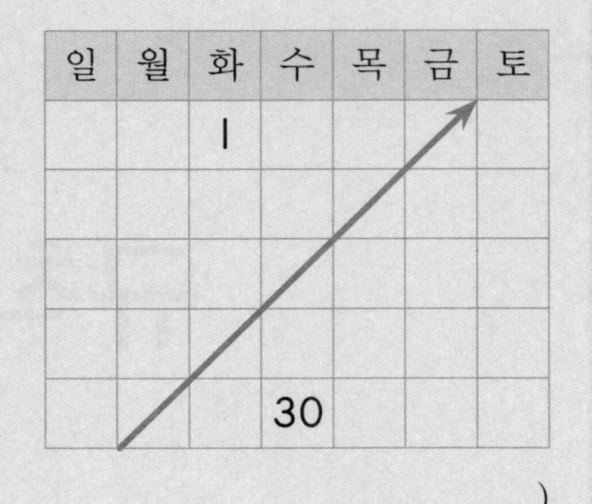

( )

선생님, 질문 있어요!

Q. 달력에서 수들은 어떤 규칙이 있나요?

A. 아래와 같이 한 수를 기준으로 화살표 방향에 따라 각 수만큼 커지거나 작아집니다.

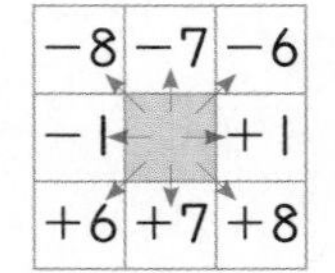

달력은 7일마다 같은 요일이 반복돼.

문제 해결 전략

① 달력에서 규칙 찾기
- 오른쪽으로 갈수록 1씩 커집니다.
- 아래로 내려갈수록 7씩 커지고, 위로 올라갈수록 7씩 작아집니다.

② 화살표 방향의 규칙 찾기
화살표 방향의 수는 28−22−16−10−4이므로 6씩 작아지는 규칙입니다.

따라 풀기 1 어느 해의 1월 1일은 일요일입니다. 15일 후는 무슨 요일입니까?

( )

따라 풀기 2 달력에서 ㉠과 ㉡의 차는 얼마인지 구하시오.

일	월	화	수	목	금	토
	㉠					
			㉡			

( )

[확인 문제]

1-1 달력에서 화살표 방향으로 놓여 있는 수들은 어떤 규칙이 있는지 쓰시오.

일	월	화	수	목	금	토

2-1 달력에서 ㉠과 ㉡의 곱은 얼마인지 구하시오.

일	월	화	수	목	금	토
	㉠					
			16			
				㉡		

( )

3-1 오늘 날짜는 11월 4일 금요일입니다. 10월 2일은 무슨 요일입니까?

( )

[한 번 더 확인]

1-2 달력에서 ㉠과 ㉡의 차는 얼마인지 구하시오.

일	월	화	수	목	금	토
		㉠				
					㉡	

( )

2-2 달력에서 ㉠과 ㉡의 합이 32일 때 ★은 얼마인지 구하시오.

일	월	화	수	목	금	토
			㉠			
				★		
					㉡	

( )

3-2 오늘 날짜는 7월 5일 금요일입니다. 9월 5일은 무슨 요일입니까?

( )

[주제 학습 24] 그림에서 규칙 찾기

규칙에 따라 점을 이용하여 그림을 그린 것입니다. 네 번째 그림에 있는 점은 모두 몇 개입니까?

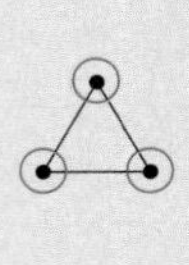

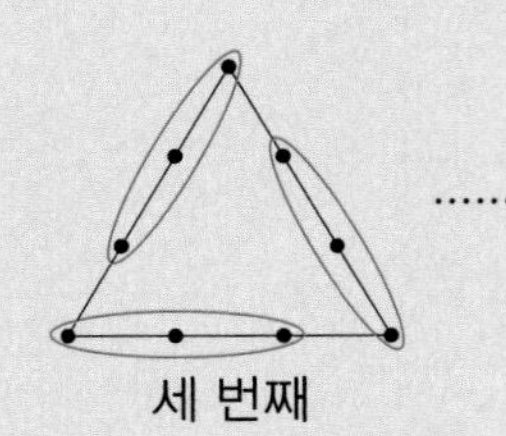

첫 번째　두 번째　세 번째

(　　　　　　　　)

선생님, 질문 있어요!

Q. 규칙은 어떻게 찾나요?

A. 수가 커질 때는 다음 단계에서 전 단계의 수를 빼 보면 규칙을 찾을 수가 있습니다.

문제 해결 전략

① 점의 수의 규칙 찾기
첫 번째 그림에 있는 점: 1개씩 3묶음 ⇨ 3개
두 번째 그림에 있는 점: 2개씩 3묶음 ⇨ 6개
세 번째 그림에 있는 점: 3개씩 3묶음 ⇨ 9개
그림에 있는 점의 수는 3－6－9이므로 점이 3개씩 늘어납니다.

② 네 번째 그림에 있는 점의 수 구하기
네 번째 그림에 있는 점은 3개씩 4묶음이므로 $3 \times 4 = 12$(개)입니다.

다음 단계를 전 단계의 수로 나누어 규칙을 찾을 수도 있어.

따라 풀기 1 규칙에 따라 점을 이용하여 그림을 그린 것입니다. 규칙을 찾아 표의 빈칸에 알맞은 수나 식을 써넣고 5번째 그림에 있는 점은 모두 몇 개인지 구하시오.

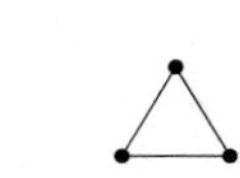

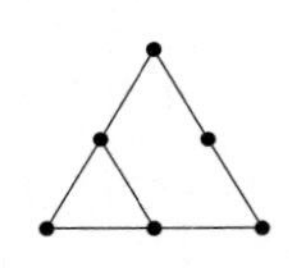

첫 번째　두 번째　세 번째　네 번째

순서	첫 번째	두 번째	세 번째	네 번째
수	1			
식	1	1+2		

(　　　　　　　　)

[확인 문제]

1-1 규칙에 따라 점을 이용하여 오각형을 그린 것입니다. 규칙을 찾아 표를 완성하고 5번째 그림에 있는 점은 몇 개인지 구하시오.

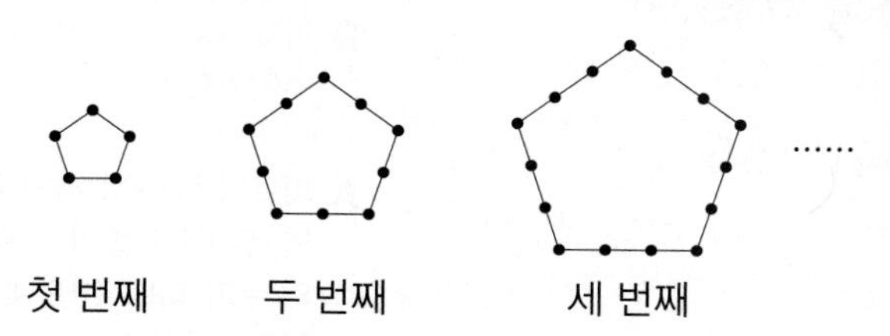

순서	첫 번째	두 번째	세 번째
수			
식			

( )

2-1 바둑돌을 다음과 같이 놓았습니다. 규칙을 찾아 7번째에 있는 바둑돌의 수를 구하시오.

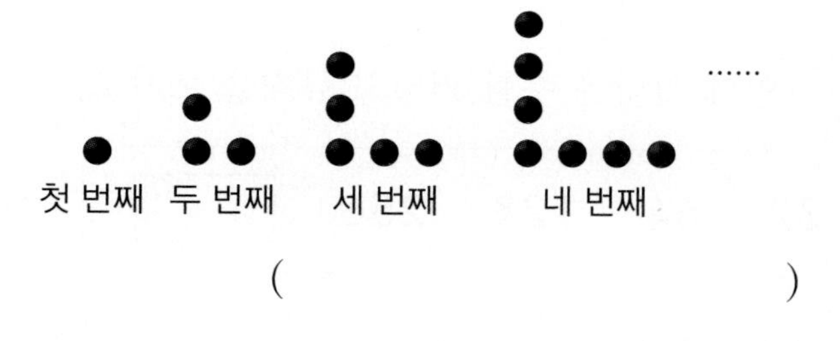

( )

3-1 규칙에 따라 점을 이용하여 사각형을 그린 것입니다. 6번째 그림에 있는 점은 몇 개입니까?

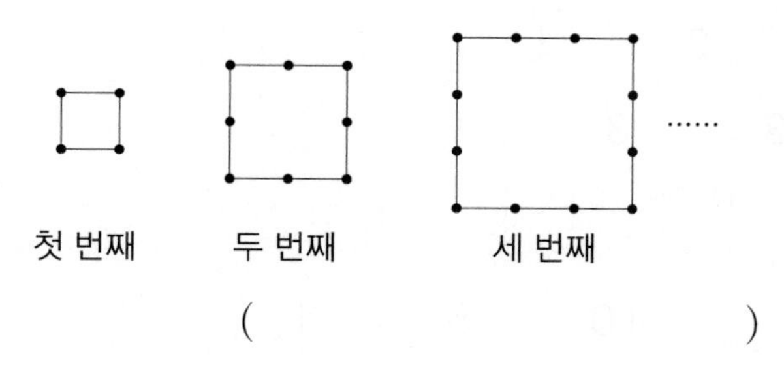

( )

[한 번 더 확인]

1-2 성냥개비를 이용하여 다음과 같이 사각형을 계속해서 만들었습니다. 성냥개비 수의 규칙을 찾아 표를 완성하고 5번째 모양에 있는 성냥개비는 몇 개인지 구하시오.

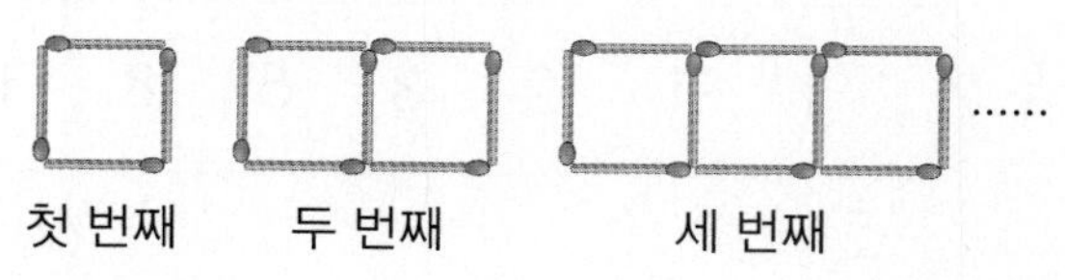

순서	첫 번째	두 번째	세 번째
수	4		
식	4		

( )

2-2 바둑돌을 다음과 같이 놓았습니다. 규칙을 찾아 7번째에 있는 바둑돌의 수를 구하시오.

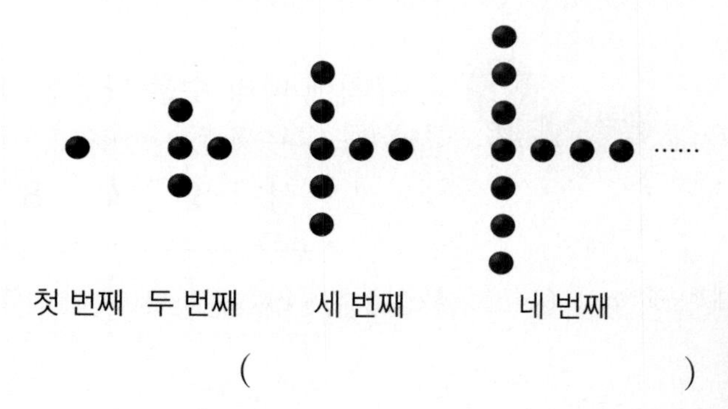

( )

3-2 규칙에 따라 점을 이용하여 다음과 같이 놓을 때, 6번째에 놓인 점은 몇 개인지 구하시오.

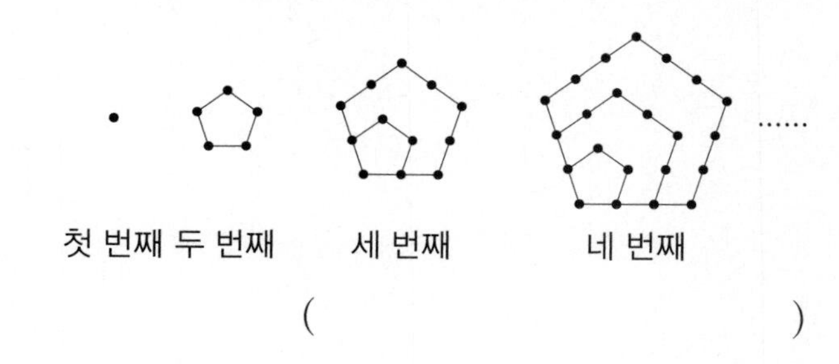

( )

VI 규칙성 영역

[주제 학습 25] 수의 배열에서 규칙 찾기

규칙에 따라 수를 나열한 것입니다. □ 안에 알맞은 수를 구하시오.

1	1	2	3	5	8	13	21	34	55	□

( )

선생님, 질문 있어요!

Q. 피보나치 수의 배열이 무엇인가요?

A. 피보나치 수의 배열은 앞의 두 수의 합이 바로 뒤의 수가 되는 수의 배열을 말합니다.

문제 해결 전략

① 수의 배열에서 규칙 찾기

앞에 있는 두 수의 합이 다음 수가 되는 규칙입니다. → 피보나치 수의 배열

1+1 2+3 5+8

1 1 2 3 5 8 13 21 ……

1+2 3+5 8+13

⇨ 1+1=2, 1+2=3, 2+3=5, 3+5=8 ……

② □ 안에 알맞은 수 구하기

따라서 □ 안에 알맞은 수는 34+55=89입니다.

따라 풀기 1

규칙에 따라 수를 나열한 것입니다. □ 안에 알맞은 수를 써넣고 규칙을 쓰시오.

1	2	4	8	16	32	64	128	256	□

[규칙] __________

따라 풀기 2

규칙을 이용하여 □ 안에 알맞은 수를 써넣으시오.

1 1

1 2 1

1 3 3 1

1 4 □ □ 1

1 □ □ 10 5 1

확인 문제

1-1 규칙에 따라 분수를 나열한 것입니다. □ 안에 알맞은 분수를 써넣으시오.

$\frac{1}{3}$, $\frac{2}{3}$, $1\frac{1}{3}$, $1\frac{2}{3}$, $2\frac{1}{3}$, $2\frac{2}{3}$, □

2-1 규칙에 따라 표를 만들어 수를 썼습니다. ★에 알맞은 수를 구하시오.

1	3	6	10	15	
2	5	9	14		
4	8	13			
7	12				
11					
★					

( )

3-1 규칙에 따라 분수를 나열한 것입니다. 16번째 분수는 얼마인지 구하시오.

$\frac{1}{2}$, $\frac{1}{3}$, $\frac{2}{3}$, $\frac{1}{4}$, $\frac{2}{4}$, $\frac{3}{4}$, $\frac{1}{5}$, $\frac{2}{5}$, $\frac{3}{5}$, $\frac{4}{5}$ ……

( )

한 번 더 확인

1-2 규칙에 따라 수를 나열한 것입니다. □ 안에 알맞은 수를 써넣으시오.

2, 5, 11, 23, 47, 95, 191, □

2-2 규칙에 따라 표를 만들어 수를 썼습니다. ★에 알맞은 수를 구하시오.

1	2	5	10			
4	3	6	11			
9	8	7	12			
16	15	14	13			
						★

( )

3-2 규칙에 따라 수를 다음과 같이 나열할 때 25번째 수는 얼마인지 구하시오.

222, 233, 245, 258, 269, 281, 294, 305, 317 ……

( )

[주제 학습 26] 조각의 수로 규칙 찾기

원 모양의 피자를 다음과 같은 방법으로 5번 자르면 몇 조각이 됩니까?

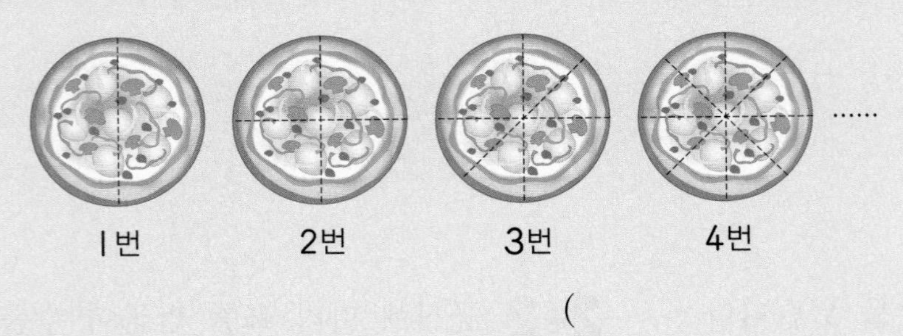

( )

선생님, 질문 있어요!

Q. 규칙 문제를 풀어야 할 때 주의할 점이 있나요?

A. 규칙 문제에서 몇 번째에 해당되는 것을 구할 때는 직접 세어 보아도 되지만 보통은 규칙을 찾아 식으로 나타내어 구하는 것이 더 좋습니다.

문제 해결 전략

① 규칙 찾기

1번 자르면 2조각, 2번 자르면 4조각, 3번 자르면 6조각이 되므로 한 번 자를 때마다 2조각씩 늘어나는 규칙입니다.

자른 횟수	1	2	3	4	……
조각 수	2	4	6	8	……

(각 자른 횟수에 ×2 를 하면 조각 수)

조각의 수는 자른 횟수의 2배라고 할 수도 있어요.

② 5번 잘랐을 때의 피자 조각 수 구하기

5번 자르면 피자는 $2+2+2+2+2=2\times5=10$(조각)이 됩니다.

따라 풀기 1

원 모양의 피자를 오른쪽과 같이 원의 중심을 지나가게 잘라서 친구들과 나누어 먹으려고 합니다. 9명이 똑같이 나누어 모두 먹으려면 몇 번 잘라야 합니까?

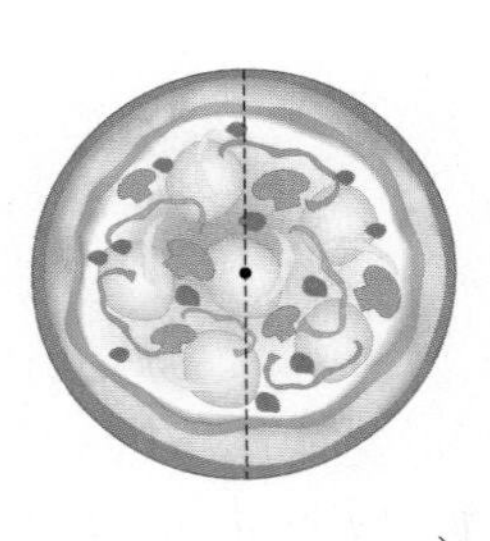

( )

따라 풀기 2

예슬이는 저금통에 첫째 날은 200원을 넣고, 다음 날부터 전날에 넣은 것에 200원씩 더하여 넣고 있습니다. 즉 첫째 날에는 200원, 둘째 날에는 400원, 셋째 날에는 600원을 넣었을 때, 예슬이가 일주일 동안 저금한 돈은 모두 얼마입니까?

( )

확인 문제

1-1 직사각형 모양의 종이를 가로로 한 번 자른 후에 겹쳐서 다시 세로로 자르고, 다시 겹쳐서 가로로 자르고 있습니다. 종이는 모두 31장 필요하다면 적어도 몇 번 잘라야 합니까?

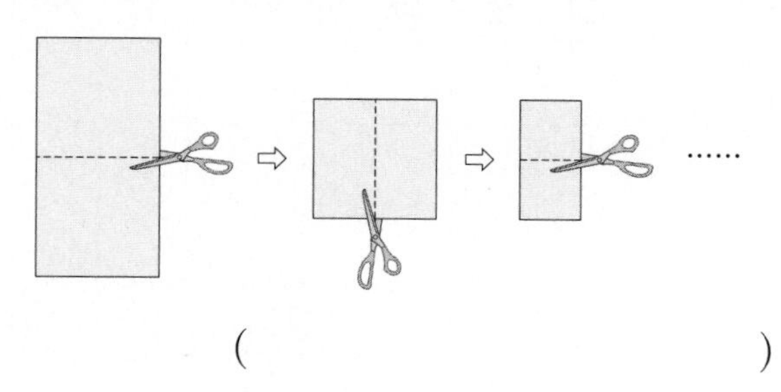

( )

2-1 블록을 다음과 같은 규칙으로 쌓고 있습니다. 아래에 한 줄을 더 쌓는다면 사용한 블록은 모두 몇 개가 됩니까?

( )

3-1 매달 1일에 은행에 저금을 하려고 합니다. 1월 1일에 처음으로 100원을 저금하고 다음 달에는 전 달에 넣은 금액의 2배를 저금하려고 합니다. 통장의 잔액이 처음으로 10000원을 넘게 되는 달은 몇 월입니까?

( )

한 번 더 확인

1-2 10명이 회의를 하기 위해 모였습니다. 서로 한 번씩만 악수를 한다면 악수는 모두 몇 번 해야 합니까?

( )

2-2 벽돌을 다음과 같은 규칙으로 쌓고 있습니다. 옆으로 5줄을 더 쌓는다면 사용한 벽돌은 모두 몇 개가 됩니까?

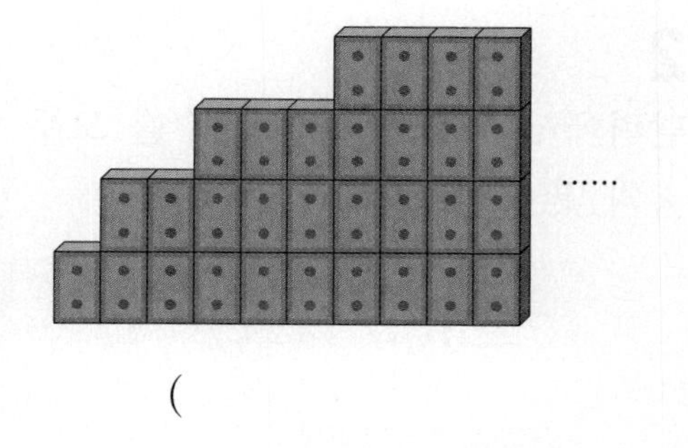

( )

3-2 신호등은 초록－주황－빨강의 순서로 불이 들어오고 빨강 다음에는 다시 초록부터 시작합니다. 주황 불을 보고 친구를 기다리기 시작하여 신호등 불이 모두 25번 바뀌었을 때 친구가 왔습니다. 친구가 왔을 때 신호등 불의 색깔은 무엇입니까?

( )

STEP 2 실전 경시 문제

달력에서 규칙 찾기

1 | 성대 경시 기출 유형 |

다음은 달력의 일부를 자른 것입니다. ㉠+㉡의 값이 44일 때 ★의 값은 얼마인지 구하시오.

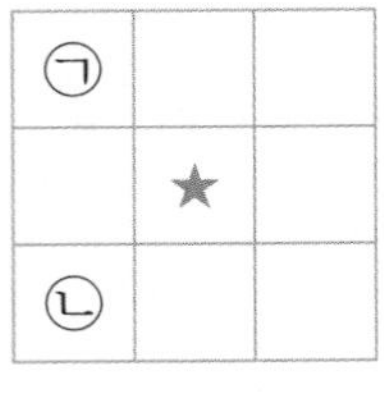

(　　　　　　　　　　)

전략 달력에서 한 칸 아래는 7 큰 수, 2칸 아래는 14 큰 수입니다.

2

달력에서 색칠한 부분의 수를 모두 더한 수는 ★의 몇 배입니까?

일	월	화	수	목	금	토
	★					

(　　　　　　　　　　)

전략 ★의 왼쪽 수는 ★−1, ★의 오른쪽 수는 ★+1, ★의 한 칸 위는 ★−7입니다.

3 | 고대 경시 기출 유형 |

달력에서 색칠한 부분의 수들의 합은 94입니다. 색칠한 부분 중 토요일의 날짜를 구하시오.

일	월	화	수	목	금	토

(　　　　　　　　　　)

전략 달력에서 가로줄의 수는 연속된 수이므로 1씩 커집니다.

4

어느 달의 달력에서 같은 주의 화요일과 목요일에 있는 수를 더하면 그 수인 날짜의 요일이 월요일이라고 합니다. 이 달의 1일은 무슨 요일입니까?

(　　　　　　　　　　)

전략 1일의 요일을 각각의 경우로 알아본 후 1일의 요일을 구합니다.

날짜 구하기

5

다음은 4월 달력의 일부분입니다. 7월 21일이 방학식이라면 방학식은 무슨 요일입니까?

일	월	화	수	목	금	토
				8		

( )

전략 4월 8일에서 7월 21일은 며칠 후인지 알아본 후 일주일이 7일임을 이용하여 구합니다.

6

오늘은 미경이가 수학 학원을 다니기 시작한 지 100일째 되는 날입니다. 오늘이 12월 12일일 때, 미경이가 수학 학원을 다닌 첫날은 몇 월 며칠입니까?

( )

전략 며칠 후는 시작하는 날을 포함하지 않고, 며칠째는 시작하는 날을 포함합니다.

7

어머니와 아버지는 2007년 12월 25일에 만나서 만난 지 300일 후에 결혼식을 하셨다고 합니다. 어머니와 아버지의 결혼기념일은 몇 월 며칠입니까? (단, 2008년 2월은 29일까지 있었습니다.)

( )

전략 1, 3, 5, 7, 8, 10, 12월은 31일까지 있고, 4, 6, 9, 11월은 30일까지 있습니다.

8

백일 잔치는 아기가 태어난 지 100일을 기념하는 행사로 수수팥떡이나 백설기 등을 돌립니다. 단비의 동생은 어느 해 12월 26일 화요일에 태어났습니다. 단비의 동생이 태어난 지 100일째 되는 날에 백일 잔치를 하기로 하였으나 많은 사람들이 올 수 있도록 100일째 되기 바로 전 토요일에 하기로 결정했습니다. 동생의 백일 잔치는 몇 월 며칠에 해야 합니까? (단, 동생이 태어난 다음 해의 2월은 28일까지 있습니다.)

( )

전략 100일째 되는 날은 시작하는 날을 포함하므로 99일 후와 같습니다.

VI 규칙성 영역

그림에서 규칙 찾기

9

붙임딱지를 그림과 같은 규칙으로 붙였습니다. 7번째에 놓이는 붙임딱지는 몇 장입니까?

첫 번째 두 번째 세 번째 네 번째 ......

( )

전략 순서에 따라 붙임딱지의 수가 몇 장씩 늘어나는지 규칙을 찾습니다.

10

공깃돌이 그림과 같은 규칙으로 놓여 있습니다. 12번째에 놓이는 공깃돌은 몇 개입니까?

첫 번째 두 번째 세 번째 네 번째 ......

( )

전략 공깃돌의 수를 세어 규칙을 찾은 다음 그 수를 식으로 나타내어 봅니다.

11 | 성대 경시 기출 유형 |

□와 ■을 사용하여 다음과 같이 규칙적으로 무늬를 만들었습니다. 7번째 무늬에 놓인 □와 ■의 수의 차를 구하시오.

첫 번째 두 번째 세 번째 ......

( )

전략 순서에 따라 전체 사각형의 수와 □의 수를 알아봅니다.

12 | 성대 경시 기출 유형 |

규칙에 따라 점을 이용하여 다음과 같이 나열하였습니다. 5번째에 놓인 점과 선의 수의 합을 구하시오. (단, 선의 수는 점과 점을 이은 가장 짧은 선만 생각합니다.)

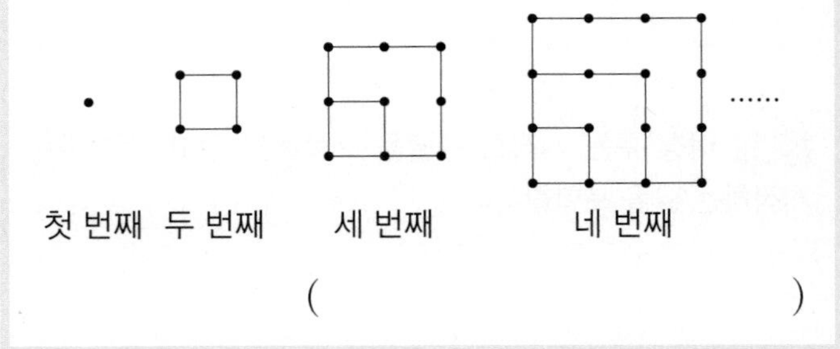

첫 번째 두 번째 세 번째 네 번째

( )

전략 순서에 따라 점의 수와 선의 수의 규칙을 각각 찾아 다섯 번째에 놓인 점과 선의 수를 알아봅니다.

13

바둑돌이 그림과 같은 규칙으로 놓여 있습니다. 8번째에 놓여 있는 흰 바둑돌과 검은 바둑돌의 수의 차는 몇 개인지 구하시오.

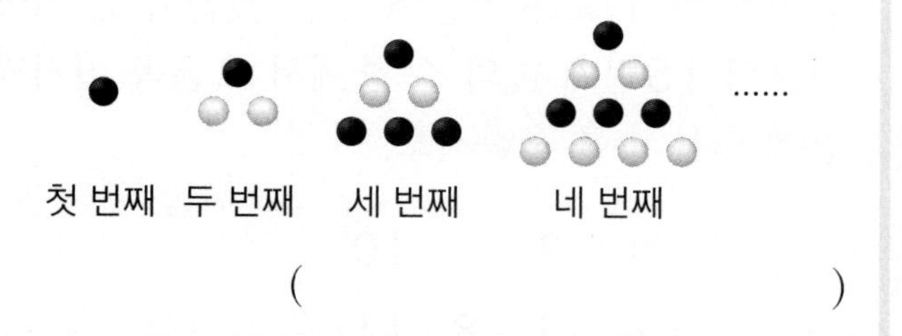

( )

전략 짝수 번째에 놓인 검은 바둑돌과 흰 바둑돌 수의 규칙을 찾아 8번째에 놓인 두 바둑돌 수의 차를 구합니다.

14

바둑돌이 그림과 같은 규칙으로 놓여 있습니다. 9번째에 놓여 있는 흰 바둑돌은 검은 바둑돌보다 몇 개 더 많습니까?

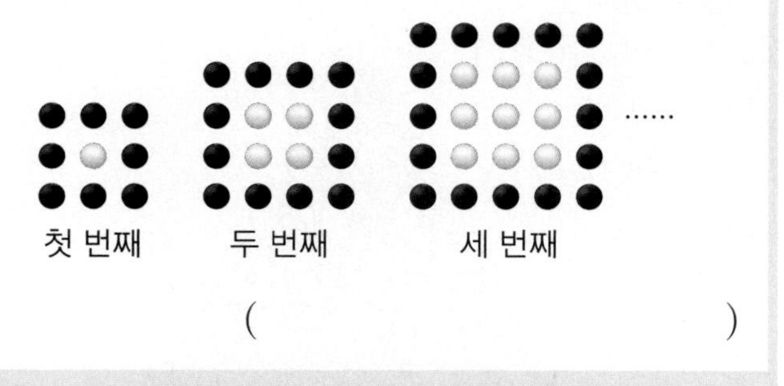

( )

전략 순서에 따라 전체 바둑돌 수와 흰 바둑돌 수의 각각의 규칙을 찾습니다.

15

| HMC 경시 기출 유형 |

바둑돌이 그림과 같은 규칙으로 놓여 있습니다. 13번째에 놓여 있는 흰 바둑돌과 검은 바둑돌의 수의 차는 몇 개인지 구하시오.

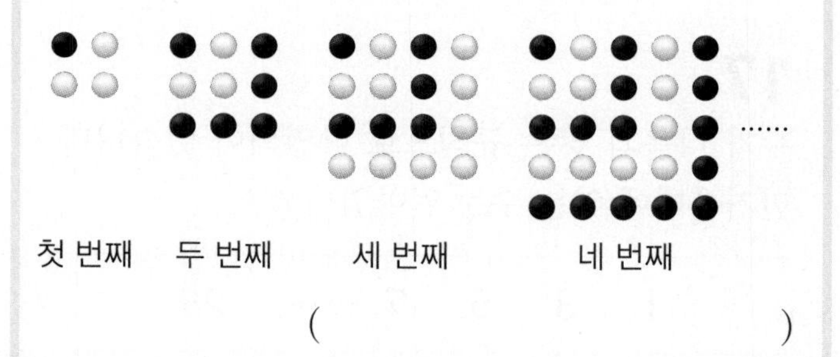

( )

전략 홀수 번째에 놓인 검은 바둑돌과 흰 바둑돌의 수의 규칙을 찾아 13번째에 놓인 두 바둑돌 수의 차를 구합니다.

16

| 창의 · 융합 |

프랙탈이란 부분의 모양이 전체의 모양과 닮는 구조로 끝없이 되풀이되는 것을 말하는데 대표적인 예로 양치류 산물인 고사리에서 살펴볼 수 있습니다.

큰 삼각형에서 가운데를 오려 내면서 프랙탈 구조로 모양을 만들고 있습니다. 7번째 모양에서 색칠된 삼각형은 몇 개인지 구하시오.

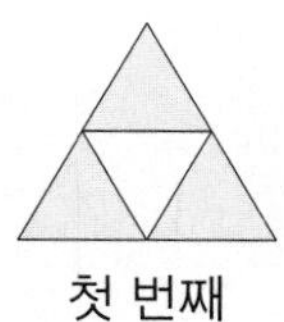

( )

전략 순서에 따라 색칠된 삼각형의 수를 각각 세어 보고 삼각형의 수가 어떻게 달라지는지 알아봅니다.

수에서 규칙 찾기

17

수가 다음과 같은 규칙으로 나열되어 있습니다. 한가운데에 있는 수는 얼마입니까?

1, 3, 5, 7, ……, 29

( )

전략 한가운데에 수가 있다는 것은 수가 모두 홀수 개 있다는 것이므로 이를 이용하여 해결합니다.

18

| 성대 경시 기출 유형 |

규칙에 따라 수를 다음과 같이 놓았습니다. 위에서부터 9번째 줄에 있는 수들의 합을 구하시오.

1							
1	1						
1	2	1					
1	3	3	1				
1	4	6	4	1			
1	5	10	10	5	1		
1	6	15	20	15	6	1	
1	7	21	35	35	21	7	1

( )

전략 표를 보고 어떤 방법으로 규칙을 찾을 수 있는지 생각해 봅니다.

19

규칙에 따라 표를 만들어 수를 썼습니다. 위에서부터 15번째 줄의 수 중에서 오른쪽 마지막 칸에 있는 수를 구하시오.

1	2	9	10		
4	3	8	11		
5	6	7	12		
			13		

( )

전략 방향에 따라 수가 쓰여진 규칙을 찾아 해결합니다.

20

| 성대 경시 기출 유형 |

규칙에 따라 수를 쓴 것입니다. ★에 알맞은 수를 구하시오.

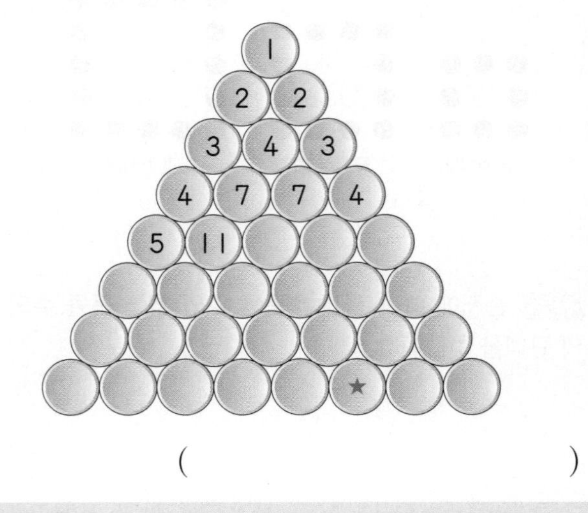

( )

전략 위의 두 수와 아래의 수가 어떤 규칙이 있는지 찾아보고 ★에 알맞은 수를 구합니다.

조각의 수로 규칙 찾기

21
| 성대 경시 기출 유형 |

철사를 다음과 같이 잘라서 여러 도막으로 만들려고 합니다. 자른 도막이 29개보다 많으려면 적어도 몇 번 잘라야 합니까?

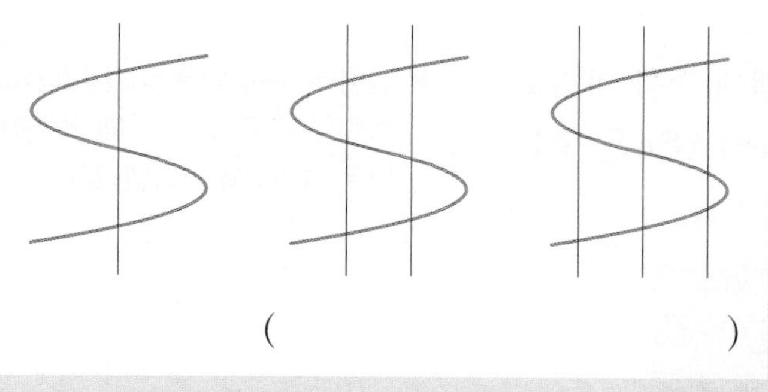

( )

전략 자른 횟수에 따라 철사의 도막 수가 어떻게 변하는지 규칙을 찾아봅니다.

22
| 고대 경시 기출 예상 |

파 2개를 〈그림 1〉과 같이 나란히 놓고 반으로 자른 다음 다시 모아서 나란히 놓고 반으로 잘랐습니다. 햄은 〈그림 2〉와 같은 순서로 잘랐습니다. 파와 햄을 다음과 같이 5번씩 자른다면 파와 햄 중 어느 것이 몇 조각 더 많습니까?

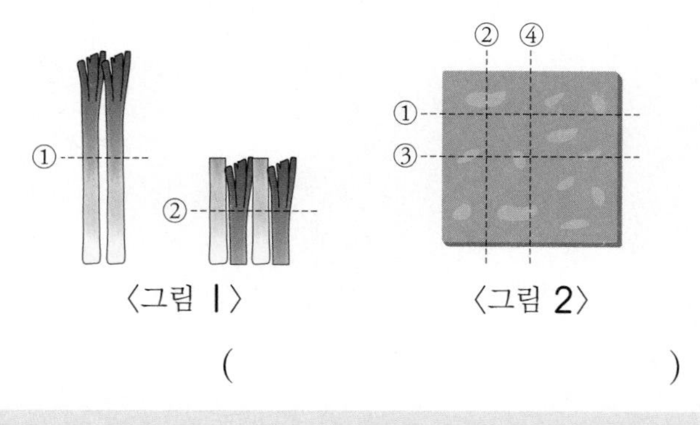

〈그림 1〉 〈그림 2〉

( )

전략 파와 햄을 순서에 따라 잘랐을 때 생기는 조각의 수로 규칙을 찾아 파와 햄의 조각 수를 각각 구합니다.

규칙의 활용

23
| 성대 경시 기출 유형 |

어느 퀴즈 대회에서 1등에게 전체 상금의 $\frac{1}{2}$을, 2등에게 남은 금액의 $\frac{1}{2}$을, 3등에게 다시 남은 금액의 $\frac{1}{2}$을 주고 남은 금액을 불우이웃 돕기에 기부하였습니다. 기부한 금액이 10만 원일 때, 전체 상금은 모두 얼마입니까?

( )

전략
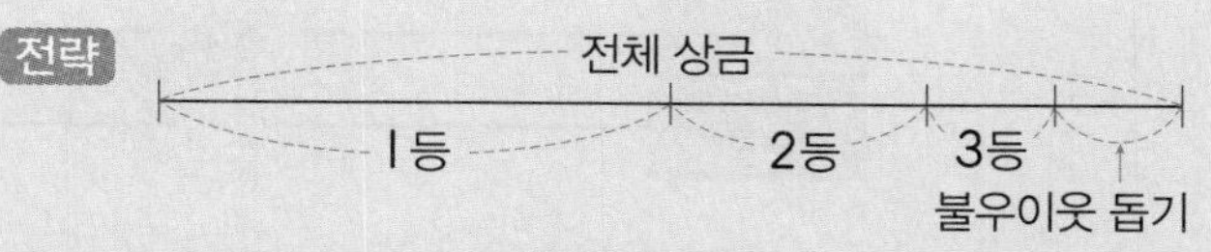

불우이웃 돕기에 기부한 금액과 3등의 상금은 같습니다.

24
| 성대 경시 기출 유형 |

다음과 같은 규칙으로 100원짜리 동전의 수를 늘려가며 저금을 하였습니다. 100원을 저금한 날은 1로, 200원을 저금한 날은 2로 달력에 적었다면 주어진 달력에 표시한 한 달 동안 저금한 금액은 모두 얼마입니까?

일	월	화	수	목	금	토
		1	1	1	2	2
2	3	3	3	4	4	4
5	5	5	6	6	6	7
7	7	8	8	8	9	9
9	10	10	10	11		

( )

전략 규칙을 이용하여 한 달 동안 저금한 동전의 개수를 먼저 구합니다.

STEP 3 | 코딩 유형 문제

＊규칙성 영역에서의 코딩
규칙성 영역에서의 코딩 문제는 주어진 조건에 따라 다양한 규칙의 변화를 찾는 문제입니다. 수를 입력하여 연산 활동을 통해 출력값이 나오는 문제, 화살표 방향 또는 기호의 규칙을 이용한 문제를 풀어봄으로써 규칙성 영역에서의 코딩 문제를 익혀 봅니다.

1 그림은 어떤 곱셈 또는 나눗셈 규칙이 있는 프로그램에 수를 입력하였을 때 출력되어 나오는 수를 나타낸 것입니다. ㉮에 알맞은 수는 무엇인지 구하시오.

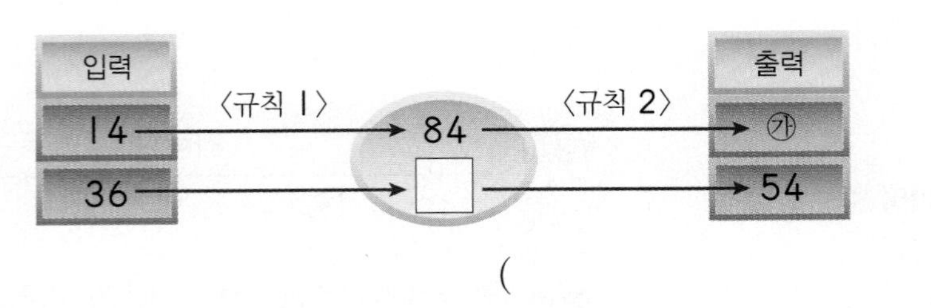

( )

▶ 입력은 수를 넣은 값을 나타내고, 출력은 수를 넣었을 때 계산하여 나온 결과값을 나타냅니다.

2 화살표 기호의 방향에 따라 이동하면서 수를 차례로 쓰려고 합니다. 다음과 같이 규칙에 따라 수를 쓸 때 도착에 알맞은 수를 구하시오.

규칙
⇨ : 2 큰 수, ⇦ : 3 작은 수
⇧ : 2배한 수, ⇩ : 4 작은 수

출발 82	⇨	⇨	⇨	⇩
⇨	⇨	⇨	⇩	⇩
⇧	⇨	도착	⇩	⇩
⇧	⇧	⇦	⇦	⇩
⇧	⇦	⇦	⇦	⇦

( )

▶ 각 칸에 화살표의 규칙에 따라 나온 결과를 써 보면서 칸을 채워 나갑니다.

3 A에 어떤 수를 입력하여 다음 주어진 기호를 누르면 결과값이 나옵니다. A에 3을 넣었을 때 B에 나온 결과값을 다시 A에 입력하였다면 B에 다시 나온 결과값은 얼마입니까?

⊂ : 2배합니다.
∈ : 3배합니다.
∩ : 2를 더합니다.
∪ : 2를 뺍니다.
∧ : 1을 먼저 빼고 2배합니다.

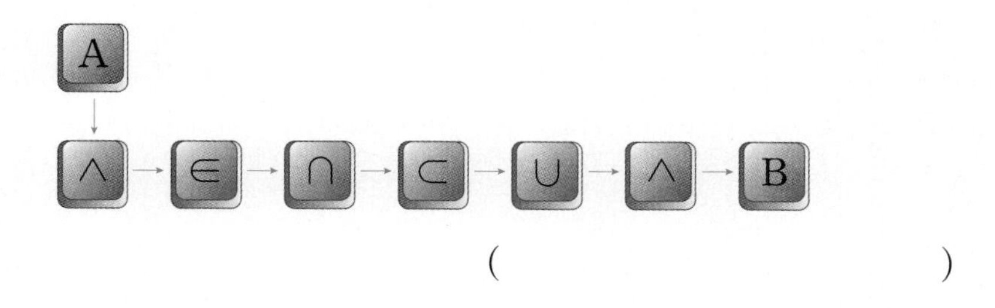

( )

▶ 기호에 맞게 계산을 하고, 한 번에 그치는 것이 아니라 B에 나온 결과값을 다시 A에 입력하여 계산함에 주의합니다.

4 1부터 10까지의 수의 합을 구하는데 다음과 같은 방법을 이용했습니다. 같은 방법으로 4부터 21까지의 수를 더하면 얼마인지 구하시오.

$$\begin{array}{r} 1+\ 2+\ 3+\ 4+\ 5+\ 6+\ 7+\ 8+\ 9+10 \\ +)\ 10+\ 9+\ 8+\ 7+\ 6+\ 5+\ 4+\ 3+\ 2+\ 1 \\ \hline 11+11+11+11+11+11+11+11+11+11 \end{array}$$

( )

▶ 11이 10개 있으므로 $11 \times 10 = 110$이고, 110은 $1+2+3+\cdots\cdots+10$을 두 번 더한 것이므로 1부터 10까지의 수의 합은 $110 \div 2 = 55$입니다.

VI 규칙성 영역

STEP 4 | 도전! 최상위 문제

1 다음은 어느 달 달력의 일부분입니다. 달력에 표시한 ★의 날의 수를 더했더니 63이었습니다. 달력에 있는 수인 ㉠+㉡+㉢+㉣의 값을 구하시오.

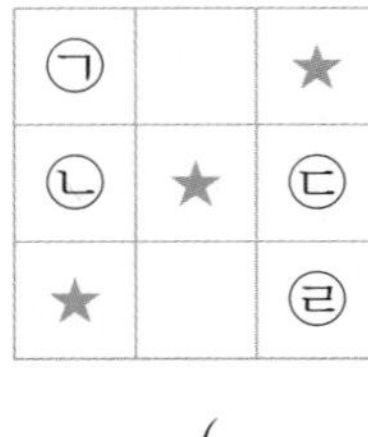

㉠		★
㉡	★	㉢
★		㉣

(   )

2 다음은 어느 해 9월의 달력입니다. 월요일에 있는 수들의 합인 ♥와 목요일에 있는 수들의 합인 ◆의 차가 17일 때, 이 달의 1일은 무슨 요일입니까?

일	월	화	수	목	금	토

(   )

3 어느 해 1월의 달력입니다. 어떤 주의 일요일부터 토요일까지 모든 수를 더했더니 133이었습니다. 그 주에 일요일이 며칠인지 구하시오.

일	월	화	수	목	금	토

(　　　　　　　　　　　)

창의·융합

4 점자 블록은 시각 장애자의 보행의 안전이나 유도를 위해 건물의 바닥, 도로, 플랫폼 등에 까는 바닥의 재료입니다. 보도블록 8개를 ①부터 차례대로 ⑧까지 다음과 같은 순서로 놓았습니다. ⑦과 ⑧은 노란색의 점자 블록이고, ⑨부터는 다시 ①부터 ⑧까지의 과정을 반복한다고 합니다. 보도블록을 250개 놓으려고 할 때 노란색 점자 블록은 몇 개가 사용되는지 구하시오.

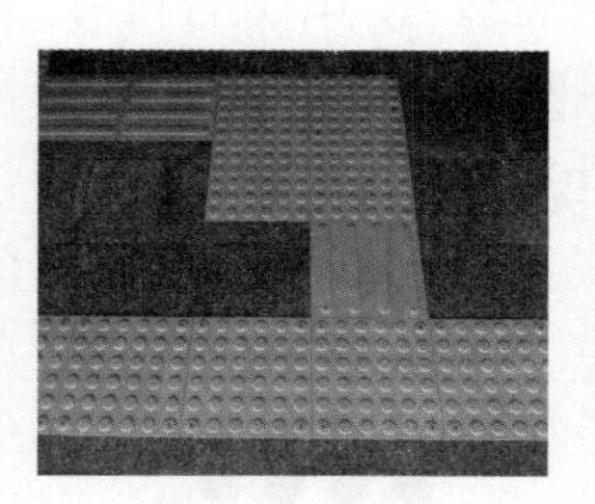

① ② ⑤ ⑥ ⑨ ⑩
③ ④ ⑦ ⑧

(　　　　　　　　　　　)

5 수 피라미드를 다음과 같은 규칙으로 아래로 계속 만들어 가려고 합니다. 피라미드를 7층으로 쌓았을 때, 맨 아래층의 한가운데 있는 수와 맨 아래층의 오른쪽 끝에 있는 수의 합은 얼마입니까?

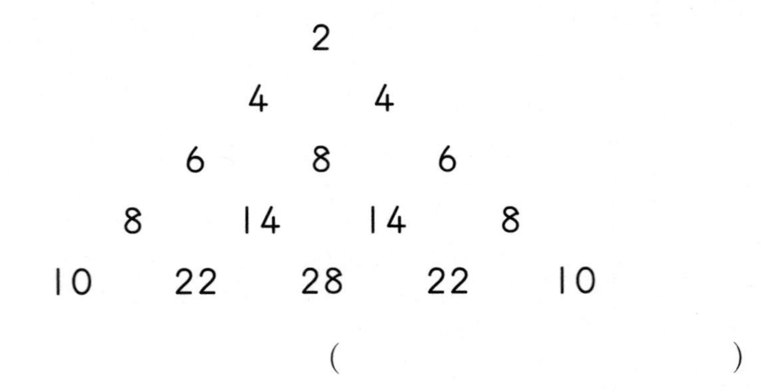

( )

6 다음과 같은 규칙으로 종운이는 사각형 모양으로 바둑돌을 놓고, 상호는 삼각형 모양으로 바둑돌을 놓고 있습니다. ■번째에 종운이와 상호가 사용한 바둑돌 수의 차가 78개일 때, ■번째에 상호가 사용한 바둑돌은 몇 개입니까?

종운 …… 첫 번째 두 번째 세 번째

상호 …… 첫 번째 두 번째 세 번째

( )

창의·융합

7 오른쪽과 같은 다리를 *트러스 교라고 합니다. 지훈이는 나무 막대를 이용하여 트러스 교 모양을 다음과 같이 만들고 있습니다. 나무 막대를 첫 번째에는 3개, 두 번째에는 7개 사용하였습니다. 37번째에 놓이는 나무 막대는 모두 몇 개입니까?

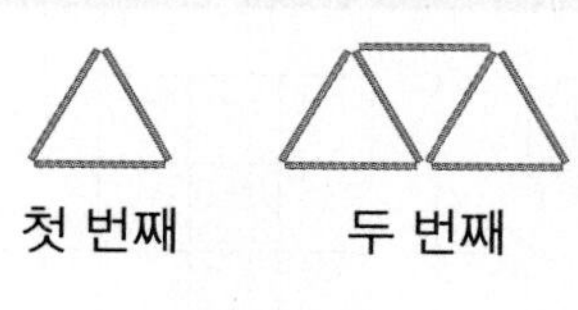

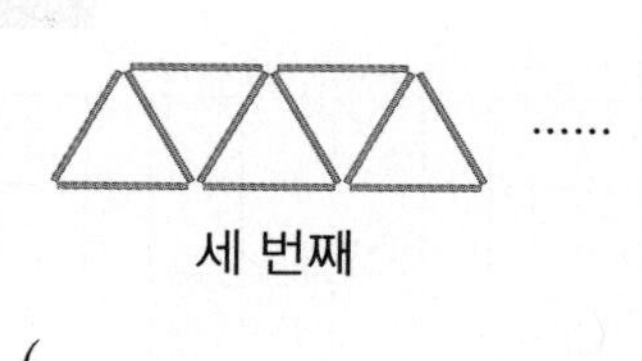

첫 번째　　두 번째　　세 번째 ……

(　　　　　　　　　)

*트러스 교(truss bridge)

삼각형으로 연결한 골조 구조를 트러스(truss)라 부르고, 이것을 연결하여 만들어진 다리를 트러스 교(truss bridge)라고 합니다. 우리나라의 대표적인 다리로는 성산대교, 성수대교, 한강철교 등이 있습니다.

8 다음과 같은 규칙으로 검은 바둑돌과 흰 바둑돌을 한 줄씩 번갈아 가며 놓으려고 합니다. 20번째에 놓이는 바둑돌의 수를 ㉠, 20번째에 놓이는 흰 바둑돌의 수를 ㉡이라고 할 때, $\frac{㉡}{㉠}$의 값을 구하시오.

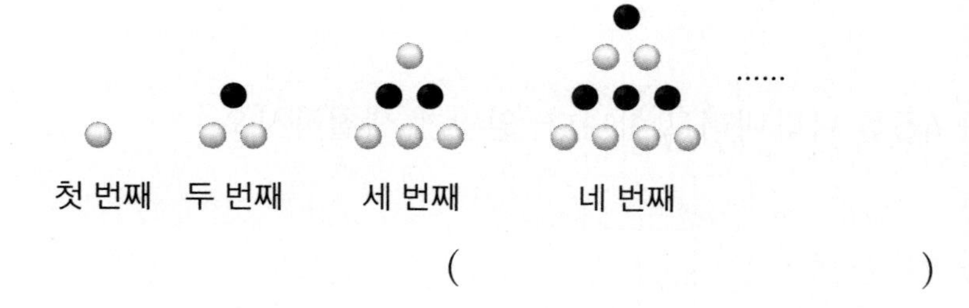

(　　　　　　　　　)

영재원 · 창의융합 문제

❖ 요즘 우리 생활 속에서는 많은 암호를 사용하고 있습니다. 암호 중에서 가장 대표적인 암호가 수를 이용한 암호입니다. 자연수를 다음과 같은 규칙으로 암호를 정하여 나타내었습니다. 물음에 답하시오. (9~10)

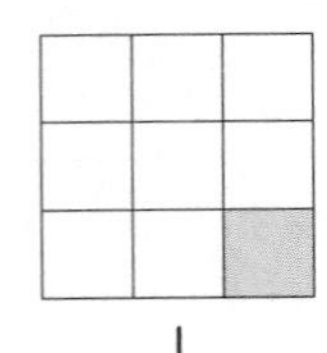
1

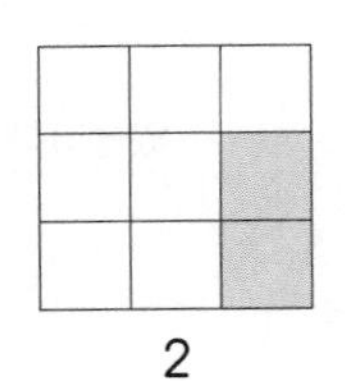
2

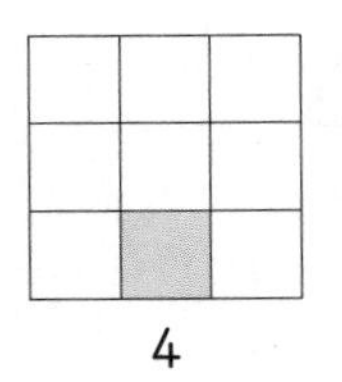
4

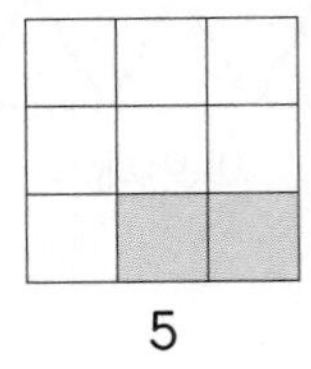
5

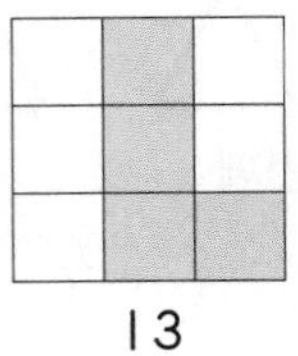
13

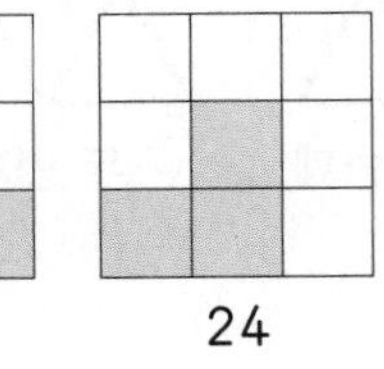
24

9 다음 그림이 나타내는 수는 얼마입니까?

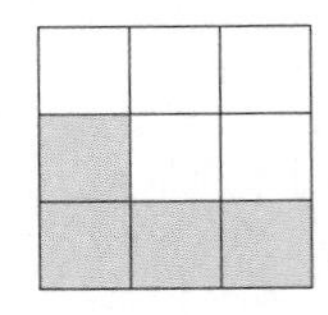

( )

10 위 암호의 규칙에 따라 45를 나타내려고 합니다. 알맞게 색칠하시오.

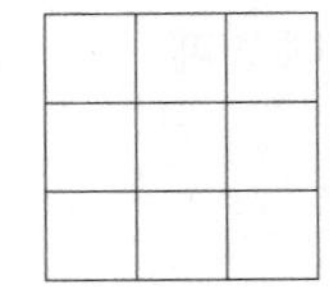

Ⅶ

논리추론 문제해결 영역

| 주제 구성 |

STEP 1 경시 기출 유형 문제

[주제 학습 27] 저울 문제

크기가 같은 공이 3개 있습니다. 이 중 2개는 무게가 2 kg이고, 1개는 무게가 1 kg입니다. 윗접시저울을 최소한 몇 번 사용하면 무게가 1 kg인 공을 찾을 수 있습니까?

( )

문제 해결 전략

윗접시저울을 사용하여 무게가 다른 공 찾기
공 3개 중 2개를 선택하여 윗접시저울에 올려놓습니다.

- 두 공의 무게가 같으면 윗접시저울에 올려놓지 않은 공이 1 kg입니다.
- 두 공의 무게가 다르면 올라간 쪽의 공이 1 kg입니다.

따라서 윗접시저울을 최소한 1번 사용하면 무게가 1 kg인 공을 찾을 수 있습니다.

선생님, 질문 있어요!

Q. 윗접시저울을 사용하지 않고 손으로 무게를 재는 것은 안 되나요?

A. 손으로는 무게를 정확하게 잴 수 없습니다.
또한 수학에서는 객관적인 논리에 맞게 설명해야 한다는 것을 기억합니다.

참고

윗접시저울이 수평을 이루면 무게가 같다는 것입니다.

따라 풀기 1

크기가 같은 왕관이 4개 있습니다. 이 중 3개는 무게가 서로 같고 1개는 나머지보다 무겁다고 합니다. 윗접시저울을 최소한 몇 번 사용하면 무게가 무거운 왕관을 찾을 수 있습니까?

( )

따라 풀기 2

윗접시저울로 물건의 무게를 재려고 합니다. 1 g, 3 g, 5 g짜리 추가 각각 한 개씩 있고, 추는 윗접시저울의 한쪽에만 올려놓을 수 있습니다. 잴 수 있는 무게는 모두 몇 가지입니까?

( )

[확인 문제]

1-1 곰 인형 3개와 로봇 1개의 무게가 같다고 합니다. 윗접시저울의 왼쪽에 곰 인형 1개와 로봇 2개를 올려놓았습니다. 윗접시저울이 수평을 이루려면 오른쪽에 곰 인형을 몇 개 올려놓아야 합니까? (단, 곰 인형 1개와 로봇 1개의 무게는 각각 일정합니다.)

( )

2-1 무게가 서로 다른 추 ㉠, ㉡, ㉢, ㉣이 있습니다. 이 추들의 무게를 두 개씩 재어 보니 다음과 같았습니다. 무게가 무거운 것부터 차례대로 기호를 쓰시오.

[조건 1] ㉠ > ㉣ [조건 2] ㉠ < ㉢
[조건 3] ㉡ > ㉠ [조건 4] ㉡ > ㉢

( )

3-1 크기가 같은 지우개가 13개 있습니다. 이 중 12개는 무게가 300 g이고 1개는 무게가 250 g입니다. 윗접시저울을 최소한 몇 번 사용하면 무게가 다른 지우개를 찾을 수 있습니까?

( )

[한 번 더 확인]

1-2 윗접시저울의 왼쪽에는 타조알 3개, 오른쪽에는 달걀 24개를 올려놓았더니 수평을 이루었습니다. 이후 윗접시저울의 왼쪽에서 타조알 1개를 덜어 냈습니다. 윗접시저울이 다시 수평을 이루려면 달걀을 몇 개 덜어 내야 합니까? (단, 타조알 1개와 달걀 1개의 무게는 각각 일정합니다.)

( )

2-2 모양이 같고 무게가 서로 다른 금반지 3개가 있습니다. 윗접시저울을 사용하여 가장 무거운 것과 가장 가벼운 것을 알아내기 위해서는 윗접시저울을 최소한 몇 번 사용해야 합니까?

( )

3-2 어느 가방 공장에서 크기가 같은 가방을 8개 만들었습니다. 그중 하나가 잘못 만들어져 다른 7개보다 무겁다고 합니다. 윗접시저울을 최소한 몇 번 사용하면 잘못 만들어진 가방을 찾을 수 있습니까?

( )

[주제 학습 28] 암호 풀기

다음 암호 해독표를 이용하여 암호문을 풀어 보시오.

암호문	b d d c

암호 해독표

암호	a	b	c	d	e
해독	L	M	N	O	P

(　　　　　　　　　　)

선생님, 질문 있어요!

Q. 암호문은 어떻게 풀어야 하나요?

A. 암호문의 글자를 암호 해독표에서 찾고 대응되는 글자를 읽어 암호문을 풉니다.

문제 해결 전략

암호 해독표를 이용하여 암호문 풀기
암호 해독표에서 b → M, d → O, c → N입니다.
따라서 암호문을 풀면 MOON이 됩니다.

따라 풀기 1

다음 암호 해독표를 이용하여 'ㄴㅁㅁ'을 풀어 보시오.

암호 해독표

암호	ㄱ	ㄴ	ㄷ	ㄹ	ㅁ	ㅂ
해독	A	B	C	D	E	F

(　　　　　　　　　　)

따라 풀기 2

천재가 집 전화번호를 암호로 알려 주었습니다. 암호 해독표를 이용하여 천재네 집 전화번호를 알맞은 숫자로 쓰시오.

천재네 집 전화번호: 1000 101 111 − 11 10 100 110

암호 해독표

암호	1	10	11	100	101	110	111	1000	1001
해독	1	2	3	4	5	6	7	8	9

(　　　　　　　　　　)

확인 문제

1-1 다음 암호 해독표를 이용하여 암호문을 풀어 보시오.

암호문	12 1 6 1 14 26 21

암호 해독표

0	1	2	3	4	5	6	7	8	9	10	11	12	13
ㄱ	ㅏ	ㄴ	ㅑ	ㄷ	ㅓ	ㄹ	ㅕ	ㅁ	ㅗ	ㅂ	ㅛ	ㅅ	ㅜ
14	15	16	17	18	19	20	21	22	23	24	25	26	27
ㅇ	ㅠ	ㅈ	ㅡ	ㅊ	ㅣ	ㅋ	ㅐ	ㅌ	ㅒ	ㅍ	ㅔ	ㅎ	ㅖ

( )

2-1 동그라미 두 개를 색칠하여 암호를 만들려고 합니다. 검정색 또는 흰색으로 색칠할 수 있다면 동그라미 두 개로 모두 몇 가지 암호를 만들 수 있습니까? (단, 순서가 다르면 서로 다른 암호로 생각합니다.)

( )

3-1 다음 암호 해독표를 이용하여 123567을 암호로 바꿀 때, 암호에 있는 1은 모두 몇 개입니까?

암호 해독표

암호	1	10	11	100	101	110	111
해독	1	2	3	4	5	6	7

( )

한 번 더 확인

1-2 다음 암호 해독표를 이용하여 '수학 천재'를 암호로 바꾸시오.

암호 해독표

0	1	2	3	4	5	6	7	8	9	10	11	12	13
ㄱ	ㅏ	ㄴ	ㅑ	ㄷ	ㅓ	ㄹ	ㅕ	ㅁ	ㅗ	ㅂ	ㅛ	ㅅ	ㅜ
14	15	16	17	18	19	20	21	22	23	24	25	26	27
ㅇ	ㅠ	ㅈ	ㅡ	ㅊ	ㅣ	ㅋ	ㅐ	ㅌ	ㅒ	ㅍ	ㅔ	ㅎ	ㅖ

____

2-2 검은 바둑돌 2개와 흰 바둑돌 1개가 있습니다. 이 바둑돌을 일렬로 놓아 암호를 만든다면 모두 몇 가지 암호를 만들 수 있습니까? (단, 순서가 다르면 서로 다른 암호이고 바둑돌은 1개부터 3개까지 사용할 수 있습니다.)

( )

3-2 다음 암호 해독표를 이용하여 10을 암호로 바꿀 때, 모두 몇 가지로 바꿀 수 있는지 구하시오.

암호 해독표

암호	0	1	2	3	4	5	6	7	8	9
해독	0	1	2	0	1	2	0	1	2	0

( )

[주제 학습 29] 논리 추리

운동회에서 천재, 영재, 지현, 지애 네 학생이 달리기를 한 후 다음과 같이 말을 하였습니다. 지현이는 몇 등을 하였는지 구하시오.

천재: 나는 3등도 4등도 아니야.
영재: 나는 1등은 아니야.
지현: 나는 천재한테는 졌지만 영재한테는 이겼어.
지애: 나는 영재와 지현이한테 졌어.

( )

선생님, 질문 있어요!

Q. 논리 추리를 잘하려면 어떻게 해야 하나요?

A. 모든 조건을 이용하여 표를 만들어 보면 문제를 쉽게 이해할 수 있습니다.

문제 해결 전략

① 주어진 조건 해석하기
지현이는 천재한테 졌지만 영재한테 이겼기 때문에 1등과 4등이 될 수 없습니다. 지애는 영재와 지현이한테 졌으므로 1등과 2등이 될 수 없습니다.

② 조건에 맞게 표로 나타내기

	천재	영재	지현	지애
1등	○	×	×	×
2등			○	×
3등	×	○		
4등	×		×	○

영재, 지현, 지애가 1등이 될 수 없으면 천재가 1등이 돼요.

따라 풀기 1

가, 나, 다, 라 4명의 학생이 태권도, 영어, 피아노, 발레 중에서 2가지씩을 배우고 있습니다. 영어를 배우고 있지 않는 학생은 1명뿐이고 태권도와 피아노는 각각 2명씩 배우고 있으며, 발레는 1명만 배우고 있습니다. 가는 태권도와 영어를, 라는 태권도와 피아노를, 나는 피아노와 영어를 배우고 있을 때, 다는 어떤 과목을 배우고 있는지 구하시오.

( )

[확인 문제]

1-1 100 m 달리기에서 A, B, C 3명의 등수가 1등부터 3등까지 정해졌습니다. 다음과 같이 말을 했다면 A는 몇 등입니까?

A: 나는 2등이 아니야.
B: 나는 2등 또는 3등이야.
C: 나는 A와 B한테 이겼어.

( )

2-1 400 m 달리기에서 A, B, C, D 4명의 등수가 1등부터 4등까지 정해졌습니다. 다음과 같이 말을 했다면 A는 몇 등입니까?

A: D는 나중에 2명을 따라잡았지만 1등은 못했어.
B: 나는 C를 한 번도 따라잡지 못했어.
C: 나보다 2명이 먼저 들어왔어.
D: 같이 들어온 사람이 아무도 없었어.

( )

3-1 시험 성적에서 A, B, C 3명의 등수가 1등부터 3등까지 정해졌습니다. 이 중에서 한 사람만 거짓말을 하고 나머지는 모두 참말을 했다고 합니다. C는 몇 등입니까?

A: 나는 1등이야.
B: 나는 2등이야.
C: 나는 1등이 아니야.

( )

[한 번 더 확인]

1-2 세 친구 A, B, C는 사과, 딸기, 오렌지 중에서 각자 한 가지씩만 좋아한다고 합니다. B가 좋아하는 과일은 무엇입니까?

- 사과를 좋아하는 사람은 B의 친구입니다.
- A는 C가 좋아하는 오렌지를 싫어합니다.

( )

2-2 A, B, C 3명이 각각 1반, 2반, 3반의 대표 선수로 달리기를 했습니다. A는 몇 등입니까?

- 1반의 학생은 1등을 하지 못했습니다.
- 2반의 학생이 2등을 했습니다.
- C는 3등이 아닙니다.

( )

3-2 천재, 영재, 지현 중 한 명이 사탕을 몰래 먹었습니다. 사탕을 먹은 친구만 거짓말을 하고 있다면 그 친구는 누구입니까?

천재: 나는 사탕을 먹지 않았어.
영재: 천재는 거짓말을 하고 있어.
지현: 영재가 몰래 사탕을 먹는 것을 보았어.

( )

[주제 학습 30] 조건에 맞는 문제 해결

천재와 영재는 다음과 같이 게임을 하고 있습니다. 이 게임에서 항상 이기려면 어떻게 해야 하는지 설명하시오.

〈게임 방법〉
1. 두 명이서 마주 봅니다.
2. '토마토'라는 말을 한 글자씩 서로 번갈아 외칩니다.
3. '토마토'라는 말을 계속 이어지게 하지 못하면 지게 됩니다.

문제 해결 전략

① 게임을 먼저 하는 경우
게임을 먼저 시작한 사람의 말을 생각하면 토－토－마입니다.

② 게임을 나중에 하는 경우
게임을 나중에 시작한 사람의 말을 생각하면 마－토－토입니다.

따라서 먼저 하면 토－토－마, 나중에 하면 마－토－토를 순서에 맞게 외치면 됩니다.

선생님, 질문 있어요!

Q. 게임에도 필승 전략이 있나요?

A. 게임에 따라 다르지만 수학적 규칙을 이용한 게임에서는 필승 전략이 숨겨져 있는 경우가 있습니다.

게임을 먼저 할 때와 나중에 할 때로 나누어 생각해 봐요.

따라 풀기 1

A, B 두 사람이 10개의 구슬을 번갈아 가면서 한 개나 두 개의 구슬을 가져가는 놀이를 하려고 합니다. 마지막에 남은 구슬을 가져가는 사람이 이긴다고 할 때, A가 항상 이기려면 처음에 구슬을 몇 개 가져가야 합니까?

(　　　　　　　　)

확인 문제

1-1 두 사람이 30일까지 있는 달력을 지우는 게임을 하고 있습니다. 번갈아 가며 1일부터 하나씩 지워 나가는데 하루나 이틀까지만 지울 수 있고 마지막 30일을 지우는 사람이 진다고 합니다. 먼저 시작한 사람이 항상 이기려면 처음에 며칠을 지워야 합니까?

(　　　　　　　　　　)

2-1 다음 조건 을 만족하는 수 중에서 가장 큰 수를 구하시오.

조건
- 연속한 세 개의 수입니다.
- 세 개의 수의 합이 174입니다.

(　　　　　　　　　　)

3-1 앞에서부터 읽어도, 뒤에서부터 읽어도 같은 수를 대칭수라고 합니다. 미라와 현수의 대화를 읽고 현수가 말해야 하는 수를 3개 쓰시오.

미라: 대칭수를 작은 수부터 찾고 있어.
29992까지 찾았어.
현수: 잠깐 기다려. 29992 다음 대칭수를
내가 3개 말해 줄게.

(　　　　　　　　　　)

한 번 더 확인

1-2 두 사람이 15개의 바둑돌을 번갈아 가며 가져가는 게임을 합니다. 한 개나 두 개의 바둑돌을 가져갈 수 있고 마지막에 바둑돌을 가져가는 사람이 이긴다고 할 때, 게임에서 이기려면 먼저 시작해야 합니까, 나중에 시작해야 합니까?

(　　　　　　　　　　)

2-2 다음 조건 을 만족하는 수 중에서 가장 큰 수를 구하시오.

조건
- 연속한 네 개의 수입니다.
- 네 개의 수의 합이 50입니다.

(　　　　　　　　　　)

3-2 윷놀이는 4개의 윷을 던졌을 때 평평한 면이 보이는 수가 1, 2, 3, 4, 0일 때 각각 도, 개, 걸, 윷, 모라고 합니다. 걸이 나오는 경우는 모두 몇 가지입니까?

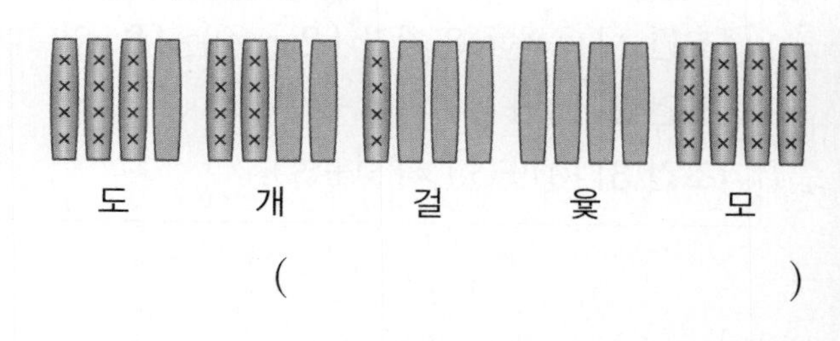

(　　　　　　　　　　)

STEP 2 실전 경시 문제

저울 문제

1

①부터 ⑩까지 10개의 추가 있습니다. 이 중에서 무게가 10 g인 추는 1개, 9 g인 추는 1개이고, 나머지는 모두 6 g이라고 합니다. 윗접시저울의 왼쪽에 ①, ③, ⑤를 올려놓고 오른쪽에 ②, ⑥, ⑨, ⑩을 올렸놓았더니 왼쪽이 아래로 기울었습니다. ⑥의 무게는 몇 g입니까?

( )

전략 윗접시저울이 한쪽으로 기울어질 때 적게 올라간 쪽에 10 g 또는 9 g인 추가 있습니다.

2

①부터 ⑦까지 7개의 추가 있습니다. 이 중에서 무게가 20 g인 추는 1개, 18 g인 추는 1개이고, 나머지는 모두 12 g이라고 합니다. 다음 •조건•을 보고 가장 무거운 추를 찾아 번호를 쓰시오.

•조건•

[조건 1] ②와 ⑥은 각각 12 g, ④는 18 g입니다.

[조건 2] (①+③)>(⑤+⑥)

[조건 3] (①+⑤)>(③+⑥)

( )

전략 가장 무거운 추를 예상하고 그 예상이 각 조건을 만족하는지 알아봅니다.

3 | 고대 경시 기출 유형 |

다음 윗접시저울이 모두 수평을 이룰 때, 윗접시저울의 □ 안에 그림을 알맞게 그려 보시오.

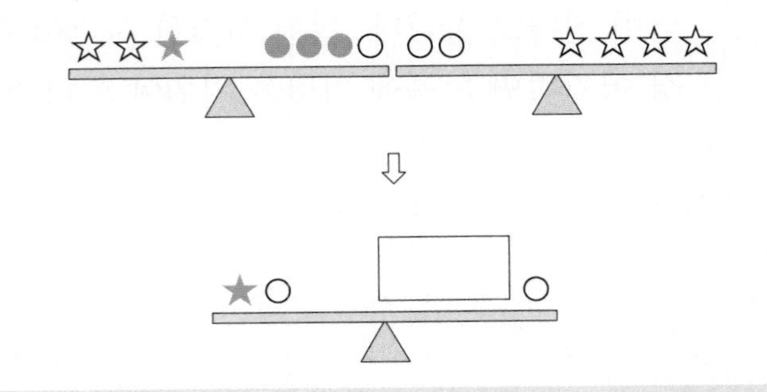

전략 ○ 그림 1개의 무게는 ☆ 그림 몇 개의 무게와 같은지 알아봅니다.

4

모양과 크기가 같은 구슬이 30개 있습니다. 이 중 1개의 구슬만 나머지보다 가볍다고 합니다. 윗접시저울을 사용하여 가벼운 구슬을 찾으려면 윗접시저울을 최소한 몇 번 사용해야 합니까?

( )

전략 윗접시저울의 양쪽에 같은 개수의 구슬을 올려놓았을 때 가벼운 구슬이 있는 쪽이 위로 올라갑니다.

암호 풀기

5

다음과 같은 규칙으로 암호를 만들었을 때, 암호 math를 해독해 보시오.

암호 해독표

암호	a	b	c	d	e	……
해독	c	d	e	f	g	……

(   )

전략 암호 글자와 해독 글자 사이의 관계를 보고 오른쪽으로 몇 칸씩 이동하는 규칙이 있는지 알아봅니다.

6 | 창의・융합 |

다음과 같은 규칙으로 기원전 50년경 로마의 황제 시저(Caesar) 시대에 사용한 암호를 만들었을 때, 주어진 암호문을 풀어 보시오.

암호문	GR QRW WUXVW

암호 해독표

암호	D	E	F	G	H	I	J	K	……
해독	a	b	c	d	e	f	g	h	……

전략 암호 G를 해독하면 d입니다. 규칙을 찾아 같은 방법으로 암호를 하나씩 해독해 봅니다.

7

다음 암호 해독표를 이용하여 집 전화번호 543－2580을 암호로 바꾸시오.

암호 해독표

암호	2	3	4	5	6	7	8	9	0	1
해독	0	1	2	3	4	5	6	7	8	9

(   )

전략 암호 해독표를 보고 해독 글자를 암호 글자로 하나씩 바꾸어 봅니다.

8

다음 암호 해독표를 이용하여 413을 암호로 바꿀 때, 모두 몇 가지로 바꿀 수 있는지 구하시오.

암호 해독표

암호	0	1	2	3	4	5	6	7	8	9
해독	1	2	3	4	1	2	3	4	1	2

(   )

전략 암호로 바꿀 때, 여러 숫자로 바꿀 수 있음에 주의합니다.

암호 응용

9

다음 암호 해독표에서 12는 v를 나타냅니다. 51 21 33 53 55가 나타내는 알파벳을 찾아 쓰시오.

암호 해독표

	1	2	3	4	5
1	d	v	e	p	w
2	r	l	q	f	o
3	c	k	a	g	x
4	b	s	u	h	y
5	t	j	i	m	n

( )

전략 가로줄의 수와 세로줄의 수가 만나는 칸에 있는 알파벳을 찾아봅니다.

10

동그라미 세 개를 색칠하여 암호를 만들려고 합니다. 검정색 또는 흰색으로 색칠할 수 있다면 동그라미 세 개로 모두 몇 가지 암호를 만들 수 있습니까? (단, 순서가 다르면 서로 다른 암호로 생각합니다.)

( )

전략 흰색이 앞에 오는 경우와 검은색이 앞에 오는 경우는 각각 다른 암호입니다.

11

| 성대 경시 기출 유형 |

다음 암호 해독표에서 12는 랑을 나타낼 때, 암호문을 풀어 보시오.

암호문	31 23 52 45 54 12 15 34

암호 해독표

5	바	너	언	사	은
4	아	물	미	모	를
3	나	여	좋	다	문
2	파	후	는	자	싶
1	하	랑	구	보	한
	1	2	3	4	5

전략 31은 나를 나타냅니다. 같은 방법으로 암호를 하나씩 해독합니다.

12

| 창의·융합 |

빨간색, 노란색, 초록색의 불이 켜지는 신호등이 있습니다. 이 신호등의 불을 이용해서 다른 사람들에게 신호를 보낼 수 있는 방법은 모두 몇 가지인지 구하시오. (단, 불이 모두 꺼지는 경우는 생각하지 않습니다.)

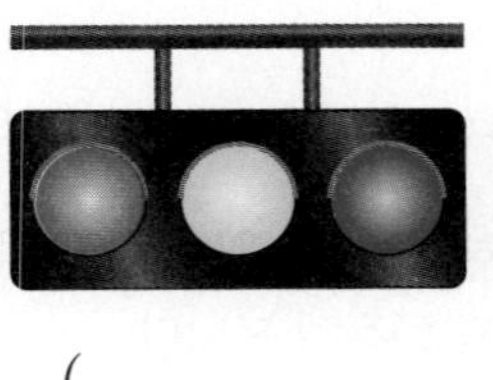

( )

전략 신호등의 불이 1개, 2개, 3개 켜질 때 보낼 수 있는 신호를 알아봅니다.

논리 추리

13

지수, 현철, 예나, 희정이는 각자 좋아하는 색을 두 가지씩 말하였습니다. 빨간색을 좋아한다고 말한 사람은 3명이고, 파란색과 노란색을 좋아하는 사람은 각각 2명씩이며, 초록색은 예나만 좋아합니다. 지수는 파란색, 현철은 빨간색을 좋아하고, 희정이는 빨간색과 파란색을 좋아한다고 할 때, 현철이가 좋아하는 색은 빨간색과 어떤 색입니까?

( )

전략 표를 만들어 ○, ×표를 해 가면서 찾아봅니다.

14

지영, 민호, 재석, 혜교가 각각 가족과 함께 현장 체험 학습을 갔습니다. 놀이공원에 간 학생이 2명, 동물원에 간 학생이 1명, 과학관에 간 학생이 1명이라고 합니다. 지영이는 친구들과 서로 다른 곳으로 갔고, 민호와 혜교, 재석이와 혜교도 각각 서로 다른 곳으로 갔습니다. 놀이공원에 같이 간 두 사람은 누구와 누구입니까?

( )

전략 지영이는 친구들과 서로 다른 곳으로 갔기 때문에 동물원이나 과학관 중 하나에 간 것입니다.

15

A, B, C 3명은 로봇, 인형, 점토, 게임기 중 2가지씩을 가지고 있고, 가지고 있지 않은 것을 가지고 싶어 합니다. C가 가지고 있는 장난감은 무엇과 무엇입니까?

- B와 A는 게임기를 가지고 싶어 합니다.
- C와 B는 로봇을 가지고 싶어 합니다.
- A와 C는 점토를 가지고 싶어 합니다.

( )

전략 C와 B는 로봇을 가지고 싶어 하므로 로봇을 가지고 있지 않습니다.

16 | HMC 경시 기출 유형 |

게임에서 A, B, C, D, E 5명의 등수가 1등부터 5등까지 정해졌습니다. A는 참말을 했고 나머지 학생들은 자신이 말한 두 가지 중 하나는 참말을, 다른 하나는 거짓말을 했습니다. 5등이 누구인지 구하시오.

A: 나보다 잘 하는 사람이 없고, C는 4등이 아닙니다.
B: 내가 2등이고, C가 1등입니다.
C: 내가 3등이고, A가 4등입니다.
E: 내가 4등이고, B가 1등입니다.

( )

전략 먼저 참말을 한 A의 등수를 구합니다.

VII 논리추론 문제해결 영역

조건에 맞는 문제 해결

17

순주, 영미, 현우가 다음과 같은 순서대로 구슬을 주고 받아서 모두 20개로 같아졌습니다. 세 명이 처음에 가지고 있던 구슬은 각각 몇 개입니까?

① 순주는 영미와 현우에게 각각 3개씩 주었습니다.
② 현우는 순주에게 1개를 주었습니다.

순주 (　　　　　　)
영미 (　　　　　　)
현우 (　　　　　　)

전략 현우가 순주에게 구슬 1개를 주기 전부터 거꾸로 생각해 봅니다.

18 | HMC 경시 기출 유형 |

다음 조건을 만족하는 수 중에서 가장 큰 수를 구하시오.

조건
• 연속한 다섯 개의 수입니다.
• 다섯 개의 수의 합은 145입니다.

(　　　　　　)

전략 연속한 다섯 개의 수는 □, □+1, □+2, □+3, □+4입니다.

19

다음과 같은 순서대로 계산한 결과는 얼마인지 구하시오.

① 한 자리 수를 생각해 봅니다.
② 그 수에 3을 더합니다.
③ 계산한 결과에 2배를 합니다.
④ 계산한 결과에서 처음 생각한 수를 2번 뺍니다.

(　　　　　　)

전략 처음에 생각한 한 자리 수를 □라고 하고 순서대로 계산해 봅니다.

20

수지네 반 여학생들이 강강술래를 하려고 합니다. 출석번호 순서대로 손을 잡고 일정한 간격으로 서서 원을 만들었습니다. 출석번호가 3번인 수지와 12번인 지혜가 원에서 서로 마주 보고 있었다면 수지네 반 여학생은 모두 몇 명입니까?

(　　　　　　)

전략 수지와 지혜 사이에 있는 학생 수는 양쪽이 같아야 합니다.

21

두 사람이 12개의 구슬을 번갈아 가면서 한 개나 두 개의 구슬을 가져가는 게임을 하려고 합니다. 마지막에 구슬을 가져가는 사람이 진다고 할 때, 게임을 항상 이기려면 어떻게 해야 하는지 설명하시오.

전략 마지막 12번째 구슬을 가져가면 지므로 11번째 구슬을 가져가야 이깁니다.

22

주사위는 마주 보는 두 면의 눈의 수의 합이 7입니다. 다음 그림에서 주사위를 화살표 방향으로 한 칸씩 굴려 ㉠칸까지 왔습니다. 색칠된 6개의 칸에 맞닿은 주사위의 면의 눈의 수의 합을 구하시오.

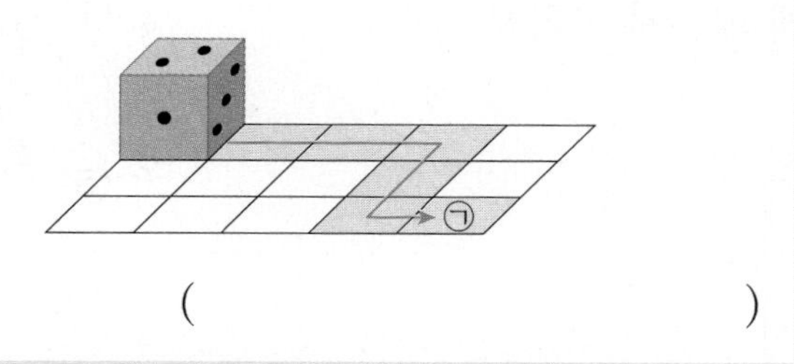

(　　　　　　　　)

전략 눈의 수가 3인 면과 마주 보는 면의 눈의 수는 4입니다.

23

| 성대 경시 기출 유형 |

두 사람이 번갈아 가면서 수를 말합니다. 먼저 말하는 사람은 1 또는 2를 말할 수 있고 다음 사람은 먼저 말한 사람의 수에 1이나 2를 더한 수를 말할 수 있습니다. 마지막에 31을 말하는 사람이 이긴다고 할 때, 항상 이기려면 어떻게 해야 하는지 설명하시오.

전략 31을 말하는 사람이 이기므로 거꾸로 생각해 봅니다.

24

두 사람이 35개의 바둑돌을 번갈아 가면서 한 개나 두 개의 바둑돌을 가져가는 게임을 하려고 합니다. 마지막에 바둑돌을 가져가는 사람이 진다고 할 때, 게임을 항상 이기려면 어떤 규칙으로 바둑돌을 가져가야 하는지 설명하시오.

전략 마지막 바둑돌을 가져가지 않으려면 어떻게 해야 하는지 생각해 봅니다.

STEP 3 코딩 유형 문제

＊논리추론 문제해결 영역에서의 코딩
논리추론 문제해결 영역에서의 코딩 문제는 주어진 조건에 따라 논리의 전개가 어떤 규칙을 가지고 변하는 지를 찾는 문제입니다. 암호나 게임 문제 속에서 규칙적인 변화를 찾아 문제를 해결하면서 코딩 문제의 새로운 유형을 익힙니다.

1 다음과 같은 순서대로 글자를 바꾸어 간다면 마지막에 어떤 글자가 나오게 되는지 구하시오.

①	love
②	①의 알파벳을 각각 오른쪽으로 2만큼 이동합니다.
③	②의 결과에서 알파벳을 거꾸로 배열합니다.
④	③의 결과에서 첫 번째와 세 번째 알파벳을 각각 왼쪽으로 1만큼 이동합니다.
⑤	④의 결과에서 두 번째와 네 번째 알파벳을 각각 오른쪽으로 2만큼 이동합니다.
⑥	⑤의 결과에서 알파벳을 거꾸로 배열합니다.

(　　　　　　　　　　)

▶ 알파벳을 오른쪽으로 2만큼 이동하면 a → c, b → d, c → e가 됩니다.

2 8명이 원 모양의 탁자에 둘러앉아 있습니다. 처음에는 각자의 가슴에 달린 번호표와 의자에 있는 번호표가 같은 곳에 앉았습니다. 다음 • 규칙 • 에 따라 움직일 때 5번은 몇 번 의자에 앉게 되는지 구하시오. (단, 번호 순서대로 의자가 놓여 있습니다.)

• 규칙 •
←: 시계 방향으로 1칸씩 이동
→: 시계 방향으로 2칸씩 이동
⇔: 마주 보고 있는 사람 바꾸기

→ — ⇔ — → — ⇔ — ←

(　　　　　　　　　　)

▶ 처음에 앉아 있는 모습은 다음과 같습니다.

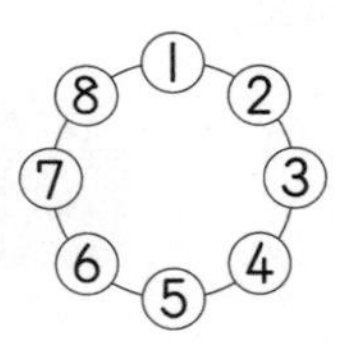

3 다음 단계를 순서대로 거쳐서 나오는 수를 구하시오.

[단계 1] 1부터 연속된 수를 차례로 더합니다.
[단계 2] 단계 1에서 나온 값을 두 배 합니다.
[단계 3] 단계 1에서 더한 수의 개수로 나눕니다.
[단계 4] 100보다 작은 수 중 가장 큰 수를 구합니다.

( )

▶ 1부터 연속된 수는 2, 3, 4, 5, 6……이 나올 수 있습니다.

4 천재와 영재는 가위바위보를 해서 계단 오르기를 하고 있습니다. 가위로 이기면 1칸, 바위로 이기면 2칸, 보로 이기면 3칸을 올라가고, 지면 어느 경우든 상관없이 1칸만 내려오고 비기면 이동하지 않습니다. 다음과 같은 과정을 7번 반복하면 천재와 영재는 몇 칸 차이가 나게 되는지 구하시오. (단, 10번째 계단에서 시작합니다.)

천재	영재
가위	바위
보	보
바위	가위
바위	보
바위	가위

( )

▶ 천재가 가위를, 영재가 바위를 내면 천재는 1칸 아래로, 영재는 2칸 위로 이동합니다.

STEP 4 도전! 최상위 문제

생활 속 문제

1 윗접시저울을 2번 사용하여 모양과 크기가 같은 금화 여러 개 중에서 무거운 금화 1개를 골라내려고 합니다. 금화가 최대 몇 개까지 있으면 골라낼 수 있습니까? (단, 무거운 금화 1개를 제외한 나머지 금화의 무게는 같습니다.)

(　　　　　　　　　　)

창의・사고

2 학생들이 입구에서 방까지 가는데 갈림길이 나오면 반으로 똑같이 나누어 길을 따라 갔습니다. 학생들이 모두 방 ㉠, ㉡에 들어갔을 때 방 ㉠에 있는 학생은 90명이었습니다. 처음에 입구로 들어간 학생은 모두 몇 명입니까?

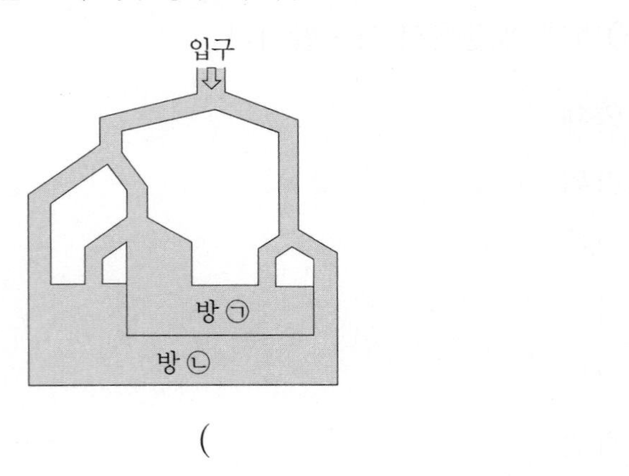

(　　　　　　　　　　)

창의·사고

3 다음과 같은 규칙으로 암호를 만들었을 때, 수학을 뜻하는 mathematics를 암호로 바꾸시오.

암호 해독표

암호	1	2	3	4	5	……
해독	a	b	c	d	e	……

창의·사고

4 친구 4명이 3, 6, 9 게임을 합니다. 게임 규칙에 따라 가장 먼저 게임을 시작하는 친구는 29까지 박수를 몇 번 쳐야 합니까?

규칙
- 1부터 차례로 수를 외칩니다.
- 일의 자리 숫자가 3, 6, 9이면 박수를 칩니다.
- 10이나 20은 박수를 2번 칩니다.

(　　　　　　　　)

VII 논리추론 문제해결 영역

창의·융합

5 다음은 빈칸을 두 종류의 막대로 채우고, 그 모양을 장단으로 표현한 것입니다. 가로가 1칸인 막대를 '덩' 막대, 가로가 2칸인 막대를 '기덕' 막대라고 합니다. 장단으로 9칸을 채울 수 있는 방법은 모두 몇 가지입니다까?

〈빈칸을 채우는 방법〉	〈장단으로 표현하는 방법〉
⇨ ● ●	덩덩
⇨ ～	기덕

( )

창의·사고

6 어떤 수를 《조건》에 따라 C−D−A−B−E의 순서대로 바꾸었더니 2467이 되었습니다. 어떤 수를 구하시오.

조건
A: 천의 자리 숫자와 백의 자리의 숫자를 바꿉니다.
B: 백의 자리 숫자와 십의 자리의 숫자를 바꿉니다.
C: 십의 자리 숫자와 일의 자리의 숫자를 바꿉니다.
D: 일의 자리 숫자와 천의 자리의 숫자를 바꿉니다.
E: 모든 자리의 숫자를 거꾸로 씁니다.
예 1234 → 4321

( )

창의 · 사고

7 A, B, C, D, E 5명은 1학년부터 5학년까지의 학생들입니다. 한 학년에 한 명씩 있을 때, 각 학년에 해당하는 학생을 구하시오.

A: 나는 5학년이 아닙니다.
B: 나는 1학년이 아닙니다.
C: 나는 1학년도 5학년도 아닙니다.
D: 나는 B보다 더 높은 학년입니다.
C: 나는 B와 위아래 학년이 아닙니다.
E: 나는 C와 위아래 학년이 아닙니다.

1학년	2학년	3학년	4학년	5학년

생활 속 문제

8 두 사람이 20개의 성냥개비를 번갈아 가면서 가져가려고 합니다. 한 번에 1개에서 3개까지 가져갈 수 있습니다. 마지막에 가져가는 사람이 이긴다고 할 때, 게임을 반드시 이기려면 어떻게 해야 하는지 설명하시오.

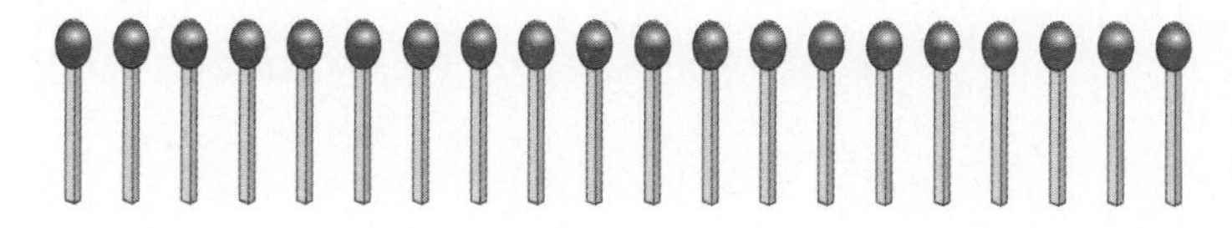

VII 논리추론 문제해결 영역

정답은 64쪽에

영재원 · **창의융합** 문제

❖ 휴대 전화로 문자를 보낼 때 어떤 숫자 버튼을 누르냐에 따라 글자가 다르게 만들어집니다. 천지인 사용법을 읽고 물음에 답하시오. (**9**~**10**)

1 〈ㅣ〉	2 〈·〉	3 〈ㅡ〉
4 〈ㄱ, ㅋ, ㄲ〉	5 〈ㄴ, ㄹ〉	6 〈ㄷ, ㅌ, ㄸ〉
7 〈ㅂ, ㅍ, ㅃ〉	8 〈ㅅ, ㅎ, ㅆ〉	9 〈ㅈ, ㅊ, ㅉ〉
*	0 〈ㅇ, ㅁ〉	#

• 천지인 사용법

(1) 자음은 각 숫자 버튼을 한 번 누르면 첫 번째 문자가 나오고 2번 누르면 두 번째 문자가 나옵니다. 3번 누르면 첫 번째 문자의 쌍자음이 나옵니다.

(2) 모음은 1, 2를 차례로 누르면 'ㅏ'가 나오고 2, 1을 차례로 누르면 'ㅓ'가 나옵니다. 또한 이중 모음은 2를 2번 누르면 됩니다.
예를 들어 '223'을 누르면 'ㅛ'가 됩니다.

9 '81255120'을 누르면 어떤 글자가 나오는지 쓰시오.

( )

10 '수학 천재'라는 글자가 나오기 위해서는 어떤 숫자 버튼을 눌러야 하는지 쓰시오.

최고를 꿈꾸는 아이들의 수준 높은 상위권 문제집!

한 가지 이상 해당된다면 **최고수준** 해야 할 때!

- 응용과 심화 중간단계의 학습이 필요하다면? ······ 최고수준S
- 처음부터 너무 어려운 심화서로 시작하기 부담된다면? ······ 최고수준S
- 창의·융합 문제를 통해 사고력을 폭넓게 기르고 싶다면? ······ 최고수준
- 각종 경시대회를 준비 중이거나 준비 할 계획이라면? ······ 최고수준

천재교육

1등급 비밀!

최강 TOT

TOP OF THE TOP
초등 수학

정답과 풀이

3학년

3단계

최강
TOT

정답과 풀이

정답과 풀이

I 수 영역

STEP 1 경시 기출 유형 문제 8~9쪽

[주제 학습 1] 4982

1 2988	2 12

[확인 문제] [한 번 더 확인]

1-1 4612	1-2 22개
2-1 9400원	2-2 9640원
3-1 4842	3-2 9878

1 100이 26이면 2600이고, 10이 34이면 340이고, 1이 48이면 48입니다.
각 자리 숫자를 알아보면 일의 자리는 8, 십의 자리는 4+4=8, 백의 자리는 6+3=9, 천의 자리는 2입니다.
따라서 조건에 맞는 수는 2988입니다.

2 5274는 1000이 5, 100이 2, 10이 7, 1이 4인 수입니다.
그런데 1000이 4이므로 백의 자리에서 받아올림이 있어야 합니다.
따라서 100이 2가 아니라 12가 되어야 합니다.

[확인 문제] [한 번 더 확인]

1-1 백 모형이 43개이면 4300이고, 십 모형이 28개이면 280이고, 낱개 모형이 32개이면 32입니다.
따라서 주어진 수 모형을 모두 합치면
4300+280+32=4612입니다.

다른 풀이

백 모형 43개 ⇨ 천 모형 4개와 백 모형 3개
십 모형 28개 ⇨ 백 모형 2개와 십 모형 8개
낱개 모형 32개 ⇨ 십 모형 3개와 낱개 모형 2개
수 모형을 모두 합치면 천 모형 4개, 백 모형 3+2=5(개), 십 모형 8+3=11(개), 낱개 모형 2개이고, 십 모형 11개는 또 다시 백 모형 1개와 십 모형 1개로 바꿀 수 있습니다.
따라서 천 모형 4개, 백 모형 6개, 십 모형 1개, 낱개 모형 2개이므로 4612입니다.

참고

낱개 모형 10개는 십 모형 1개와 같고, 십 모형 10개는 백 모형 1개와 같고, 백 모형 10개는 천 모형 1개와 같습니다.

1-2 천 모형 5개는 5000이고, 백 모형 15개는 1500이고, 낱개 모형 27개는 27입니다. 따라서 주어진 수 모형으로 5000+1500+27=6527을 만들 수 있습니다.
6747을 만들기 위해서는 220만큼의 수 모형이 필요하고, 이것은 십 모형 22개입니다.

2-1 1000원짜리 지폐가 3장이면 3000원, 500원짜리 동전이 5개이면 2500원, 100원짜리 동전이 39개이면 3900원입니다.
따라서 성수가 모은 돈은 모두
3000+2500+3900=9400(원)입니다.

참고

(100원짜리 동전 10개)=(1000원짜리 지폐 1장)
(500원짜리 동전 2개)=(1000원짜리 지폐 1장)

2-2 지희가 모은 돈은 1000원짜리 지폐가 5장이므로 5000원, 500원짜리 동전이 3개이므로 1500원, 100원짜리 동전이 23개이므로 2300원, 10원짜리 동전이 84개이므로 840원입니다.
따라서 지희가 모은 돈은 모두
5000+1500+2300+840=9640(원)입니다.

3-1 [조건 1]에서 4000보다 크고 5000보다 작은 수이므로 천의 자리 숫자는 4입니다.
[조건 2]에서 백의 자리 숫자는 천의 자리 숫자의 두 배라고 했으므로 8입니다.
[조건 3]에서 십의 자리 숫자와 일의 자리 숫자의 곱이 백의 자리 숫자라고 했으므로 곱해서 8이 되는 경우를 찾으면 1×8과 2×4입니다.
[조건 4]에서 십의 자리 숫자에서 일의 자리 숫자를 빼면 2라고 했으므로 십의 자리 숫자는 4, 일의 자리 숫자는 2입니다.
따라서 조건에 맞는 네 자리 수는 4842입니다.

3-2 [조건 1]에서 십의 자리 숫자가 7이고, [조건 3]에서 백의 자리 숫자가 십의 자리 숫자보다 크고 천의 자리 숫자보다 작다고 했으므로 백의 자리 숫자는 8 또는 9가 되어야 합니다. 백의 자리 숫자가 9가 되면 천의 자리 숫자보다 작을 수가 없기 때문에 백의 자리 숫자는 8이고, 천의 자리 숫자는 9입니다.
[조건 2]에서 백의 자리 숫자와 일의 자리 숫자가 같다고 했으므로 일의 자리 숫자도 8입니다.
따라서 조건에 맞는 네 자리 수는 9878입니다.

STEP 1 경시 **기출 유형** 문제 10~11쪽

[주제 학습 2] 2386

1 4075 **2** 6개

[확인 문제] [한 번 더 확인]

1-1 7개 **1-2** 18개

2-1 9703 **2-2** 8725

3-1 17가지 **3-2** 93개

1 0<4<5<7이고, 천의 자리에 0은 올 수 없으므로 가장 작은 수는 4057입니다.
따라서 두 번째로 작은 수는 가장 작은 네 자리 수의 십의 자리와 일의 자리의 숫자를 바꾼 4075입니다.

2 □ 안에 0부터 9까지의 숫자를 차례대로 넣어 봅니다.
□ 안에 0을 넣으면 1206<1238이므로 식이 성립하지 않습니다.
□ 안에 1을 넣으면 1216<1238이므로 식이 성립하지 않습니다.
□ 안에 2를 넣으면 1226<1238이므로 식이 성립하지 않습니다.
□ 안에 3을 넣으면 1236<1238이므로 식이 성립하지 않습니다.
□ 안에 4를 넣으면 1246>1238이므로 식이 성립합니다.
따라서 □ 안에 들어갈 수 있는 숫자는 4와 같거나 4보다 큰 수이므로 4, 5, 6, 7, 8, 9입니다. ⇨ 6개

다른 풀이

12□6과 1238의 천, 백의 자리 숫자가 같고 일의 자리 숫자는 6<8이므로 12□6이 더 크려면 □ 안에는 3보다 큰 수가 들어가야 합니다.

[확인 문제] [한 번 더 확인]

1-1 □ 안에 9부터 0까지의 숫자를 차례대로 넣어 봅니다.
□ 안에 9를 넣으면 3917>3702이므로 식이 성립하지 않습니다.
□ 안에 8을 넣으면 3817>3702이므로 식이 성립하지 않습니다.
□ 안에 7을 넣으면 3717>3702이므로 식이 성립하지 않습니다.
□ 안에 6을 넣으면 3617<3702이므로 식이 성립합니다.
따라서 □ 안에 들어갈 수 있는 숫자는 6과 같거나 6보다 작은 수이므로 6, 5, 4, 3, 2, 1, 0입니다. ⇨ 7개

1-2 6952보다 크면서 7000을 넘지 않는 수 중 백의 자리 숫자와 일의 자리 숫자가 같은 수는 69★9입니다. 이때 ★에 들어갈 수 있는 수는 5, 6, 7, 8, 9로 모두 5개입니다.
7000과 같거나 크고 7124보다 작은 수 중 백의 자리 숫자와 일의 자리 숫자가 같은 수는 70★0 또는 71★1입니다.
70★0의 경우는 ★에 0부터 9까지 10개가 들어갈 수 있고, 71★1의 경우는 ★에 0, 1, 2로 3개가 들어갈 수 있습니다.
따라서 모두 5+10+3=18(개)입니다.

2-1 가장 큰 수는 높은 자리에 큰 수부터 차례대로 놓아야 합니다.
9>7>3>0이므로 가장 큰 수는 9730입니다.
두 번째로 큰 수는 가장 큰 수의 십의 자리와 일의 자리 숫자를 바꾸면 되므로 9703입니다.

참고

①<②<③<④일 때 가장 큰 네 자리 수는 ④③②①이고, 두 번째로 큰 네 자리 수는 ④③①②입니다.

2-2 8>7>5>2>1이므로 만들 수 있는 가장 큰 네 자리 수는 8752입니다. 두 번째로 큰 수는 5장의 카드 중 사용하지 않았던 한 장의 카드를 일의 자리에 놓으면 됩니다.
따라서 두 번째로 큰 수는 8751입니다.
세 번째로 큰 수는 가장 큰 네 자리 수의 십의 자리와 일의 자리 숫자를 바꾼 8725입니다.

3-1 5㉠38이 56㉡2보다 작으려면 ㉠은 6이거나 6보다 작아야 합니다. 각 경우에 따라 ㉠>㉡인 ㉡을 찾아봅니다.
㉠이 6인 경우: ㉡은 4, 5이면 성립합니다. − 2가지
㉠이 5인 경우: ㉡은 0, 1, 2, 3, 4이면 성립합니다. − 5가지
㉠이 4인 경우: ㉡은 0, 1, 2, 3이면 성립합니다. − 4가지
㉠이 3인 경우: ㉡은 0, 1, 2이면 성립합니다. − 3가지
㉠이 2인 경우: ㉡은 0, 1이면 성립합니다. − 2가지
㉠이 1인 경우: ㉡은 0이면 성립합니다. − 1가지
따라서 ㉠>㉡인 경우는 모두
2+5+4+3+2+1=17(가지)입니다.

3-2 3300보다 작은 네 자리 수이기 때문에 천의 자리 숫자가 1, 2, 3인 경우로 나누어 생각합니다.

① 천의 자리 숫자가 1인 경우는 1㉠7㉡에서 ㉠>㉡인 경우를 모두 구합니다.

㉠이 1인 경우: ㉡은 0이면 성립합니다. – 1가지

㉠이 2인 경우: ㉡=0, 1이면 성립합니다. – 2가지

㉠이 3인 경우: ㉡은 0, 1, 2이면 성립합니다. – 3가지……

따라서 ㉠이 1부터 9까지인 경우를 모두 알아보면 $1+2+3+4+\cdots\cdots+9=45$(가지)입니다.

② 천의 자리 숫자가 2인 경우는 천의 자리 숫자가 1인 경우와 마찬가지로 45가지입니다.

③ 천의 자리 숫자가 3인 경우는 3170, 3270, 3271로 3가지 경우만 있습니다.

따라서 3300보다 작고 십의 자리 숫자가 7인 네 자리 수 중에서 백의 자리 숫자가 일의 자리 숫자보다 큰 수는 모두 $45+45+3=93$(개)입니다.

STEP 1 경시 **기출 유형** 문제 12~13쪽

[주제 학습 3] 4개

1 3개

[확인 문제] [한 번 더 확인]

1-1 (수직선: 5, 5.3, 6, A, B, 7, 7.6, 8; +0.8, −0.9) ; 6.1, 6.7

1-2 (수직선: 2, 2.4, 3, A, B, 4, 4.2, 5; $+\frac{7}{10}$, $-\frac{5}{10}$) ; 3.1, 3.7

2-1 0.9, 1.8　　2-2 114개

3-1 지현, 지애, 지수　　3-2 132.1 cm

1 분수를 소수로 나타내면 $4\frac{3}{10}=4.3$, $\frac{8}{10}=0.8$, $\frac{15}{10}=1.5$, $3\frac{9}{10}=3.9$, $\frac{40}{10}=4$입니다.

주어진 수들의 크기를 비교하면

$0.6<0.8<1.5<2.7<3.7<3.9<4<4.3<7.2$

이므로 2.7보다 크고 $4.3(=4\frac{3}{10})$보다 작은 수는 3.7, $3\frac{9}{10}$, $\frac{40}{10}$으로 모두 3개입니다.

[확인 문제] [한 번 더 확인]

1-1 수직선에서 숫자와 숫자 사이가 똑같이 10칸으로 나누어져 있으므로 작은 눈금 한 칸의 크기는 0.1입니다.

5.3보다 0.8 큰 수는 5.3에서 오른쪽으로 8칸을 가면 됩니다. 따라서 A는 6.1입니다.

7.6보다 0.9 작은 수는 7.6에서 왼쪽으로 9칸을 가면 됩니다. 따라서 B는 6.7입니다.

1-2 $\frac{7}{10}=0.7$이므로 A는 2.4에서 오른쪽으로 7칸 이동하면 되고, $\frac{5}{10}=0.5$이므로 B는 4.2에서 왼쪽으로 5칸 이동하면 됩니다.

따라서 A는 3.1이고 B는 3.7입니다.

2-1 $\frac{8}{10}<\square<2.7$은 $0.8<\square<2.7$이고, $\frac{6}{10}<\square<1.9$는 $0.6<\square<1.9$입니다.

세 범위의 공통 범위는 $0.8<\square<1.9$이므로 □ 안에 공통으로 들어갈 수 있는 가장 작은 소수 한 자리 수는 0.9이고 가장 큰 소수 한 자리 수는 1.8입니다.

2-2 $\frac{3}{10}<\square<11.8$은 $0.3<\square<11.8$이므로 0.4부터 11.7까지의 소수 한 자리 수를 구하면 됩니다.

소수점 왼쪽의 수가 0인 경우는 0.4부터 0.9까지 6개입니다.

소수점 왼쪽의 수가 1인 경우는 10개이고 소수점 왼쪽의 수가 1부터 10까지 모두 10개씩 있으므로 100개입니다.

소수점 왼쪽의 수가 11인 경우는 11.0부터 11.7까지이므로 8개입니다.

따라서 모두 $6+100+8=114$(개)입니다.

3-1 지현이의 연필은 11 cm보다 0.8 cm 더 길므로 11.8 cm이고, 지애의 연필은 12 cm보다 $\frac{6}{10}$ cm(=0.6 cm) 더 짧으므로 11.4 cm이고, 지수의 연필은 10 cm보다 11 mm(=1.1 cm) 더 길므로 11.1 cm입니다.

따라서 긴 연필을 가지고 있는 사람부터 차례대로 이름을 쓰면 지현(11.8 cm)>지애(11.4 cm)>지수(11.1 cm)입니다.

3-2 현욱이는 승현이의 키 131.4 cm보다 $\frac{9}{10}$ cm(=0.9 cm) 더 크다고 했으므로 131.3 cm입니다.
준승이는 현욱이의 키 131.3 cm보다 0.8 cm 더 크다고 했으므로 132.1 cm입니다.

STEP 1 경시 기출 유형 문제 14~15쪽

[주제 학습 4] 희정, 1권

1 $\frac{3}{5}$ 　 2 $\frac{8}{25}$

[확인 문제] [한 번 더 확인]

1-1 10개 　 1-2 40개
2-1 6개 　 2-2 36개
3-1 $\frac{7}{8}$ 　 3-2 $4\frac{1}{11}$

1 45명의 학생들을 9명씩 한 모둠으로 만들면 45÷9=5(모둠)이 됩니다.
9×3=27이므로 27명은 3모둠입니다.
따라서 27명은 전체 5모둠 중의 3모둠이므로 전체의 $\frac{3}{5}$입니다.

2 전체 칸의 수를 위에서부터 세어 보면 1, 3, 5, 7, 9이므로 전체 칸은 1+3+5+7+9=25(칸)입니다.
그중 색칠된 칸은 8칸입니다.
따라서 색칠된 부분은 25칸 중의 8칸이므로 전체의 $\frac{8}{25}$입니다.

[확인 문제] [한 번 더 확인]

1-1 70개의 $\frac{5}{7}$는 70개를 7묶음 한 것 중 5묶음입니다.
전체 70개를 7묶음으로 만들면 한 묶음에는 70÷7=10(개)씩 들어갑니다.
따라서 5묶음은 10×5=50(개)이므로 50개를 친구들에게 나누어 주고 남은 사탕은 70−50=20(개)입니다.
20개를 동생과 똑같이 나누어 가졌으므로 세호는 20÷2=10(개)를 가지게 됩니다.

1-2 천수와 성재가 딴 사과 56개를 7묶음으로 만들면 한 묶음에는 56÷7=8(개)씩 들어갑니다.
천수는 7묶음 중에서 한 묶음을 땄으므로 8개를 땄고, 성재는 7묶음 중에서 6묶음을 땄으므로 8×6=48(개)를 땄습니다.
따라서 성재는 천수보다 사과를 48−8=40(개) 더 많이 땄습니다.

2-1 진분수는 분모가 분자보다 커야 하므로 3장의 숫자 카드를 모두 사용하여 진분수를 만들려면 분모가 두 자리 수, 분자가 한 자리 수가 되어야 합니다.
따라서 만들 수 있는 진분수는 $\frac{2}{57}$, $\frac{2}{75}$, $\frac{5}{27}$, $\frac{5}{72}$, $\frac{7}{25}$, $\frac{7}{52}$로 모두 6개입니다.

2-2 ① 분모가 두 자리 수인 경우:
$\frac{17}{89}$, $\frac{17}{98}$, $\frac{18}{79}$, $\frac{18}{97}$, $\frac{19}{78}$, $\frac{19}{87}$, $\frac{71}{89}$, $\frac{71}{98}$, $\frac{78}{91}$, $\frac{79}{81}$, $\frac{81}{97}$, $\frac{87}{91}$ ⇨ 12개
② 분모가 세 자리 수인 경우:
분자가 9일 때 $\frac{9}{178}$, $\frac{9}{187}$, $\frac{9}{718}$, $\frac{9}{781}$, $\frac{9}{817}$, $\frac{9}{871}$로 6개이고, 분자가 8, 7, 1인 경우도 각각 6개씩입니다. ⇨ 6×4=24(개)
따라서 만들 수 있는 진분수는 모두 12+24=36(개)입니다.

3-1 첫째가 한 조각, 둘째가 두 조각, 셋째가 네 조각을 먹었으므로 삼 형제가 먹은 피자는 1+2+4=7(조각)입니다.
전체를 똑같이 8조각으로 나눈 것 중의 7조각을 먹었으므로 분수로 나타내면 $\frac{7}{8}$입니다.

3-2 분자가 1씩 커지는 규칙이므로 첫 번째부터 9번째까지 늘어놓은 분수는 $\frac{1}{11}$, $\frac{2}{11}$, $\frac{3}{11}$, $\frac{4}{11}$, ……, $\frac{9}{11}$입니다.
따라서 합은 $\frac{1}{11}+\frac{2}{11}+\frac{3}{11}+\cdots\cdots+\frac{9}{11}$
$=\frac{1+2+3+4+5+6+7+8+9}{11}=\frac{45}{11}=4\frac{1}{11}$
입니다.

STEP 2 실전 경시 문제 16~21쪽

1 7, 7, 5 2 1733
3 3012
4 3505, 3516, 3527, 3538, 3549
5 9741, 9740, 9714, 9710, 9704
6 24개 7 14개
8 120개 9 5732
10 80개 11 36개
12 11개 13 ㉡, ㉢, ㉠
14 24개 15 ㉣
16 목성, 토성, 천왕성 17 5.1 m
18 36 cm 19 140명
20 $\frac{45}{196}$ 21 미현, 준석, 안나
22 $3\frac{5}{6}$ 23 $\frac{3}{7}$ 24 $\frac{16}{17}$

1 100이 24이면 1000이 2이고 100이 4입니다.
10이 37이면 100이 3이고 10이 7입니다.
따라서 1000이 ㉠, 100이 24, 10이 37, 1이 5이면 1000이 ㉠+2, 100이 4+3=7, 10이 7, 1이 5이므로 9㉡7㉢에서 천의 자리 숫자는 ㉠+2=9, ㉠=7이고, 백의 자리 숫자는 7=㉡, 일의 자리 숫자는 5=㉢입니다.

2 혜주와 재은이가 가지고 있는 수 모형을 합치면 백 모형은 6+7=13(개), 십 모형은 12+25=37(개), 낱개 모형은 28+35=63(개)입니다.
백 모형 10개는 천 모형 1개이고, 십 모형 30개는 백 모형 3개이고, 낱개 모형 60개는 십 모형 6개와 같습니다.
각 모형을 바꿔서 정리하면 천 모형 1개, 백 모형 3+3=6(개), 십 모형 7+6=13(개), 낱개 모형 3개입니다.
이때 십 모형 10개를 다시 백 모형 1개로 바꾸면 천 모형 1개, 백 모형 7개, 십 모형 3개, 낱개 모형 3개이므로 1733입니다.

참고
(낱개 모형 10개)=(십 모형 1개)
(십 모형 10개)=(백 모형 1개)
(백 모형 10개)=(천 모형 1개)

3 0이 들어가면서 가장 작은 네 자리 수를 만들려면 백의 자리 숫자가 0이 되어야 합니다.
각 자리의 숫자가 모두 다르고 가장 높은 자리인 천의 자리 숫자가 나머지 자리 숫자의 합과 같아야 하는데 천의 자리 숫자가 작아야 가장 작은 수를 만들 수 있으므로 나머지 자리의 숫자도 작아야 합니다.
십의 자리와 일의 자리에 1과 2를 넣으면 천의 자리 숫자는 3이 됩니다.
따라서 조건을 모두 만족하는 수 중에서 가장 작은 수는 3012입니다.

4 천의 자리 숫자가 3이고 백의 자리 숫자가 5이므로 어떤 수는 35■●로 나타낼 수 있습니다.
이 수의 십의 자리 숫자와 일의 자리 숫자를 바꾸면 35●■입니다.
35●■−35■●=45에서 ●■−■●=45이므로 ●는 4보다 커야 합니다.
그러므로 ●■−■●=45에서 ●에 5부터 숫자를 넣어 봅니다.
●=5일 때 50−05=45이므로 ■=0입니다.
●=6일 때 61−16=45이므로 ■=1입니다.
●=7일 때 72−27=45이므로 ■=2입니다.
●=8일 때 83−38=45이므로 ■=3입니다.
●=9일 때 94−49=45이므로 ■=4입니다.
따라서 어떤 수를 모두 구하면 3505, 3516, 3527, 3538, 3549입니다.

5 가장 큰 네 자리 수를 만들려면 높은 자리에 큰 수부터 차례대로 놓아야 합니다.
9>7>4>1>0이므로 가장 큰 수는 9741이고, 두 번째로 큰 수는 9740, 세 번째로 큰 수는 9714, 네 번째로 큰 수는 9710, 다섯 번째로 큰 수는 9704입니다.

주의
두 번째로 큰 수는 가장 큰 수의 십의 자리와 일의 자리 숫자를 바꾼 수가 아님에 주의합니다.

6 천의 자리 숫자가 5인 경우를 생각하면 5921, 5912, 5291, 5219, 5192, 5129로 모두 6개가 나옵니다. 9, 2, 1이 각각 천의 자리 숫자일 때도 각각 6개씩 나오므로 만들 수 있는 네 자리 수는 모두 6×4=24(개)입니다.

7 2를 세 번 사용하는 경우:
2221, 2212, 2122, 1222 — 4개
2를 두 번 사용하는 경우:
2211, 2121, 2112, 1221, 1212, 1122—6개
2를 한 번 사용하는 경우:
2111, 1211, 1121, 1112 — 4개
따라서 만들 수 있는 네 자리 수는 모두
$4+6+4=14$(개)입니다.

8 천의 자리 숫자가 5이고 백의 자리 숫자가 4인 네 자리 수를 만들어 보면 5432, 5431, 5423, 5421, 5413, 5412로 모두 6개입니다.
천의 자리 숫자가 5, 백의 자리 숫자가 3, 2, 1인 경우도 각각 6개씩입니다.
따라서 천의 자리 숫자가 5인 네 자리 수는
$6\times4=24$(개)이고 천의 자리 숫자가 1부터 5까지 5가지이므로 모두 $24\times5=120$(개)입니다.

9 $7>5>3>2$이므로 가장 큰 수부터 쓰면 7532 — 7523 — 7352 — 7325 — 7253 — 7235 — 5732입니다.
따라서 만들 수 있는 수 중에서 7번째로 큰 수는 5732입니다.

10 4198<4□□7에서 두 수의 천의 자리 숫자가 같고 일의 자리 숫자는 8이 7보다 크므로 □□는 19보다 커야 합니다.
따라서 20부터 99까지의 수가 들어갈 수 있으므로 식을 만족하는 4□□7은 모두 $99-20+1=80$(개)입니다.

11 4500보다 크고 6700보다 작으려면 천의 자리 숫자는 5 또는 6만 가능합니다.
천의 자리 숫자가 5이고 백의 자리 숫자가 8인 경우는 5876, 5872, 5867, 5862, 5827, 5826으로 6개이고, 천의 자리 숫자가 5이고 백의 자리 숫자가 7, 6, 2인 경우도 각각 6개씩이므로 조건에 맞는 수 중 천의 자리 숫자가 5인 수는 모두 $6\times4=24$(개)입니다.
천의 자리 숫자가 6인 경우는 백의 자리 숫자가 5, 2인 경우만 가능합니다. 천의 자리 숫자가 6이고 백의 자리 숫자가 5, 2인 경우도 각각 6개씩이므로 조건에 맞는 수 중 천의 자리 숫자가 6인 수는 $6\times2=12$(개)입니다.
따라서 모두 $24+12=36$(개)입니다.

12 백의 자리 숫자가 7이고 4791보다 작은 네 자리 수는 천의 자리 숫자가 1인 경우와 4인 경우로 나누어 생각합니다.
천의 자리 숫자가 1이고 백의 자리 숫자가 7인 경우는 1794, 1790, 1749, 1740, 1709, 1704로 6개입니다.
천의 자리 숫자가 4이고 백의 자리 숫자가 7인 경우는 4790, 4719, 4710, 4709, 4701로 5개입니다.
따라서 모두 $6+5=11$(개)입니다.

13 ㉠: 1000이 4이면 4000, 100이 7이면 700, 10이 15이면 150, 1이 27이면 27이므로
$4000+700+150+27=4877$입니다.
㉡: $5>4>1>0$이므로 천의 자리부터 큰 숫자를 차례대로 놓으면 만들 수 있는 가장 큰 네 자리 수는 5410입니다.
㉢: 4500에서 200씩 4번 뛰어 세기를 하면
4500 — 4700 — 4900 — 5100 — 5300
입니다.
따라서 $5410>5300>4877$이므로 ㉡>㉢>㉠입니다.

14 0과 3 사이에 있는 분모가 12인 분수는
$\frac{1}{12}, \frac{2}{12}, \cdots\cdots, \frac{12}{12}(=1)$,
$\frac{13}{12}, \frac{14}{12}, \cdots\cdots, \frac{24}{12}(=2)$,
$\frac{25}{12}, \frac{26}{12}, \cdots\cdots, \frac{35}{12}$이고, 이 중에서 가분수는
$\frac{12}{12}, \frac{13}{12}, \cdots\cdots, \frac{35}{12}$이므로 모두 24개입니다.
수직선 위에 분모가 12인 분수 중 0과 3 사이에 있는 가분수를 점으로 표시하면 다음과 같습니다.

0 1 2 3

15 ㉠ $3+\frac{7}{10}$은 $3\frac{7}{10}$이고 $3\frac{7}{10}=3.7$입니다.
㉡ $\frac{1}{10}$이 43개이면 4.3입니다.
㉢ 4와 0.9만큼은 4.9입니다.
㉣ 0.1이 40개이면 4입니다.
⇨ 3.7(㉠) < 4(㉣) < 4.3(㉡) < 4.9(㉢)
따라서 두 번째로 작은 수는 ㉣ 4입니다.

16 $\frac{4}{10}=0.4$, $\frac{94}{10}=9.4$

$0.4<0.5<0.9<1<3.9<4<9.4<11.2$이므로 해왕성보다 큰 행성은 천왕성(4), 토성($\frac{94}{10}$), 목성(11.2)입니다.

17 B의 길이는 A의 길이인 4.8 m보다 0.6 m 더 길므로 5.4 m입니다.

C의 길이는 B의 길이인 5.4 m보다 $\frac{3}{10}$ m(=0.3 m) 더 짧으므로 5.1 m입니다.

18 짧은 도막이 전체 길이의 $\frac{3}{7}$이므로 전체를 똑같이 7로 나눈 것 중의 3과 같습니다. 그러므로 긴 도막은 전체를 똑같이 7로 나눈 것 중의 4이므로 전체의 $\frac{4}{7}$입니다.

긴 도막의 길이는 48 cm이고 $\frac{4}{7}$는 $\frac{1}{7}$이 4개이므로 48 cm를 4로 나눈 12 cm가 전체의 $\frac{1}{7}$입니다.

따라서 짧은 도막은 $\frac{1}{7}$이 3개이므로 $12\times3=36$ (cm)입니다.

19 $\frac{3}{5}$은 $\frac{1}{5}$이 3개이고 정훈이네 반 남학생이 18명이므로 18을 3으로 똑같이 나누면 정훈이네 반 학생 수의 $\frac{1}{5}$은 6명입니다. 그러므로 정훈이네 반 학생은 $6\times5=30$(명)입니다.

30명이 3학년 학생 수의 $\frac{3}{14}$이므로 $\frac{1}{14}$은 $30\div3=10$(명)입니다.

따라서 정훈이네 학교 3학년 학생은 모두 $10\times14=140$(명)입니다.

20

오목판은 가로 14칸, 세로 14칸이므로 전체 칸의 개수는 모두 $14\times14=196$(칸)입니다.

지금까지 바둑돌을 놓은 칸의 수는 $1+2+3+4+5+6+7+8=36$(칸)이고 같은 규칙으로 흰 바둑돌을 한 번 더 놓으면 바둑돌이 놓인 칸의 수는 $36+9=45$(칸)입니다.

따라서 바둑돌이 놓인 칸의 수는 196칸 중에서 45칸이므로 전체의 $\frac{45}{196}$입니다.

21 준석이와 안나가 먹은 피자의 양을 비교해 봅니다.

$\frac{1}{6}$과 $\frac{1}{8}$은 단위분수이므로 분모가 작을수록 더 큰 수입니다. 그러므로 $\frac{1}{6}$을 먹은 준석이가 안나보다 더 많이 먹었습니다.

준석이와 미현이가 먹은 피자의 양을 비교해 봅니다.

$\frac{1}{6}$과 $\frac{2}{6}$는 분모가 같으므로 분자가 더 클수록 더 큰 수입니다. 그러므로 $\frac{2}{6}$를 먹은 미현이가 준석이보다 더 많이 먹었습니다.

따라서 피자를 많이 먹은 사람부터 차례대로 이름을 쓰면 미현, 준석, 안나입니다.

22 정희는 을 5개 가지고 있으므로 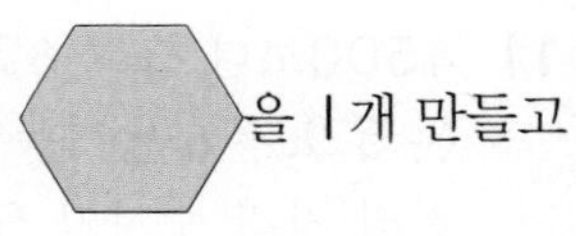 을 2개 만들고 이 1개 남습니다. 용식이는 을 8개 가지고 있으므로 을 1개 만들고 이 2개 남습니다.

정희와 용식이가 가지고 있는 모든 조각은

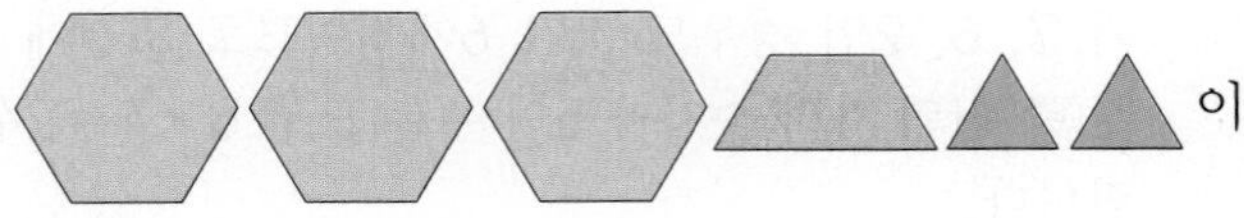

이 됩니다.

은 $\frac{1}{6}$을 나타내고, 은 이 3개인 것과 같으므로 $\frac{3}{6}$으로 나타낼 수 있습니다.

따라서 두 사람이 가지고 있는 모든 조각은 $3\frac{5}{6}$입니다.

23 ㉮ 물병에 ㉯ 물병의 $\frac{4}{7}$만큼의 물을 옮겨 담았더니 $\frac{6}{7}$이 되었으므로 물을 옮겨 담기 전의 ㉮ 물병의 물의 양은 $\frac{6}{7}-\frac{4}{7}=\frac{2}{7}$입니다. 처음 물의 양 $\frac{5}{7}$에서 현철이가 마시고 난 후에 물의 양이 $\frac{2}{7}$가 되었으므로 현철이가 마신 물의 양은 전체의 $\frac{5}{7}-\frac{2}{7}=\frac{3}{7}$입니다.

24 분자가 분모보다 커질 때까지 분자는 3씩 커지고 분모는 1씩 커지게 하면 $\frac{1}{8}$ − $\frac{4}{9}$ − $\frac{7}{10}$ − $\frac{10}{11}$ − $\frac{13}{12}$ 입니다.

$\frac{13}{12}$은 분자가 분모보다 크므로 분자와 분모를 바꾸어 또 같은 과정을 반복하면 $\frac{12}{13}$ − $\frac{15}{14}$입니다.

$\frac{15}{14}$는 분자가 분모보다 크므로 또 다시 분자와 분모를 바꾸어 같은 과정을 반복하면 $\frac{14}{15}$ − $\frac{17}{16}$입니다.

$\frac{17}{16}$은 분자가 분모보다 크므로 분자와 분모를 바꾸면 $\frac{16}{17}$입니다.

따라서 분자와 분모를 3번 바꾼 때의 분수는 $\frac{16}{17}$입니다.

STEP 3 코딩 유형 문제 22~23쪽

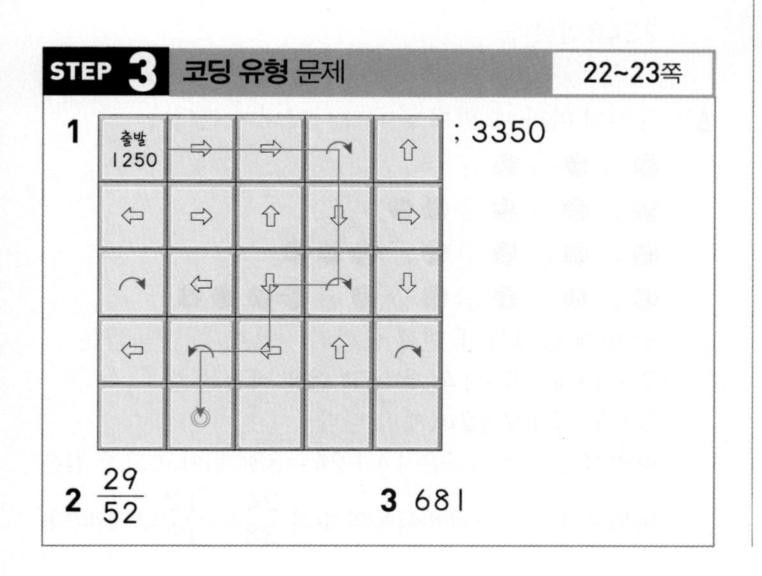

1 1250 ⇨ 1350 ⇨ 1450 ⇩ 2450 ⇩ 3450
(100 큰 수, 100 큰 수, 1000 큰 수, 1000 큰 수)
3450 ⇦ 3350(◎)
(100 작은 수)

2 주어진 과정을 1번 진행하여 규칙을 알아봅니다.
분자: 17 < 16 ≫ 21 ∧ 21 < 20
(1 작은 수, 5 큰 수, 같은 수, 1 작은 수)
분모: 28 ≫ 33 ∧ 33 > 34 ∧ 34
(5 큰 수, 같은 수, 1 큰 수, 같은 수)
주어진 과정을 1번 진행했을 때 분자는 3만큼 커지고, 분모는 6만큼 커집니다.
따라서 같은 과정을 4번 반복하면 분자는 $3\times4=12$만큼 커지고 분모는 $6\times4=24$만큼 커지므로 $\frac{17+12}{28+24}=\frac{29}{52}$가 나옵니다.

3 796을 기계에 넣으면 일의 자리 숫자(6)가 짝수이므로 백의 자리 숫자는 1을 더한 $7+1=8$이 되고, 십의 자리 숫자는 2를 뺀 $9-2=7$이 되고, 일의 자리 숫자는 반으로 나눈 $6\div2=3$이 됩니다. 즉, 873이 됩니다.
873을 다시 기계에 넣으면 일의 자리 숫자(3)가 홀수이므로 백의 자리 숫자는 2를 뺀 $8-2=6$이 되고, 십의 자리 숫자는 1을 더한 $7+1=8$이 되고, 일의 자리 숫자는 1을 빼고 반으로 나눈 $3-1=2$, $2\div2=1$이 됩니다. 즉, 681이 됩니다.

STEP 4 도전! 최상위 문제 24~27쪽

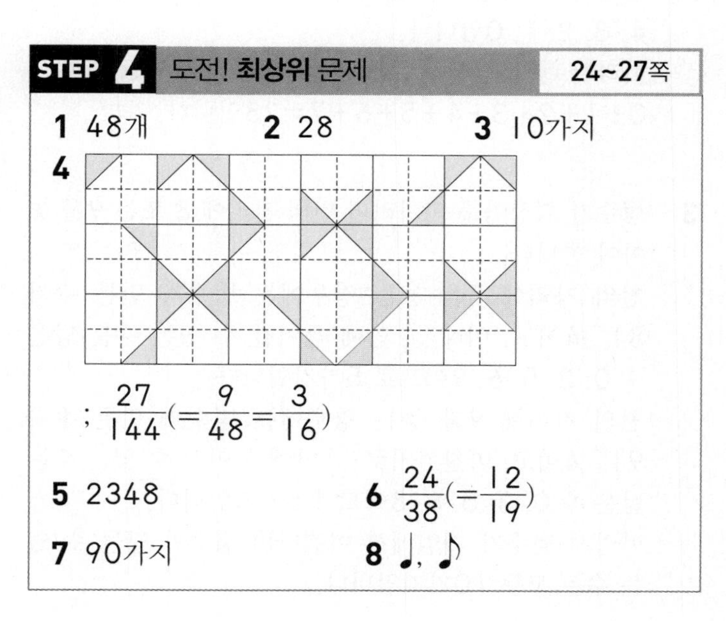

정답과 풀이 / 수 영역

1 가장 작은 대분수가 되려면 자연수 부분에 가장 작은 2를 놓고 분자 부분에는 두 번째로 작은 3을 놓아야 합니다.

따라서 가장 작은 대분수는 $2\frac{3}{7}$입니다.

가장 큰 대분수가 되려면 자연수 부분에 가장 큰 9를 놓고 분자 부분에는 분모인 7보다 작은 수 중에서 가장 큰 3을 놓아야 합니다.

따라서 가장 큰 대분수는 $9\frac{3}{7}$입니다.

$2\frac{3}{7}$을 가분수로 고치면 $2\frac{3}{7}=2+\frac{3}{7}=\frac{14}{7}+\frac{3}{7}=\frac{17}{7}$, $9\frac{3}{7}$을 가분수로 고치면 $9\frac{3}{7}=9+\frac{3}{7}=\frac{63}{7}+\frac{3}{7}=\frac{66}{7}$ 입니다.

$\frac{17}{7}$과 $\frac{66}{7}$ 사이에 분모가 7인 가분수는 $\frac{18}{7}$, $\frac{19}{7}$, ……, $\frac{65}{7}$로 모두 $65-18+1=48$(개)가 있습니다.

2 ㉠에 9부터 0까지의 숫자를 넣어 봅니다.
㉠에 9를 넣으면 $5998>5893$이므로 식이 성립하지 않습니다.
㉠에 8을 넣으면 $5898>5883$이므로 식이 성립하지 않습니다.
㉠에 7을 넣으면 $5798<5873$이므로 식이 성립합니다.
㉠에 6, 5, 4, 3, 2, 1, 0을 넣어도 모두 식이 성립하므로 ㉠에 공통으로 들어갈 수 있는 숫자는 7, 6, 5, 4, 3, 2, 1, 0입니다.
따라서 ㉠에 공통으로 들어갈 수 있는 숫자들의 합은 $0+1+2+3+4+5+6+7=28$입니다.

3 범수가 희정이를 이기려면 천의 자리에 8 또는 9를 놓아야 합니다.
천의 자리에 8을 놓는 경우에는 범수가 만든 수가 81□4이고, 이때 □ 안에 들어갈 수 있는 수는 남은 수 0, 3, 5, 6, 9이므로 5가지입니다.
천의 자리에 9를 놓는 경우에는 범수가 만든 수가 91□4이고, 마찬가지로 □ 안에 들어갈 수 있는 수는 남은 수 0, 3, 5, 6, 8이므로 5가지입니다.
따라서 범수가 게임에서 이겼다면 범수가 만들 수 있는 수는 모두 10가지입니다.

4 4개씩 묶은 정사각형 모양을 살펴보면 삼각형이 하나 있는 정사각형 모양은 오른쪽으로 한 칸 건너뛸 때마다 와 같이 돌리는 규칙이 있고, 삼각형이 2개 있는 정사각형 모양은 오른쪽으로 한 칸 건너뛸 때마다 와 같이 돌리는 규칙이 있습니다.

따라서 빈 곳에 알맞은 모양을 차례대로 구하면 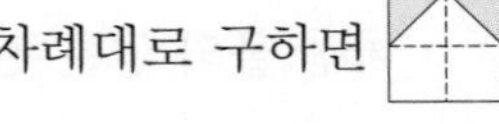

을 와 같이 돌린 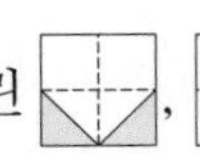, 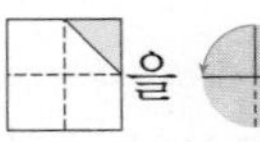을 와 같이 돌린

, 을 와 같이 돌린 입니다.

색칠된 작은 직각삼각형 2개는 작은 정사각형 1개와 같습니다.
전체는 작은 정사각형 72개이므로 작은 직각삼각형 $72\times2=144$(개)와 같습니다.
색칠된 부분은 작은 직각삼각형 27개이므로 색칠된 부분은 전체의 $\frac{27}{144}(=\frac{9}{48}=\frac{3}{16})$입니다.

5 지원이가 가진 5장의 카드로 가장 큰 네 자리 수를 만들려면 높은 자리에 큰 수부터 차례대로 놓아야 하므로 가장 작은 수를 사용하지 않게 됩니다.
지원이가 만들 수 있는 가장 큰 수가 7651이므로 지원이가 사용하지 않은 나머지 수는 1보다 작은 0이 됩니다.
지원이가 가지고 있는 숫자 카드는 0, 1, 5, 6, 7이므로 수진이가 가지고 있는 숫자 카드는 2, 3, 4, 8, 9입니다.
따라서 수진이가 만들 수 있는 가장 작은 네 자리 수는 2348입니다.

6 규칙에 따라 네 번째 줄까지 나타내어 봅니다.

●○●○●
●○●○●○●●
●○●○●○●○●●●
●○●○●○●○●○●●●●

첫 번째 줄에서 네 번째 줄까지 사용한 흰 바둑돌은 $2+3+4+5=14$(개)이고 검은 바둑돌은 $3+5+7+9=24$(개)입니다.
따라서 전체 바둑돌은 $14+24=38$(개)이고 그중 검은 바둑돌의 수는 전체 바둑돌의 수의 $\frac{24}{38}(=\frac{12}{19})$가 됩니다.

7 ① 자리에 숫자 1이 들어가는 경우:

③ 자리에 1이 들어가면 $\frac{②}{③}$는 진분수가 될 수 없으므로 대분수를 만들 수 없습니다.
③ 자리에 2가 들어가면 ② 자리에 들어갈 수 있는 수는 1입니다. — 1가지
③ 자리에 3이 들어가면 ② 자리에 들어갈 수 있는 수는 1, 2입니다. — 2가지
③ 자리에 4가 들어가면 ② 자리에 들어갈 수 있는 수는 1, 2, 3입니다. — 3가지
③ 자리에 5가 들어가면 ② 자리에 들어갈 수 있는 수는 1, 2, 3, 4입니다. — 4가지
③ 자리에 6이 들어가면 ② 자리에 들어갈 수 있는 수는 1, 2, 3, 4, 5입니다. — 5가지

따라서 ① 자리에 1이 들어갈 때 ①$\frac{②}{③}$가 대분수인 경우는 모두 15가지이고, ① 자리에 1부터 6까지의 숫자가 들어갈 수 있으므로 모두 $15\times6=90$(가지)입니다.

8 한 마디에 들어가는 음표의 길이를 $\frac{4}{4}=1$이라고 하면

♩는 $\frac{1}{4}$, ♪는 $\frac{1}{8}$, 𝅗𝅥는 $\frac{1}{2}$을 나타냅니다.

♩.는 $\frac{1}{4}$과 $\frac{1}{4}$의 반만큼인 $\frac{1}{8}$을 더한 길이이므로 첫 번째 마디에서 ♩♩.♪는 $\frac{1}{4}+\frac{1}{4}+\frac{1}{8}+\frac{1}{8}$을 나타냅니다.

$\frac{1}{4}+\frac{1}{4}+\frac{1}{8}+\frac{1}{8}=\frac{1}{4}+\frac{1}{4}+(\frac{1}{8}+\frac{1}{8})=\frac{1}{4}+\frac{1}{4}+\frac{2}{8}$

$=\frac{1}{4}+\frac{1}{4}+\frac{1}{4}=\frac{3}{4}$이므로 1이 되려면 ㉠에 들어갈 음표의 길이는 $1-\frac{3}{4}=\frac{4}{4}-\frac{3}{4}=\frac{1}{4}$이 되어야 합니다.

따라서 ㉠에 들어갈 음표는 ♩입니다.

세 번째 마디에서 ♩♪♪♩.는 $\frac{1}{4}+\frac{1}{8}+\frac{1}{8}+\frac{1}{4}+\frac{1}{8}$을 나타냅니다.

$\frac{1}{4}+\frac{1}{8}+\frac{1}{8}+\frac{1}{4}+\frac{1}{8}=\frac{2}{8}+\frac{1}{8}+\frac{1}{8}+\frac{2}{8}+\frac{1}{8}=\frac{7}{8}$이므로 1이 되려면 ㉡에 들어갈 음표의 길이는

$1-\frac{7}{8}=\frac{8}{8}-\frac{7}{8}=\frac{1}{8}$이 되어야 합니다.

따라서 ㉡에 들어갈 음표는 ♪입니다.

참고

♩.(점4분음표): ♩의 길이와 ♩의 반만큼의 길이인 ♪의 길이를 더한 길이입니다.
𝅗𝅥.(점2분음표): 𝅗𝅥의 길이와 𝅗𝅥의 반만큼의 길이인 ♩의 길이를 더한 길이입니다.

특강 영재원 · **창의융합** 문제 28쪽

9 예

① ②

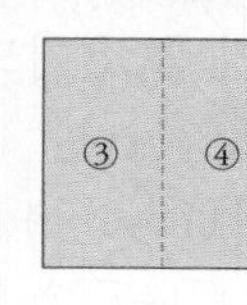

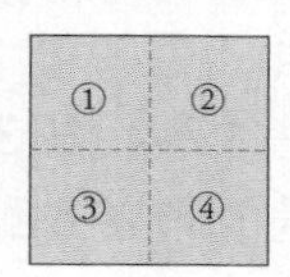

; 3덩어리를 먼저 $\frac{1}{2}$씩 나눕니다. 그리고 $\frac{1}{2}$씩 나눈 것을 4명에게 하나씩 나누어 주고 남은 것을 다시 반씩 나눈 $\frac{1}{4}$씩 나누어 주면 됩니다.

따라서 한 사람당 $\frac{1}{2}$과 $\frac{1}{4}$씩 나누어 주어야 합니다.

10 예

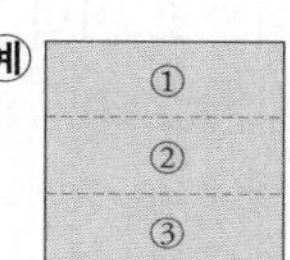

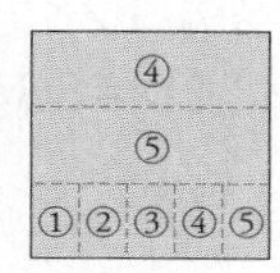

; 2덩어리를 5명이 가져가야 하므로 최대한 큰 덩어리로 나누려면 2덩어리를 $\frac{1}{3}$씩 6개로 나누어 하나씩 나누어 주고 남은 $\frac{1}{3}$을 다시 5등분한 $\frac{1}{15}$씩 나누어 주면 됩니다.

따라서 한 사람당 $\frac{1}{3}$과 $\frac{1}{15}$씩 나누어 주어야 합니다.

10 최대한 큰 덩어리로 나누려고 하므로 2덩어리를 각각 똑같이 2로 나누어 보면 네 조각이 되어 5명이 똑같이 가질 수 없습니다.

2덩어리를 각각 똑같이 3으로 나누면 5명이 $\frac{1}{3}$씩 가져가고 $\frac{1}{3}$만큼 남으므로 남은 것을 사람 수인 5로 나누어 각각 하나씩 가져가면 됩니다.

즉, 한 사람당 $\frac{1}{3}$과 $\frac{1}{15}$씩 가져가게 됩니다.

Ⅱ 연산 영역

STEP 1 경시 기출 유형 문제 30~31쪽

[주제 학습 5] 389

1 564　　2 534명

[확인 문제] [한 번 더 확인]

1-1 189　　1-2 454
2-1 48명　　2-2 은영이네 밭, 35개
3-1 54　　3-2 981

1 큰 수와 작은 수의 차가 305이므로 작은 수를 □라 하면 큰 수는 □+305입니다.
두 수를 더하면 823이므로 □+□+305=823,
□+□=823−305, □+□=518,
□=518÷2, □=259입니다.
따라서 두 수 중 작은 수는 259이고,
큰 수는 259+305=564입니다.

2 작년 3월의 세정이네 학교 학생 중 97명이 전학을 갔으므로 전학 간 학생 수를 빼면 503−97=406(명)이고, 전학을 온 학생이 128명이므로 전학 온 학생 수를 더하면 406+128=534(명)입니다.

[확인 문제] [한 번 더 확인]

1-1 큰 수를 두 번 더하면 684이므로 큰 수는
684÷2=342입니다.
큰 수와 작은 수의 차가 153이므로 작은 수는
342−153=189입니다.

참고
(작은 수)=(큰 수)−(두 수의 차)
=342−153=189

1-2 작은 수를 □라 하면 큰 수와 작은 수의 차가 288이므로 큰 수는 □+288입니다.
큰 수에 작은 수를 두 번 더한 수가 786이므로
□+288+□+□=786, □+□+□=786−288,
□+□+□=498, □=498÷3, □=166입니다.
따라서 큰 수는 166+288=454입니다.

2-1 광주역에서 내린 승객 수를 빼면 1097−259=838(명)입니다. 다시 몇 명이 더 타서 886명이 되었으므로 광주역에서 탄 승객을 □명이라 하면
838+□=886, □=886−838, □=48입니다.

2-2 지효네 밭은 무 700개 중에서 587개를 수확했으므로 700−587=113(개)를 수확하지 못했고, 은영이네 밭은 800개 중에서 652개를 수확했으므로 800−652=148(개)를 수확하지 못했습니다.
따라서 수확하지 못한 무는 은영이네 밭이
148−113=35(개) 더 많습니다.

3-1 어떤 세 자리 수의 십의 자리 숫자와 일의 자리 숫자를 바꾸어 새로 만든 수에 385를 더했더니 1024가 되었으므로 새로 만든 수는 1024−385=639입니다.
처음 수는 새로 만든 수인 639의 십의 자리 숫자와 일의 자리 숫자를 바꾸면 되므로 693입니다.
따라서 처음 수와 새로 만든 수의 차는
693−639=54입니다.

3-2 어떤 세 자리 수의 일의 자리 숫자와 백의 자리 숫자를 바꾼 수와 처음 수의 합이 1170입니다.
이때, 1170의 일의 자리 숫자가 0이므로 어떤 수의 백의 자리 숫자와 일의 자리 숫자의 합이 10이 되어야 합니다.
그중 가장 큰 수가 되려면 백의 자리 숫자는 9가 되고 일의 자리 숫자는 1이 되어야 합니다.
9□1+1□9=1170이고 일의 자리 계산에서 받아올림이 있고 백의 자리 계산에서도 십의 자리에서 받아올림한 수가 있으므로 십의 자리 계산에서
1+□+□=17, □+□=16, □=8입니다.
따라서 어떤 세 자리 수가 될 수 있는 수 중 가장 큰 수는 981입니다.

다른 풀이
어떤 세 자리 수를 ㉠㉡㉢이라 하면 일의 자리 숫자와 백의 자리 숫자를 바꾼 수는 ㉢㉡㉠입니다.

```
   ㉠ ㉡ ㉢
 + ㉢ ㉡ ㉠
 ─────────
 1  1  7  0
```

㉢+㉠=10이므로 ㉠=9, ㉢=1일 때 ㉠㉡㉢이 가장 큰 수가 될 수 있습니다.

```
   9 ㉡ 1
 + 1 ㉡ 9
 ────────
 1 1  7 0
```

일의 자리 계산에서 받아올림이 있고, 백의 자리 계산에서도 십의 자리 계산에서 받아올림한 수가 있으므로 십의 자리 계산에서 1+㉡+㉡=17, ㉡+㉡=16, ㉡=8입니다. 따라서 어떤 세 자리 수가 될 수 있는 수 중 가장 큰 수는 981입니다.

STEP 1 경시 기출 유형 문제 32~33쪽

[주제 학습 6] 272 m

1 238 m 2 368개

[확인 문제] [한 번 더 확인]

1-1 1274컵 1-2 2016 m
2-1 58 2-2 5
3-1 468 3-2 89

1 가로수 15그루를 심었으므로 가로수 사이의 간격의 수는 $15-1=14$(군데)입니다.
따라서 첫 번째에 심은 가로수와 마지막에 심은 가로수 사이의 거리는 17 m씩 14군데이므로
$17\times14=238$ (m)입니다.

2 수연이가 딴 감귤은 $48\times3=144$(개)이고, 아버지가 딴 감귤은 $56\times4=224$(개)입니다.
따라서 수연이와 아버지가 딴 감귤은 모두
$144+224=368$(개)입니다.

[확인 문제] [한 번 더 확인]

1-1 일주일은 7일이므로 수근이가 1주 동안 마신 물은 $13\times7=91$(컵)입니다.
따라서 14주 동안 마신 물은 $91\times14=1274$(컵)입니다.

1-2 아파트 한 층에 같은 크기의 집이 3채가 있으므로 아파트 한 층에 있는 집을 도배하는 데 필요한 벽지는
$28\times3=84$ (m)입니다.
아파트 한 동은 24층까지 있으므로 아파트 한 동에 있는 집 전체를 도배하는 데 필요한 벽지는
$84\times24=2016$ (m)입니다.

2-1 ㉮, ㉯, ㉰는 서로 다른 한 자리 수이고 ㉮×㉯=36이므로 ㉮=4, ㉯=9 또는 ㉮=9, ㉯=4입니다.
㉯×㉰=24에서 ㉯=6, ㉰=4 또는 ㉯=4, ㉰=6 또는 ㉯=3, ㉰=8 또는 ㉯=8, ㉰=3입니다.
따라서 두 식에 공통으로 들어갈 수 있는 ㉯는 4이고, 이때 ㉮는 9, ㉰는 6입니다.
⇨ ㉮×㉰+㉯$=9\times6+4=54+4=58$

2-2 374의 백의 자리 숫자가 3이므로 374×□가 2000에 가깝게 만들려면 □ 안에 알맞은 수는 5, 6, 7 중 하나로 예상할 수 있습니다.
$374\times5=1870$이고, $374\times6=2244$입니다.
$2000-1870=130$, $2244-2000=244$이므로 2000에 가까운 곱은 1870이고, 이때 □ 안에 알맞은 수는 5입니다.

3-1 어떤 수를 □라 하면 잘못 계산한 식은 □÷6=13입니다.
□÷6=13에서 □=13×6, □=78이므로 어떤 수는 78입니다.
따라서 바르게 계산하면 $78\times6=468$입니다.

3-2 어떤 수에 7을 곱한 다음 8을 뺐더니 76이 되었으므로 거꾸로 생각하면 76에 8을 더한 다음 7로 나누면 어떤 수가 됩니다.
⇨ $76+8=84$, $84\div7=12$이므로 어떤 수는 12입니다.
따라서 바르게 계산하면 $12\times8=96$, $96-7=89$입니다.

STEP 1 경시 기출 유형 문제 34~35쪽

[주제 학습 7] 6개

1 10개 2 8명

[확인 문제] [한 번 더 확인]

1-1 48, 72 1-2 23
2-1 9개 2-2 21일
3-1 29 3-2 711

1 9로 나누었을 때 나머지가 3인 수를 □라 하면 □÷9=▲…3입니다.
따라서 검산을 이용하면 9×▲+3=□입니다.
이때 □가 두 자리 수인 경우의 개수를 구합니다.
$9\times1+3=12$(○), $9\times2+3=21$(○), ……,
$9\times10+3=93$(○), $9\times11+3=102$(×)
따라서 조건을 만족하는 수는 ▲가 1부터 10까지일 때이므로 모두 10개입니다.

2 사탕을 4개씩 6명에게 나누어 주었으므로 사탕 봉지에 든 사탕은 $4\times6=24$(개)입니다.
따라서 같은 개수를 3개씩 나누어 주면 최대
$24\div3=8$(명)에게 나누어 줄 수 있습니다.

[확인 문제] [한 번 더 확인]

1-1 먼저 나누는 수 3과 8 중 큰 수인 8로 나누어떨어지는 수를 구합니다.
30보다 크고 80보다 작은 수 중에서 8로 나누어떨어지는 수는 $8\times4=32$, $8\times5=40$, $8\times6=48$, $8\times7=56$, $8\times8=64$, $8\times9=72$입니다.
$32\div3=10\cdots2$, $40\div3=13\cdots1$, $48\div3=16$, $56\div3=18\cdots2$, $64\div3=21\cdots1$, $72\div3=24$이므로 3으로도 나누어떨어지는 수는 48과 72입니다.

1-2 먼저 나누는 수 4와 9 중 큰 수인 9로 나누어 5가 남는 수부터 구합니다.
20보다 크고 50보다 작은 수 중에서 9로 나누어 5가 남는 수는 9로 나누어떨어지는 수에 5를 더한 수와 같으므로 $9\times2+5=23$, $9\times3+5=32$, $9\times4+5=41$입니다.
$23\div4=5\cdots3$, $32\div4=8$, $41\div4=10\cdots1$이므로 4로 나누어 3이 남는 수는 23입니다.

2-1 정호가 가진 줄은 6 cm씩 6개이므로 $6\times6=36$ (cm)입니다.
따라서 유정이가 가지고 있는 줄도 36 cm이므로 4 cm씩 자르면 $36\div4=9$(개)가 됩니다.

2-2 7쪽씩 9일 동안 모두 풀었으므로 문제집은 $7\times9=63$(쪽)입니다. 63쪽을 하루에 3쪽씩 풀면 정석이는 $63\div3=21$(일) 만에 모두 풀 수 있습니다.

3-1 $20\div6=3\cdots2$, $21\div6=3\cdots3$, $22\div6=3\cdots4$, $23\div6=3\cdots5$, $24\div6=4$, $25\div6=4\cdots1$, $26\div6=4\cdots2$, $27\div6=4\cdots3$, $28\div6=4\cdots4$, $29\div6=4\cdots5$, $30\div6=5$
⇨ 〈20〉=2, 〈21〉=3, 〈22〉=4, 〈23〉=5, 〈24〉=0, 〈25〉=1, 〈26〉=2, 〈27〉=3, 〈28〉=4, 〈29〉=5, 〈30〉=0이므로
〈20〉+〈21〉+〈22〉+……+〈29〉+〈30〉
$=2+3+4+5+0+1+2+3+4+5+0=29$
입니다.

3-2 $84◎4=84\div4\times84=21\times84=1764$
$78☆3=78\times3\div2\times9=234\div2\times9$
$=117\times9=1053$
따라서 84◎4와 78☆3의 값의 차는
$1764-1053=711$입니다.

STEP 1 경시 기출 유형 문제 36~37쪽

[주제 학습 8] 1839
1 864

[확인 문제] [한 번 더 확인]

1-1 7529 **1-2** 7477
2-1 584 **2-2** 134
3-1 5가지 **3-2** 7144

1 (세 자리 수)−(세 자리 수)의 뺄셈식의 계산 결과를 가장 크게 만들려면 가장 큰 세 자리 수에서 가장 작은 세 자리 수를 빼는 뺄셈식을 만들어야 합니다.
주어진 숫자 카드로 만들 수 있는 가장 큰 세 자리 수는 987이고, 가장 작은 세 자리 수는 123이므로 계산 결과가 가장 큰 (세 자리 수)−(세 자리 수)의 뺄셈식은 $987-123$입니다.
⇨ $987-123=864$

[확인 문제] [한 번 더 확인]

1-1 만들 수 있는 가장 큰 네 자리 수는 8765이고, 두 번째로 큰 네 자리 수는 8764입니다.
만들 수 있는 가장 작은 네 자리 수는 1234이고, 두 번째로 작은 네 자리 수는 1235입니다.
⇨ $8764-1235=7529$

1-2 백의 자리 숫자가 7인 네 자리 수는 □7□□입니다.
이 중 가장 큰 수는 남은 자리 중 높은 자리에 큰 숫자부터 차례대로 놓으면 5743이고, 가장 작은 수는 남은 자리 중 높은 자리에 작은 숫자부터 차례대로 놓으면 1734입니다.
⇨ $5743+1734=7477$

2-1 만들 수 있는 식은 83×7, 87×3, 38×7, 37×8, 78×3, 73×8로 모두 6가지입니다.
(두 자리 수)×(한 자리 수)의 계산 결과가 가장 크려면 곱하는 한 자리 수를 가장 큰 수로 하고, 곱해지는 수의 십의 자리에 두 번째로 큰 수를 놓아야 합니다.
따라서 $8>7>3$이므로 곱이 가장 큰 경우는 73×8이고, 곱은 $73\times8=584$가 됩니다.

다른 풀이
만들 수 있는 식의 곱을 모두 구한 후 가장 큰 곱을 찾습니다.
$83\times7=581$, $87\times3=261$, $38\times7=266$, $37\times8=296$, $78\times3=234$, $73\times8=584$

2-2 (두 자리 수)×(한 자리 수)의 계산 결과가 가장 작으려면 주어진 네 장의 카드 중 가장 큰 숫자 카드를 제외한 세 장의 카드를 사용하여 곱하는 한 자리 수를 가장 작은 수로 하고, 곱해지는 수의 십의 자리에 두 번째로 작은 수를 놓아야 합니다.
따라서 9>7>6>2이므로 곱이 가장 작은 경우는 67×2이고, 계산하면 134입니다.

참고
주어진 숫자 카드로 만들 수 있는 곱이 가장 큰 (두 자리 수)×(한 자리 수)의 곱셈식은 76×9이고, 곱은 76×9=684입니다.

3-1 주어진 세 수로 만들 수 있는 식은 26×5, 25×6, 62×5, 65×2, 52×6, 56×2로 모두 6가지입니다.
26×5=130, 25×6=150, 62×5=310, 65×2=130, 52×6=312, 56×2=112
이 중에서 26×5와 65×2의 계산 결과가 130으로 같으므로 곱셈의 결과는 5가지가 나옵니다.

3-2 (두 자리 수)×(두 자리 수)의 계산 결과가 가장 크려면 곱하는 두 수의 높은 자리의 숫자를 크게 해야 하므로 곱하는 두 수의 십의 자리 숫자는 7과 9가 되어야 합니다. 일의 자리는 십의 자리 숫자가 9인 수와 곱해지는 수가 커야 하므로 남은 6, 4 중에서 6이 9와 곱해져야 합니다.
따라서 곱이 가장 큰 식은 76×94=7144입니다.

STEP 1 경시 **기출 유형** 문제 38~39쪽

[주제 학습 9]

$$\begin{array}{r} \boxed{3}\,8\,\boxed{6} \\ +\;6\,\boxed{9}\,5 \\ \hline 1\,0\,8\,1 \end{array}$$

1
$$\begin{array}{r} \boxed{7}\,3\,\boxed{1} \\ -\;2\,\boxed{8}\,8 \\ \hline 4\,4\,3 \end{array}$$

2
$$\begin{array}{r} 5\,\boxed{7} \\ \times\;\;4 \\ \hline \boxed{2}\,2\,8 \end{array}$$

[확인 문제] [한 번 더 확인]

1-1 1, 8, 5	**1-2** 2, 7, 3
2-1 4, 2, 8	**2-2** 7, 4, 2
3-1 6, 4, 1	**3-2** 7, 5, 9

1 일의 자리 계산에서 □−8의 일의 자리 숫자가 3이려면 십의 자리에서 받아내림해야 합니다.
⇨ □+10−8=3, □+2=3, □=1
일의 자리에 받아내림한 수가 있었으므로 십의 자리 계산에서 3−1−□의 일의 자리 숫자가 4이려면 백의 자리에서 받아내림해야 합니다.
⇨ 3−1+10−□=4, 12−□=4, □=8
십의 자리에 받아내림한 수가 있었으므로 백의 자리 계산에서 □−1−2=4, □=4+3=7입니다.
따라서 식을 완성하면 731−288=443입니다.

2 곱하는 두 수의 일의 자리끼리의 곱 □×4의 일의 자리 숫자가 8이므로 □는 2 또는 7입니다.
□=2인 경우 52×4=208이므로 곱의 십의 자리 숫자가 달라서 식이 성립하지 않습니다.
□=7인 경우 57×4=228이므로 식이 성립합니다. 이때 곱의 백의 자리 숫자는 2입니다.
따라서 식을 완성하면 57×4=228입니다.

[확인 문제] [한 번 더 확인]

1-1 일의 자리부터 각 자리의 계산식을 세워 ㉮, ㉯, ㉰에 알맞은 수를 구합니다.
일의 자리 계산: ㉰+7=12, ㉰=5
십의 자리 계산: 1+2+3=6
백의 자리 계산: 7+㉯=㉮5
⇨ ㉯는 한 자리 수이므로 7과 더하여 일의 자리 숫자가 5인 수를 찾으면 ㉯=8입니다.
7+8=15이므로 ㉮=1입니다.

1-2 일의 자리 계산: 2+10−㉰=9, 12−㉰=9, ㉰=3
십의 자리 계산: ㉯−1+10−9=7, ㉯=7
백의 자리 계산: 8−1−㉮=5, 7−㉮=5, ㉮=2

2-1 일의 자리끼리의 계산에서 ㉮×9의 일의 자리 숫자가 6이므로 ㉮=4입니다.
곱의 백의 자리 숫자가 9이므로 십의 자리끼리의 계산 3×㉯에서 ㉯는 2 또는 3이어야 합니다.
㉯=3인 경우 34×39=1326이므로 식이 성립하지 않습니다.
㉯=2인 경우 34×29=986이므로 식이 성립합니다.
따라서 ㉯=2, ㉰=8입니다.

정답과 풀이
연산 영역

2-2 ㉯2−4㉰=0이므로 ㉯=4, ㉰=2입니다.
6×㉮=4㉰에서 6×㉮=42이므로 ㉮=7입니다.

3-1 ㉮×3의 일의 자리 숫자가 8이므로 ㉮=6입니다.
26×㉯3의 계산 결과가 네 자리 수이면서 천의 자리, 백의 자리, 십의 자리 숫자가 모두 같은 경우를 찾아봅니다.
26×13=338(×), 26×23=598(×),
26×33=858(×), 26×43=1118(○)이므로
㉯=4, ㉰=1입니다.

3-2 ㉮×㉮=4㉰이므로 같은 수의 곱이 4㉰가 되는 경우를 찾으면 7×7=49뿐입니다.
따라서 ㉮=7, ㉰=9이고, ㉯1−49=2이므로
㉯=5입니다.

STEP 2 실전 경시 문제 40~47쪽

1 ㉡, ㉣, ㉠, ㉢
2 186개
3 1495
4

171	176	169
170	172	174
175	168	173

5 270원
6 144개
7 1481개
8 72명
9 138
10 803
11 390 m
12 374, 375, 376, 377
13 9
14 29 cm
15 179명
16 726, 279
17 1, 3, 9
18 806
19 237 킬로칼로리
20 272
21 441개
22 30개
23 31개
24 207
25 1716
26 5개
27 7
28 981
29 4, 7, 1, 2
30 3, 5, 7
31 18
32 16

1 ㉠ 424+397=821
㉡ 238+625=863
㉢ 546+273=819
㉣ 357+468=825
863>825>821>819이므로 ㉡>㉣>㉠>㉢입니다.

2 375+428=803이므로 803>□−169입니다.
□−169가 803보다 작아야 하므로
□는 803+169=972보다 작아야 합니다.
⇨ □<972
296+339=635이므로 1420−□<635입니다.
1420−□가 635보다 작아야 하므로
□는 1420−635=785보다 커야 합니다.
⇨ □>785
따라서 □의 공통 범위는 785<□<972이므로 □ 안에 공통으로 들어갈 수 있는 세 자리 수는 786, 787, ……, 971로 모두 971−786+1=186(개)입니다.

3 민지가 세운 식의 결과는
101+113+125+137+149=625이고,
준호가 세운 식의 결과는
150+162+174+186+198=870입니다.
따라서 두 결과를 더하면 625+870=1495입니다.

4 대각선(/) 3개의 수의 합은
175+172+169=347+169=516입니다.
가로 첫 번째 줄의 3개의 수의 합도 516이어야 하므로 빈칸에 알맞은 수는
516−171−169=345−169=176입니다.
세로 첫 번째 줄의 빈칸에 알맞은 수는
516−171−175=345−175=170입니다.
가로 두 번째 줄 맨 오른쪽 빈칸에 알맞은 수는
516−170−172=346−172=174입니다.
세로 두 번째 줄 맨 아래쪽 빈칸에 알맞은 수는
516−176−172=340−172=168입니다.
가로 세 번째 줄 맨 오른쪽 빈칸에 알맞은 수는
516−175−168=341−168=173입니다.

5 재석이가 과자를 사고 남은 돈은
1500−870=630(원)이므로 사탕을 사고 남은 돈은
630−360=270(원)입니다.

6 갓 태어난 아기의 뼈의 개수가 350개이고 어른의 뼈의 개수가 206개이므로 서로 붙어서 줄어드는 뼈의 개수는 350−206=144(개)입니다.

7 (트럭에 실은 인형의 수)
=(월요일에 생산한 인형의 수)
+(화요일에 생산한 인형의 수)
+(수요일에 생산한 인형의 수)
=486+487+508
=973+508=1481(개)

8 예실이네 학교 학생 중에서 체육을 좋아하는 학생 수와 수학을 좋아하는 학생 수를 더하면
348+297=645(명)이므로 전체 학생 수인 573명보다 많습니다.
따라서 두 과목을 모두 좋아하는 학생은
645−573=72(명)입니다.

9

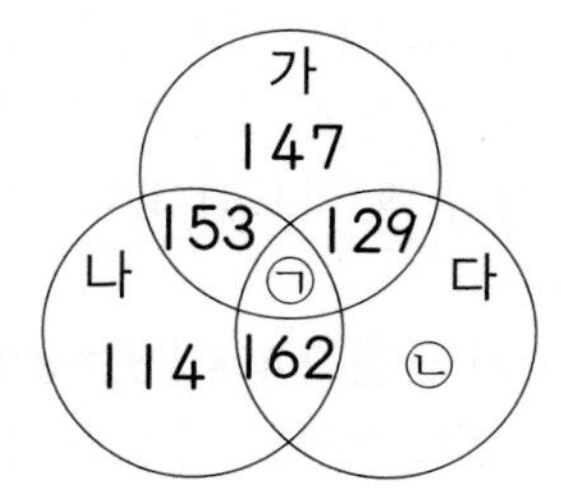

세 원을 각각 가, 나, 다라고 하면 원 가 안에 있는 네 수의 합은 147+153+㉠+129=300+㉠+129
=429+㉠입니다.
원 다 안에 있는 네 수의 합은 129+㉠+162+㉡
=291+㉠+㉡입니다.
따라서 429+㉠=291+㉠+㉡, 429=291+㉡,
㉡=429−291, ㉡=138입니다.

10 어떤 수를 □라 하고 잘못 계산한 식을 쓰면
□−189=425입니다.
□−189=425, □=425+189, □=614이므로
어떤 수는 614입니다.
따라서 바르게 계산하면 614+189=803입니다.

11 민호가 학교에서 집으로 갈 때까지 걸은 거리는 학교에서 편의점으로 간 거리(76 m), 편의점에서 다시 학교로 간 거리(76 m), 그리고 또 다시 학교에서 편의점으로 간 거리(76 m), 편의점에서 집으로 간 거리(162 m)를 모두 더하면 됩니다.
⇨ 76+76+76+162=152+76+162
=228+162=390 (m)

12 연속되는 4개의 자연수 중에서 가장 작은 수를 □라 하면 4개의 자연수를 각각 □, □+1, □+2, □+3으로 나타낼 수 있습니다.
이 수들의 합이 1502이므로
□+□+1+□+2+□+3=1502,
□+□+□+□+6=1502,
□+□+□+□=1496,
□=1496÷4=374입니다.
따라서 연속되는 4개의 자연수는 374, 375, 376, 377입니다.
⇨ 1502=374+375+376+377

13 일의 자리 숫자들의 합을 구하면
3+4+5+6+7+8+9+1+2=45이므로 십의 자리에 4를 받아올림해야 합니다.
십의 자리 숫자들의 합을 구하면
2+3+4+5+6+7+8+9+1=45이고 받아올림한 4를 더하면 49입니다.
따라서 백의 자리에 4를 받아올림해야 하고 십의 자리 숫자는 9가 됩니다.

다른 풀이
직접 앞에서부터 차례대로 모두 더하여 합의 십의 자리 숫자를 구합니다.
123+234+345+456+567+678+789+891+912=4995이고, 4995의 십의 자리 숫자는 9입니다.

14 다 막대의 길이는 137+49=186 (cm)입니다.
세 막대의 길이의 합은 137+98+186=421 (cm)이고 겹쳐서 연결한 전체 길이가 363 cm이므로 겹치는 부분의 길이의 합은 421−363=58 (cm)입니다.
따라서 겹치는 부분이 2군데이므로 겹치는 부분의 길이는 각각 58÷2=29 (cm)입니다.

15 3학년 여학생이 4학년 여학생보다 1명이 적고 3학년 남학생은 4학년 남학생보다 11명이 많으므로 전체적으로 보면 3학년 학생 수가 4학년 학생 수보다 10명이 많습니다.
4학년 학생 수를 □명이라 하면 3학년 학생 수는 (□+10)명이 됩니다.
3학년과 4학년의 전체 학생 수가 348명이므로
□+□+10=348, □+□=338,
□=338÷2=169입니다.
따라서 4학년 학생은 169명, 3학년 학생은
169+10=179(명)입니다.

16 큰 수의 일의 자리 숫자는 6이므로 ■▲6이라 놓고, 작은 수의 십의 자리 숫자는 7이므로 ●7★이라 놓습니다. 이때 ■>●입니다.

① 두 수의 합이 1005이므로
■▲6+●7★=1005입니다.
일의 자리 계산: 6+★=15, ★=9
십의 자리 계산: 1+▲+7=10, 8+▲=10, ▲=2
백의 자리 계산: 1+■+●=10, ■+●=9
합이 9가 되는 두 수(■, ●)는 (8, 1), (7, 2), (6, 3), (5, 4)가 있습니다.

② 두 수의 차가 447이므로
■▲6−●7★=447입니다.
이때, ★=9, ▲=2이므로 ■26−●79=447입니다.
십의 자리 계산을 할 때 백의 자리에서 받아내림을 했으므로 백의 자리 계산은 ■−●−1=4, ■−●=5입니다.
차가 5가 되는 두 수(■, ●)는 (6, 1), (7, 2), (8, 3), (9, 4)가 있습니다.

①, ②에서 조건을 모두 만족하는 ■와 ●를 찾으면 ■=7, ●=2입니다.
따라서 큰 수는 ■▲6=726이고,
작은 수는 ●7★=279입니다.

17 1부터 차례대로 곱해서 81이 되는 수를 찾으면
1×81=81, 3×27=81, 9×9=81, 27×3=81, 81×1=81입니다.
⇨ ㉮×㉯=81에서 ㉮가 될 수 있는 수는 1, 3, 9, 27, 81입니다.
곱해서 36이 되는 수를 찾으면
1×36=36, 2×18=36, 3×12=36, 4×9=36, 6×6=36, 9×4=36, 12×3=36, 18×2=36, 36×1=36입니다.
⇨ ㉮×㉰=36에서 ㉮가 될 수 있는 수는 1, 2, 3, 4, 6, 9, 12, 18, 36입니다.
따라서 두 식에서 ㉮가 될 수 있는 수 중 공통인 수를 찾아보면 ㉮가 될 수 있는 수는 1, 3, 9입니다.

참고

㉮는 81로도 나누어떨어지고, 36으로도 나누어떨어지는 수입니다.
어떤 수를 나누어떨어지게 하는 수를 그 수의 약수라고 합니다.
이 문제에서 ㉮는 81의 약수이자 36의 약수입니다.

18 두 수의 차가 5이므로 작은 수를 □라 하면 큰 수는 □+5입니다.
두 수를 더하면 □+□+5=57이므로 □+□=52, □=26입니다.
따라서 작은 수는 26, 큰 수는 26+5=31이므로 두 수의 곱은 26×31=806입니다.

19 탄수화물: 27×4=108 (킬로칼로리)
단백질: 12×4=48 (킬로칼로리)
지방: 9×9=81 (킬로칼로리)
따라서 모두 합하면 108+48+81=237 (킬로칼로리)이므로 이 과자를 먹으면 237 킬로칼로리의 에너지를 낼 수 있습니다.

참고

탄수화물, 단백질, 지방은 3대 영양소로 생물체의 영양에 가장 중요한 3가지 영양소입니다.

20 14부터 연속하는 6개의 수는 14, 15, 16, 17, 18, 19입니다. 마주 보는 면의 두 수의 합이 같아야 하므로 마주 보는 면의 두 수를 각각 짝 지으면 14와 19, 15와 18, 16과 17입니다.
따라서 마주 보는 면의 두 수의 곱은 14×19=266, 15×18=270, 16×17=272이므로 가장 큰 곱은 272입니다.

참고

- 합이 같은 두 수 중 곱이 가장 큰 경우는 두 수의 차가 가장 작을 때입니다.
- 합이 같은 두 수 중 곱이 가장 작은 경우는 두 수의 차가 가장 클 때입니다.

21 98÷7=14이고 19×24=456입니다.
14<□<456에서 □ 안에 들어갈 수 있는 자연수는 15부터 455까지이므로 1부터 455까지의 수 455개에서 1부터 14까지의 수 14개를 빼면 됩니다.
⇨ 455−14=441(개)

다른 풀이

15부터 455까지의 자연수의 개수는
455−15+1=440+1=441(개)입니다.

22 도로의 길이가 87 m이므로 가로등의 간격의 수는 87÷3=29(군데)입니다.
가로등의 수는 가로등의 간격의 수보다 1 크므로 가로등은 모두 29+1=30(개)가 설치되었습니다.

23 큰 수인 7로 나누었을 때 나머지가 3인 수를 구하면 10, 17, 24, 31, 38, 45……입니다.
이 중에서 4로 나누었을 때 나머지가 3인 가장 작은 수는 31이므로 선생님께서 나누어 주려는 초콜릿은 최소 31개입니다.

24 십의 자리 숫자와 일의 자리 숫자를 바꾼 두 자리 수와 9를 곱해서 나온 결과가 288이므로 9를 곱하기 전의 두 자리 수는 $288 \div 9 = 32$입니다.
32는 어떤 두 자리 수의 십의 자리 숫자와 일의 자리 숫자가 바뀐 것이므로 십의 자리 숫자와 일의 자리 숫자를 바꾸면 어떤 두 자리 수는 23입니다.
따라서 바르게 계산하면 $23 \times 9 = 207$입니다.

25 계산 결과가 가장 큰 식을 만들려면 더하는 두 수를 크게, 빼는 수를 가장 작게 해야 합니다.
따라서 앞의 더하는 두 수를 크게 하려면 백의 자리부터 큰 숫자를 써넣으면 되므로 $975 + 864 = 1839$이고 여기서 가장 작은 수인 123을 빼면 $1839 - 123 = 1716$입니다.
⇨ 가장 큰 계산 결과는 1716입니다.

26 2, 5로 두 자리 수를 만드는 경우:
$25 \div 7 = 3 \cdots 4$, $25 \div 4 = 6 \cdots 1$, $52 \div 7 = 7 \cdots 3$,
$52 \div 4 = 13$ ⇨ 1개
2, 7로 두 자리 수를 만드는 경우:
$27 \div 5 = 5 \cdots 2$, $27 \div 4 = 6 \cdots 3$, $72 \div 5 = 14 \cdots 2$,
$72 \div 4 = 18$ ⇨ 1개
2, 4로 두 자리 수를 만드는 경우:
$24 \div 5 = 4 \cdots 4$, $24 \div 7 = 3 \cdots 3$, $42 \div 5 = 8 \cdots 2$,
$42 \div 7 = 6$ ⇨ 1개
5, 7로 두 자리 수를 만드는 경우:
$57 \div 2 = 28 \cdots 1$, $57 \div 4 = 14 \cdots 1$,
$75 \div 2 = 37 \cdots 1$, $75 \div 4 = 18 \cdots 3$ ⇨ 없음
5, 4로 두 자리 수를 만드는 경우:
$54 \div 2 = 27$, $54 \div 7 = 7 \cdots 5$, $45 \div 2 = 22 \cdots 1$,
$45 \div 7 = 6 \cdots 3$ ⇨ 1개
7, 4로 두 자리 수를 만드는 경우:
$74 \div 2 = 37$, $74 \div 5 = 14 \cdots 4$, $47 \div 2 = 23 \cdots 1$,
$47 \div 5 = 9 \cdots 2$ ⇨ 1개
따라서 주어진 숫자 카드 중 3장을 골라 (두 자리 수)÷(한 자리 수)의 나눗셈식을 만들었을 때, 나누어떨어지는 경우는 모두 $1+1+1+1+1=5$(개)입니다.

27 6장의 카드에 서로 다른 숫자가 적혀 있다고 했으므로 [가]는 0, 1, 4, 8, 9가 될 수 없습니다.

① 1<[가]<4일 경우

가장 큰 수는 984, 가장 작은 수는 10[가]이므로

984−10[가]=883이라 하면 [가]=1이어야 하는데 조건에 맞지 않습니다.

② 4<[가]<8일 경우

가장 큰 수는 98[가], 가장 작은 수는 104이므로

98[가]−104=883이라 하면 [가]=7입니다.

28 1, 3, 5, 7, 9로 만들 수 있는 가장 작은 세 자리 수부터 세 번째로 작은 세 자리 수까지 차례대로 쓰면
135 − 137 − 139입니다.
⇨ 미나가 만든 수는 139입니다.
0, 2, 4, 6, 8로 만들 수 있는 가장 큰 세 자리 수부터 다섯 번째로 큰 세 자리 수까지 차례대로 쓰면
864 − 862 − 860 − 846 − 842입니다.
⇨ 현민이가 만든 수는 842입니다.
따라서 미나와 현민이가 만든 수의 합은
$139 + 842 = 981$입니다.

29 십의 자리 계산 후 내려 쓴 일의 자리 계산을 보면
㉰2−1㉱=0이므로 ㉰=1, ㉱=2입니다.
3×㉮=1㉱에서 3×㉮=12이므로 ㉮=4입니다.
㉯−6=㉰에서 ㉯−6=1이므로 ㉯=7입니다.
⇨ ㉮=4, ㉯=7, ㉰=1, ㉱=2

30 일의 자리 계산에서 ㉰+5+9=㉰+14의 일의 자리 숫자가 1이고 ㉰는 한 자리 수이므로 ㉰+14=21, ㉰=7입니다.
십의 자리 계산에서는 일의 자리에서 받아올림한 수 2를 더하면 2+㉯+㉰+㉰=2+㉯+7+7=㉯+16의 일의 자리 숫자가 1이고 ㉯는 한 자리 수이므로 ㉯+16=21, ㉯=5입니다.
백의 자리 계산에서는 십의 자리에서 받아올림한 수 2를 더하면
2+㉮+㉯+㉮=2+㉮+5+㉮=㉮+㉮+7=13이므로 ㉮+㉮=6, ㉮=3입니다.

31 계산 결과가 1□52이므로 29□의 □는 2입니다.
7□×4=292이므로 7□의 □는 3입니다.
73×□=1□6이므로 73×1=73, 73×2=146, 73×3=219에서 73×□의 □는 2, 1□6의 □는 4입니다.
292+1460=1□52이므로 1□52의 □는 7입니다.

$$\begin{array}{r} 7\ \boxed{3} \\ \times\ \boxed{2}\ 4 \\ \hline 2\ 9\ \boxed{2} \\ 1\ \boxed{4}\ 6\ \ \\ \hline 1\ \boxed{7}\ 5\ 2 \end{array}$$

따라서 □ 안에 알맞은 수들의 합은 3+2+2+4+7=18입니다.

32 십의 자리의 계산에서 ㉰+㉮의 일의 자리 숫자가 ㉮이므로 ㉰는 0이거나 일의 자리에서 받아올림한 수가 있는 경우에 9입니다.
㉰가 0일 경우 일의 자리 계산에서 ㉯+㉰=㉮, ㉯+0=㉮, ㉯=㉮가 되므로 조건에 맞지 않습니다.
㉰가 9일 경우 일의 자리에서 1을 받아올림하였으므로 십의 자리 계산은 1+㉰+㉮=1+9+㉮=10+㉮가 되어 백의 자리로 1을 받아올림해야 합니다.
백의 자리 계산에서 1+㉮+㉯=8, ㉮+㉯=7이 되어야 합니다.
따라서 ㉮+㉯=7이고 ㉰=9이므로 ㉮+㉯+㉰=16입니다.

참고
일의 자리 계산에서 ㉯+㉰=10+㉮, ㉯+9=10+㉮, ㉯=㉮+1이므로 ㉮+㉯=7에 넣어 보면
㉮+㉮+1=7, ㉮+㉮=6, ㉮=3이고
㉯=3+1=4입니다.

STEP 3 코딩 유형 문제 48~49쪽

1 444 **2** 1446 **3** 421
4 1595 **5** 6단계

1 242 ⬇는 242+146=388이 되고
388 ⬅는 388÷2=194가 되고
194 ⬇는 194+146=340이 되고
340 ⬅는 340÷2=170이 됩니다.
170 ⬆는 170−32=138이 되고
138 ⬅는 138÷2=69가 됩니다.
69 ⬆는 69−32=37이 되고
37 ➡는 37×12=444가 됩니다.
따라서 목적지에 도착했을 때의 수는 444입니다.

2 0을 두 번 곱하면 0×0=0, 0에 2를 더하면 0+2=2입니다. 2는 1000보다 크지 않으므로 다시 앞으로 돌아갑니다.
2를 두 번 곱하면 2×2=4, 4에 2를 더하면 4+2=6입니다. 6은 1000보다 크지 않으므로 다시 앞으로 돌아갑니다.
6을 두 번 곱하면 6×6=36, 36에 2를 더하면 36+2=38입니다. 38은 1000보다 크지 않으므로 다시 앞으로 돌아갑니다.
38을 두 번 곱하면 38×38=1444, 1444에 2를 더하면 1444+2=1446입니다. 1446은 1000보다 크므로 끝으로 나갑니다.
따라서 0을 넣었을 때 나오는 값은 1446입니다.

3
- 92는 짝수이므로 9를 더하면 101이 되어서 아래로 갑니다. 101은 100보다 크므로 15를 빼면 86이 되어서 아래로 갑니다. 86은 십의 자리 숫자와 일의 자리 숫자의 차가 2로 5보다 작기 때문에 86−16=70으로 나갑니다.
- 93은 홀수이므로 11을 빼면 82가 되어서 아래로 갑니다. 82는 100보다 작으므로 14를 더하면 82+14=96이 되어서 나갑니다.
- 94는 짝수이므로 9를 더하면 103이 되어서 아래로 갑니다. 103은 100보다 크므로 15를 빼면 88이 되어서 아래로 갑니다. 88은 십의 자리 숫자와 일의 자리 숫자의 차가 5보다 작기 때문에 88−16=72로 나갑니다.
- 95는 홀수이므로 11을 빼면 84가 되어서 아래로 갑니다. 84는 100보다 작으므로 14를 더하면 84+14=98이 되어서 나갑니다.
- 96은 짝수이므로 9를 더하면 105가 되어서 아래로 갑니다. 105는 100보다 크므로 15를 빼면 90이 되어서 아래로 갑니다. 90은 십의 자리 숫자와 일의 자리 숫자의 차가 9로 5보다 크기 때문에 90+12=102가 되어서 아래로 갑니다. 102는 각 자리 숫자의 합이 1+0+2=3으로 홀수이기 때문에 102−17=85가 되어서 나갑니다.

따라서 나온 수를 모두 더하면 70+96+72+98+85=421입니다.

4 11을 빼고 15를 더한 것은 4를 더한 것과 같고,
12를 빼고 16을 더한 것은 4를 더한 것과 같고,
13을 빼고 17을 더한 것은 4를 더한 것과 같고,
14를 빼고 18을 더한 것은 4를 더한 것과 같습니다.
▢ 부분을 한 번 계산하면 처음 수에 4를 4번 더하고 19를 더한 것과 같습니다.
따라서 ▢ 부분을 17번 반복하면 처음 수에 $4\times4=16$, $16+19=35$를 17번 더한 것과 같으므로 1000에 $35\times17=595$를 더한 것과 같습니다.
⇨ $1000+595=1595$

5 ▲$=1$, ■$=2$를 넣고 계산 결과가 850보다 커질 때까지 계산합니다.
1단계: ▲$=1$, ■$=2$이므로 $1\times2\times2=4$입니다.
2단계: ▲$=1+1=2$, ■$=2+2=4$이므로 $2\times4\times4=32$입니다.
3단계: ▲$=2+1=3$, ■$=4+2=6$이므로 $3\times6\times6=108$입니다.
4단계: ▲$=3+1=4$, ■$=6+2=8$이므로 $4\times8\times8=256$입니다.
5단계: ▲$=4+1=5$, ■$=8+2=10$이므로 $5\times10\times10=500$입니다.
6단계: ▲$=5+1=6$, ■$=10+2=12$이므로 $6\times12\times12=864$입니다.
따라서 6단계부터 식이 성립합니다.

STEP 4 도전! 최상위 문제 50~53쪽

1 203명 **2** 4가지
3 20개 **4** 3
5 정구, 54 km **6** 589
7 4, 5, 9 **8** 3

1 지성이네 학교에서 축구 또는 야구를 좋아하는 학생은 $498-49=449$(명)입니다.
축구를 좋아하는 학생 수와 야구를 좋아하는 학생 수를 더하면 $267+246=513$(명)이므로 축구와 야구를 모두 좋아하는 학생은 $513-449=64$(명)입니다.
따라서 축구만 좋아하는 학생 수는 축구를 좋아하는 학생 수에서 축구와 야구를 모두 좋아하는 학생 수를 빼면 되므로 $267-64=203$(명)입니다.

2 합이 가장 작으려면 더하는 두 수의 백의 자리에 가장 작은 수를 넣어야 합니다. 높은 자리 숫자가 작을수록 작은 수이므로 백의 자리부터 십의 자리, 일의 자리 순서로 차례대로 작은 수를 넣어야 합니다. 이때 0은 백의 자리에 올 수 없으므로 십의 자리에 넣습니다.
따라서 두 수의 백의 자리에 1과 2를, 십의 자리에 0과 3을, 일의 자리에 4와 5를 넣어 만들 수 있는 덧셈식을 세어 보면 합이 가장 작게 되는 경우는
$104+235$, $105+234$, $134+205$, $135+204$로 모두 4가지입니다.

3

백의 자리 숫자	십의 자리 숫자	일의 자리 숫자	세 자리 수
9	7	6	976
		3	973
		2	972
		0	970
	6	3	963
		2	962
		0	960
	3	2	932
		0	930
	2	0	920
7	6	3	763
		2	762
		0	760
	3	2	732
		0	730
	2	0	720
6	3	2	632
		0	630
	2	0	620
3	2	0	320

⇨ 모두 20개입니다.

4 ㉠: 가장 큰 수를 만들려면 백의 자리 숫자를 최대한 크게 해야 합니다. 이때 (일의 자리 숫자)>(십의 자리 숫자)>(백의 자리 숫자)이고, 각 자리 숫자의 합이 18이므로 $5+6+7=18$에서 ㉠은 567입니다.
㉡: 합이 13인 두 수는 12와 1, 11과 2, 10과 3, 9와 4, 8과 5, 7과 6이 있고, 이 중에서 곱이 36인 두 수를 찾으면 9와 4입니다. 따라서 ㉡은 그 중 작은 수인 4입니다.
⇨ ㉠÷㉡$=567\div4=141\cdots3$이므로 ㉠을 ㉡으로 나누었을 때의 나머지는 3입니다.

5 일주일 동안 정구가 뛰는 거리:
1+2+4+7+10+7=31 (km)
일주일 동안 미래가 뛰는 거리:
2+2+3+3+4+4+4=22 (km)
9월은 30일까지 있으므로 9월 1일 목요일부터 10월 9일 일요일까지는 5주와 목, 금, 토, 일 4일이 더 있습니다.
정구는 31×5=155 (km)에 7+10+7=24 (km)를 더한 179 km를 뛰고, 미래는 22×5=110 (km)에 3+4+4+4=15 (km)를 더한 125 km를 뜁니다.
따라서 정구가 179−125=54 (km)를 더 많이 뜁니다.

6 어떤 세 자리 수의 백의 자리 숫자를 ㉮, 십의 자리 숫자를 ㉯, 일의 자리 숫자를 ㉰라고 하면 어떤 세 자리 수는 ㉮㉯㉰이고, 백의 자리 숫자와 일의 자리 숫자를 바꾼 수는 ㉰㉯㉮이므로 ㉰㉯㉮−㉮㉯㉰=396이고, ㉮와 ㉰는 0이 될 수 없습니다.

  ㉰ ㉯ ㉮
− ㉮ ㉯ ㉰
  3 9 6

계산 결과의 백의 자리 숫자가 3이므로 ㉰−㉮=3 또는 ㉰−1−㉮=3입니다. 즉, ㉰−㉮는 3 또는 4이고 ㉰는 ㉮보다 큽니다.
일의 자리 계산에서 ㉮−㉰의 일의 자리 숫자가 6이고 ㉮보다 ㉰가 더 크므로 십의 자리에서 받아내림이 있습니다.
⇨ 10+㉮−㉰=6, ㉰−㉮=4
(㉰, ㉮)가 될 수 있는 수는 (9, 5), (8, 4), (7, 3), (6, 2), (5, 1)입니다.
십의 자리 계산에서 ㉯−1+10−㉯=9이므로 ㉯는 0부터 9까지의 숫자 중 아무 숫자나 가능합니다.
따라서 어떤 세 자리 수 ㉮㉯㉰ 중에서 가장 큰 수는 ㉮=5, ㉰=9, ㉯=9일 때이므로 599이고, 두 번째로 큰 수는 ㉮=5, ㉰=9, ㉯=8일 때이므로 589입니다.

참고
어떤 세 자리 수 ㉮㉯㉰ 중에서 가장 큰 수는 ㉮, ㉯, ㉰가 가장 클 때이고, 두 번째로 큰 수는 ㉮, ㉰는 가장 크고 ㉯는 두 번째로 큰 수일 때입니다.

7 백의 자리 계산에서 ㉰−㉮=㉮이므로 ㉰는 ㉮의 두 배이거나 받아내림이 있는 경우에는 ㉰는 ㉮의 두 배보다 1 큰 수가 됩니다.
따라서 ㉮가 될 수 있는 수는 1, 2, 3, 4입니다.

- ㉮=1, ㉰=2일 때: 2㉯1−1㉯2=12㉯이므로 일의 자리 계산에서 1+10−2=㉯, ㉯=9입니다. 그런데 291−192=99가 되므로 계산 결과가 맞지 않습니다.
- ㉮=1, ㉰=3일 때: 3㉯1−1㉯3=13㉯이므로 일의 자리 계산에서 1+10−3=㉯, ㉯=8입니다. 그런데 381−183=198이 되므로 계산 결과가 맞지 않습니다.
- ㉮=2, ㉰=4일 때: 4㉯2−2㉯4=24㉯이므로 일의 자리 계산에서 2+10−4=㉯, ㉯=8입니다. 그런데 482−284=198이 되므로 계산 결과가 맞지 않습니다.
- ㉮=2, ㉰=5일 때: 5㉯2−2㉯5=25㉯이므로 일의 자리 계산에서 2+10−5=㉯, ㉯=7입니다. 그런데 572−275=297이 되므로 계산 결과가 맞지 않습니다.
- ㉮=3, ㉰=6일 때: 6㉯3−3㉯6=36㉯이므로 일의 자리 계산에서 3+10−6=㉯, ㉯=7입니다. 그런데 673−376=297이 되므로 계산 결과가 맞지 않습니다.
- ㉮=3, ㉰=7일 때: 7㉯3−3㉯7=37㉯이므로 일의 자리 계산에서 3+10−7=㉯, ㉯=6입니다. 그런데 763−367=396이 되므로 계산 결과가 맞지 않습니다.
- ㉮=4, ㉰=8일 때: 8㉯4−4㉯8=48㉯이므로 일의 자리 계산에서 4+10−8=㉯, ㉯=6입니다. 그런데 864−468=396이 되므로 계산 결과가 맞지 않습니다.
- ㉮=4, ㉰=9일 때: 9㉯4−4㉯9=49㉯이므로 일의 자리 계산에서 4+10−9=㉯, ㉯=5입니다. 그런데 954−459=495가 되므로 계산 결과가 맞습니다.

따라서 ㉮=4, ㉯=5, ㉰=9입니다.

다른 풀이
십의 자리 계산에서 ㉯−㉯=㉰가 되려면 일의 자리로 1을 받아내림하고 백의 자리에서 10을 받아내림해야 합니다.
10+㉯−1−㉯=㉰, ㉰=9
백의 자리 계산에서 ㉰−1−㉮=㉮, 9−1−㉮=㉮,
8−㉮=㉮, ㉮+㉮=8, ㉮=4입니다.
일의 자리 계산에서 10+㉮−㉰=㉯, 10+4−9=㉯,
㉯=5입니다.
⇨ ㉮=4, ㉯=5, ㉰=9

8 • 보기 • 의 수들의 규칙을 찾아봅니다.

3, 5, 4, 2에서 3과 5를 곱하면 15, 4와 2의 차는 2이고, $15 \div 2 = 7 \cdots 1$이므로 나머지인 1을 가운데 쓴 것입니다.

4, 6, 5, 2에서 4와 6을 곱하면 24, 5와 2의 차는 3이고, $24 \div 3 = 8$이므로 나머지인 0을 가운데 쓴 것입니다.

7, 6, 8, 4에서 7과 6을 곱하면 42, 8과 4의 차는 4이고, $42 \div 4 = 10 \cdots 2$이므로 나머지인 2를 가운데 쓴 것입니다.

따라서 7과 9를 곱하면 63, 2와 8의 차는 6이고, $63 \div 6 = 10 \cdots 3$이므로 나머지인 3을 가운데에 쓰면 ㉠=3입니다.

특강 영재원 · **창의융합** 문제	54쪽
9 1	
10 9, 5, 6, 7 ; 1, 0, 8, 5 ; 1, 0, 6, 5, 2	

9 네 자리 수와 네 자리 수를 더해서 다섯 자리 수가 되었습니다. 천의 자리 계산에서 더하는 두 수의 천의 자리 숫자가 서로 다른 가장 큰 두 수 9와 8이고, 백의 자리에서 받아올림이 있다고 하더라도 $1+9+8=18$로 20보다 작습니다.

따라서 계산 결과인 MONEY의 가장 높은 자리인 M은 숫자 1을 나타냅니다.

10

$$\begin{array}{r} S\ E\ N\ D \\ +\ 1\ O\ R\ E \\ \hline 1\ O\ N\ E\ Y \end{array}$$

더하는 두 수의 천의 자리 숫자의 합이 10보다 크려면 S는 9 또는 8이 되어야 합니다. (백의 자리 계산 E+O 또는 1+E+O가 10이거나 10보다 크면 S=8도 가능합니다.)

천의 자리 계산에서 $S+1=10+O$ 또는 $1+S+1=10+O$입니다.

즉, 간단히 하면 $S=9+O$ 또는 $S=8+O$입니다.

$S=9+O$인 경우에는 $9+O$가 한 자리 숫자가 되는 O는 0뿐입니다.

$S=8+O$인 경우에는 $8+O$가 한 자리 숫자가 되는 O는 0 또는 1입니다. 그러나 M=1이므로 O는 1이 될 수 없습니다.

따라서 O=0이고, S=9 또는 S=8입니다.

$$\begin{array}{r} S\ E\ N\ D \\ +\ 1\ 0\ R\ E \\ \hline 1\ 0\ N\ E\ Y \end{array}$$

백의 자리 계산에서 $E+0=N$ 또는 $1+E+0=N$입니다.

그런데 $E+0=N$인 경우에는 E와 N이 같은 숫자가 되어야 하므로 조건에 맞지 않습니다.

따라서 $1+E+0=N$, 즉 $1+E=N$이고, 십의 자리에서 받아올림이 있습니다.

백의 자리 계산에서 천의 자리로 받아올림이 있으려면 E=9, N=0인 경우뿐인데 O=0이므로 N은 0이 될 수 없습니다. 따라서 천의 자리로 받아올림하는 수가 없으므로 S는 8이 될 수 없습니다. ⇨ S=9

$$\begin{array}{r} 9\ E\ N\ D \\ +\ 1\ 0\ R\ E \\ \hline 1\ 0\ N\ E\ Y \end{array}$$

$1+E=N$이므로 $N+R=10+E$ 또는 $1+N+R=10+E$입니다.

$N+R=10+E$인 경우에는 식에 $N=1+E$를 넣으면 $1+E+R=10+E$, $1+R=10$이므로 R=9입니다. 그런데 S=9이므로 R은 9가 될 수 없습니다.

$1+N+R=10+E$인 경우에는 식에 $N=1+E$를 넣으면 $1+1+E+R=10+E$, $2+R=10$이므로 R=8입니다.

$$\begin{array}{r} 9\ E\ N\ D \\ +\ 1\ 0\ 8\ E \\ \hline 1\ 0\ N\ E\ Y \end{array}$$

십의 자리 계산에서 받아올림한 수 1이 있었으므로 일의 자리 계산 결과가 10이거나 10보다 큽니다.

따라서 일의 자리 계산에서 $D+E=10+Y$입니다.

D+E가 10인 경우에 Y는 0이 되어야 하는데 O=0이므로 조건에 맞지 않습니다.

D+E가 11인 경우에 Y는 1이 되어야 하는데 M=1이므로 조건에 맞지 않습니다.

D와 E는 0, 1, 8, 9가 아닌 숫자이고 D+E가 12이거나 12보다 커야 하므로 남은 숫자 2, 3, 4, 5, 6, 7 중에서 합이 12이거나 12보다 큰 경우를 찾아보면 5+7 또는 6+7인 경우뿐입니다.

$1+E=N$에서 N은 E보다 1 큰 수이므로 E는 7이 될 수 없습니다. 따라서 E는 5 또는 6이고, D=7입니다.

E=5인 경우에 $N=1+5=6$입니다. E=6인 경우에 $N=1+6=7$인데 D=7이므로 조건에 맞지 않습니다.

따라서 D=7, E=5, N=6이고, Y=2입니다.

$$\begin{array}{r} 9\ 5\ 6\ 7 \\ +\ 1\ 0\ 8\ 5 \\ \hline 1\ 0\ 6\ 5\ 2 \end{array}$$

⇨ SEND는 9567, MORE는 1085, MONEY는 10652입니다.

Ⅲ 도형 영역

STEP 1 경시 **기출 유형** 문제 56~57쪽

[주제 학습 10] 6개

1 4개 2 12개

[확인 문제] [한 번 더 확인]

1-1 6개 1-2 6개

2-1 14개 2-2 4개

3-1 30개 3-2 60개

1 ⇨ 삼각형 4개를 만들 수 있습니다.

2 점 ㄱ을 꼭짓점으로 하는 각:
각 ㄴㄱㄷ, 각 ㄴㄱㄹ, 각 ㄷㄱㄹ ⇨ 3개
점 ㄴ을 꼭짓점으로 하는 각:
각 ㄱㄴㄹ, 각 ㄱㄴㄷ, 각 ㄹㄴㄷ ⇨ 3개
점 ㄷ을 꼭짓점으로 하는 각:
각 ㄴㄷㄱ, 각 ㄴㄷㄹ, 각 ㄱㄷㄹ ⇨ 3개
점 ㄹ을 꼭짓점으로 하는 각:
각 ㄱㄹㄴ, 각 ㄱㄹㄷ, 각 ㄴㄹㄷ ⇨ 3개
따라서 만들 수 있는 각은 모두 $3\times4=12$(개)입니다.

[확인 문제] [한 번 더 확인]

1-1 ⇨ 3개, ⇨ 2개, ⇨ 1개
따라서 크고 작은 직사각형은 모두 $3+2+1=6$(개)입니다.

1-2 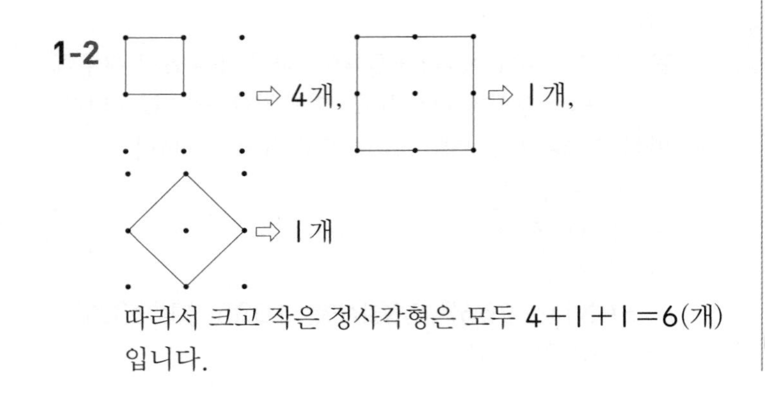

따라서 크고 작은 정사각형은 모두 $4+1+1=6$(개)입니다.

2-1 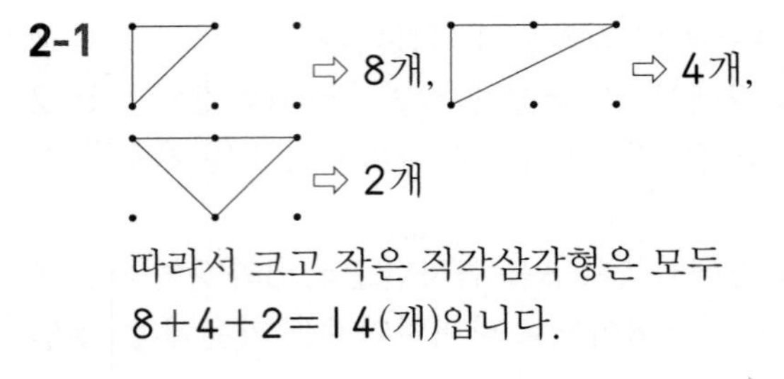

따라서 크고 작은 직각삼각형은 모두 $8+4+2=14$(개)입니다.

2-2 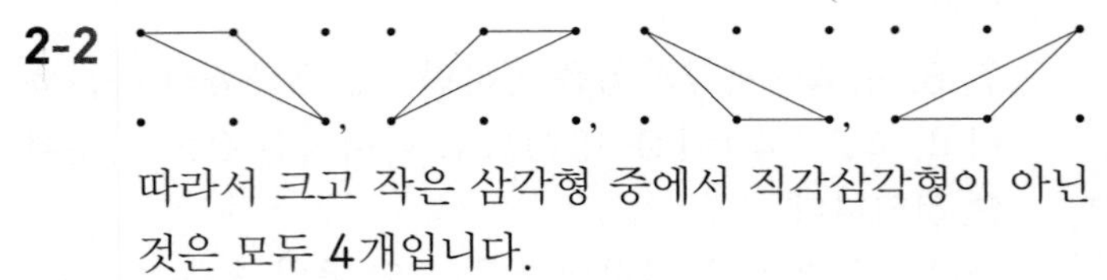
따라서 크고 작은 삼각형 중에서 직각삼각형이 아닌 것은 모두 4개입니다.

3-1 점 ㄱ을 꼭짓점으로 하는 각: 각 ㄴㄱㄷ, 각 ㄴㄱㄹ, 각 ㄴㄱㅁ, 각 ㄷㄱㄹ, 각 ㄷㄱㅁ, 각 ㄹㄱㅁ ⇨ 6개
점 ㄴ을 꼭짓점으로 하는 각: 각 ㄱㄴㅁ, 각 ㄱㄴㄹ, 각 ㄱㄴㄷ, 각 ㅁㄴㄹ, 각 ㅁㄴㄷ, 각 ㄹㄴㄷ ⇨ 6개
점 ㄷ을 꼭짓점으로 하는 각: 각 ㄴㄷㄱ, 각 ㄴㄷㅁ, 각 ㄴㄷㄹ, 각 ㄱㄷㅁ, 각 ㄱㄷㄹ, 각 ㅁㄷㄹ ⇨ 6개
점 ㄹ을 꼭짓점으로 하는 각: 각 ㄷㄹㄴ, 각 ㄷㄹㄱ, 각 ㄷㄹㅁ, 각 ㄴㄹㄱ, 각 ㄴㄹㅁ, 각 ㄱㄹㅁ ⇨ 6개
점 ㅁ을 꼭짓점으로 하는 각: 각 ㄱㅁㄴ, 각 ㄱㅁㄷ, 각 ㄱㅁㄹ, 각 ㄴㅁㄷ, 각 ㄴㅁㄹ, 각 ㄷㅁㄹ ⇨ 6개
따라서 그릴 수 있는 각은 모두 $6\times5=30$(개)입니다.

3-2 점 ㄱ을 꼭짓점으로 하는 각은 각 ㄴㄱㄷ, 각 ㄴㄱㄹ, 각 ㄴㄱㅁ, 각 ㄴㄱㅂ, 각 ㄷㄱㄹ, 각 ㄷㄱㅁ, 각 ㄷㄱㅂ, 각 ㄹㄱㅁ, 각 ㄹㄱㅂ, 각 ㅁㄱㅂ으로 10개입니다.
점 ㄴ, 점 ㄷ, 점 ㄹ, 점 ㅁ, 점 ㅂ을 꼭짓점으로 하는 각도 각각 10개씩 있으므로 그릴 수 있는 각은 모두 $10\times6=60$(개)입니다.

STEP 1 경시 **기출 유형** 문제 58~59쪽

[주제 학습 11] 16개

1 8개 2 8개

[확인 문제] [한 번 더 확인]

1-1 5개 1-2 26개

2-1 14개 2-2 6개

3-1 12개 3-2 18개

1 가장 작은 직각삼각형( )은 4개입니다.
가장 작은 직각삼각형 2개로 이루어진 직각삼각형
( )은 4개입니다.
따라서 선을 따라 그릴 수 있는 크고 작은 직각삼각형은 모두 4+4=8(개)입니다.

2 ⇨ 6개, ⇨ 2개

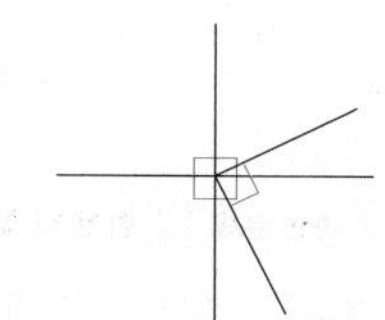

따라서 선을 따라 그릴 수 있는 크고 작은 정사각형은 모두 6+2=8(개)입니다.

[확인 문제] [한 번 더 확인]

1-1 선을 따라 그릴 수 있는 직각은 ∟ 표시한 5개입니다.

1-2 선을 따라 그릴 수 있는 직각은 ∟ 표시한 26개입니다.

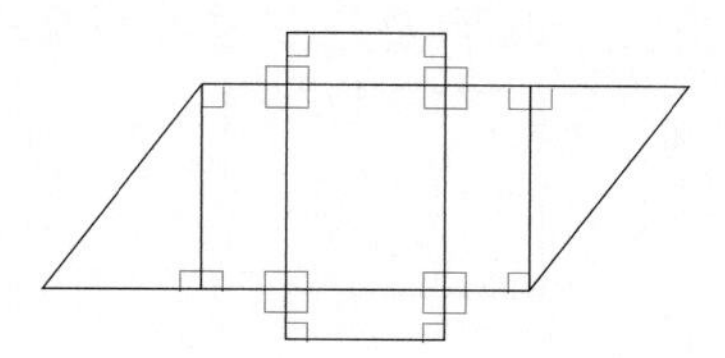

2-1 가장 작은 정사각형 1개짜리: 9개
가장 작은 정사각형 4개짜리: 4개
가장 작은 정사각형 9개짜리: 1개
따라서 선을 따라 그릴 수 있는 크고 작은 정사각형은 모두 9+4+1=14(개)입니다.

2-2

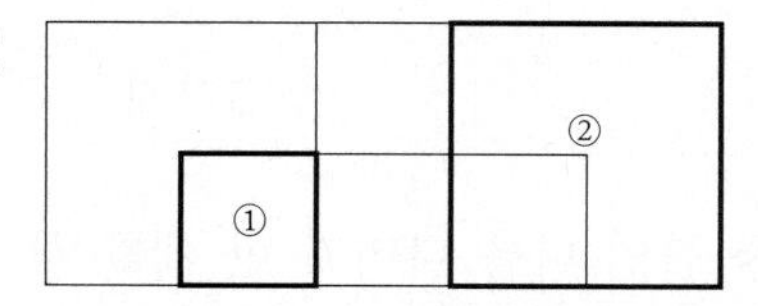

①과 같이 가장 작은 정사각형은 4개입니다.
②와 같이 가장 작은 정사각형 4개가 모인 크기의 정사각형은 2개입니다.
따라서 선을 따라 그릴 수 있는 크고 작은 정사각형은 모두 4+2=6(개)입니다.

3-1 ⇨ 4개, ⇨ 2개,
⇨ 2개, ⇨ 4개

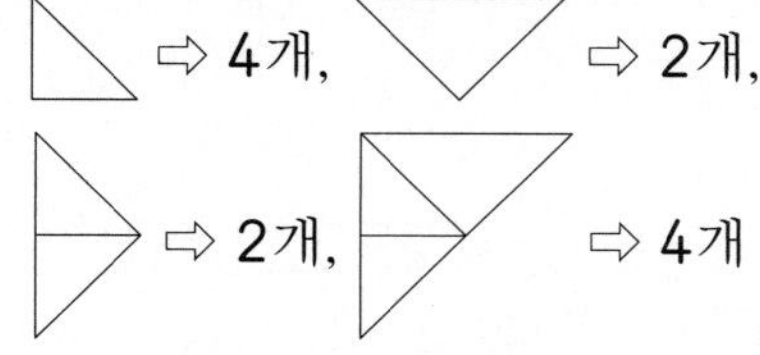

따라서 선을 따라 그릴 수 있는 크고 작은 직각삼각형은 모두 4+2+2+4=12(개)입니다.

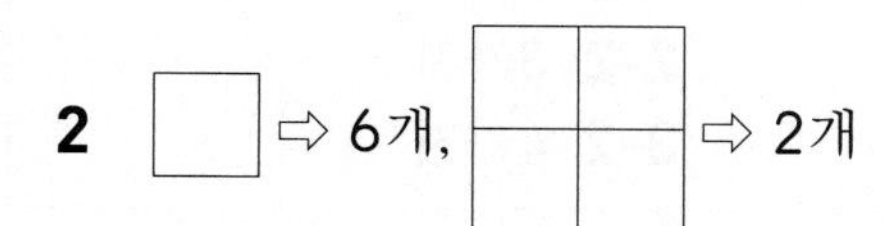

3-2 ⇨ 8개, ⇨ 8개, ⇨ 2개
따라서 선을 따라 그릴 수 있는 크고 작은 직각삼각형은 모두 8+8+2=18(개)입니다.

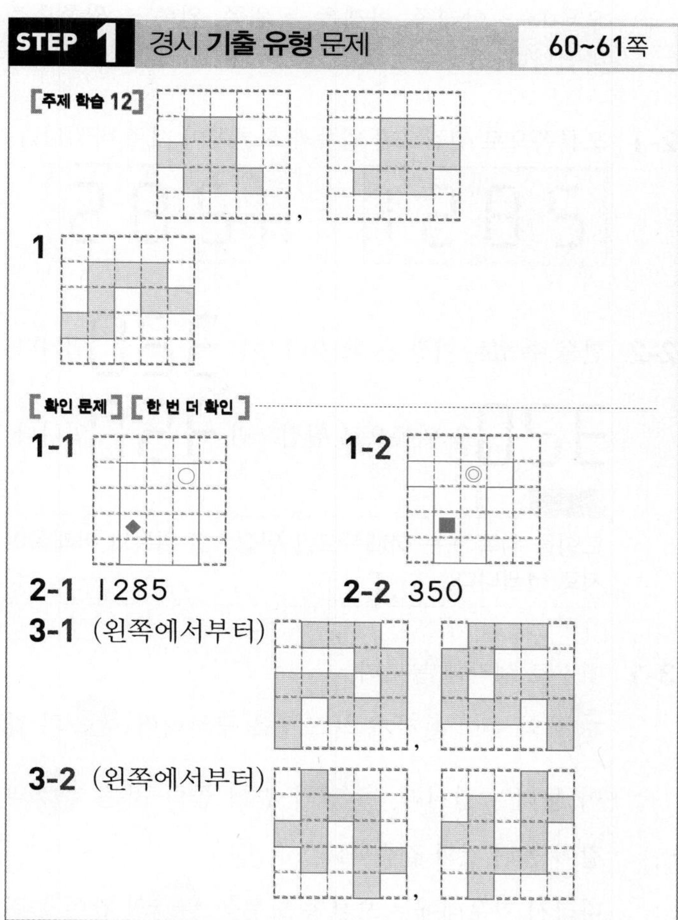

STEP 1 경시 **기출 유형** 문제 60~61쪽

[주제 학습 12]

1

[확인 문제] [한 번 더 확인]

1-1 1-2

2-1 1285 2-2 350

3-1 (왼쪽에서부터)

3-2 (왼쪽에서부터)

1 와 같이 4번 돌리면 처음 도형과 같아지므로 15÷4=3…3에서 와 같이 15번 돌린 것은 와 같이 3번 돌린 것과 같습니다.
와 같이 3번 돌린 것은 와 같이 돌린 것과 같고, 와 같이 돌린 것은 와 같이 돌린 것과 같습니다.
따라서 주어진 도형을 와 같이 돌리면 위쪽 → 왼쪽, 왼쪽 → 아래쪽, 아래쪽 → 오른쪽, 오른쪽 → 위쪽으로 바뀝니다.

정답과 풀이 도형 영역

[확인 문제] [한 번 더 확인]

1-1 주어진 도형을 와 같이 돌리면 위쪽 → 왼쪽, 왼쪽 → 아래쪽, 아래쪽 → 오른쪽, 오른쪽 → 위쪽으로 바뀝니다.

1-2 주어진 도형을 와 같이 돌리면 위쪽 → 오른쪽, 오른쪽 → 아래쪽, 아래쪽 → 왼쪽, 왼쪽 → 위쪽으로 바뀝니다.

2-1 오른쪽으로 뒤집으면 왼쪽과 오른쪽이 서로 바뀝니다.

2851 | 1285

2-2 만들 수 있는 가장 큰 세 자리 수는 320입니다.
320을 위쪽으로 뒤집으면 350입니다.

참고
도형을 위쪽 또는 아래쪽으로 뒤집으면 위쪽과 아래쪽이 서로 바뀝니다.

3-1 거꾸로 생각해 봅니다.
와 같이 돌리기 전 도형을 구하려면 와 같이 돌려야 합니다. 와 같이 돌린 것은 와 같이 돌린 것과 같습니다.
따라서 가운데에는 오른쪽 도형을 와 같이 돌린 도형을 그립니다.
처음 도형은 오른쪽으로 뒤집기 전 도형이므로 처음 도형을 구하려면 왼쪽으로 뒤집어야 합니다. 따라서 왼쪽에는 가운데 도형을 왼쪽으로 뒤집은 도형을 그립니다.

3-2 뒤집은 도형: 와 같이 3번 돌린 것은 와 같이 1번 돌린 것과 같으므로 와 같이 돌리기 전 도형은 와 같이 돌려야 합니다.
처음 도형: 아래쪽으로 뒤집기 전 도형은 위쪽으로 뒤집어야 합니다.

STEP 1 경시 기출 유형 문제 62~63쪽

[주제 학습 13] 3가지
1 2가지

[확인 문제] [한 번 더 확인]

1-1 1가지	**1-2** 3가지
2-1 3가지	**2-2** 3가지
3-1 1가지	**3-2** 4가지

1 각 변에 정사각형을 하나 더 붙여서 만들 수 있는 서로 다른 모양은 다음과 같은 2가지가 있습니다.

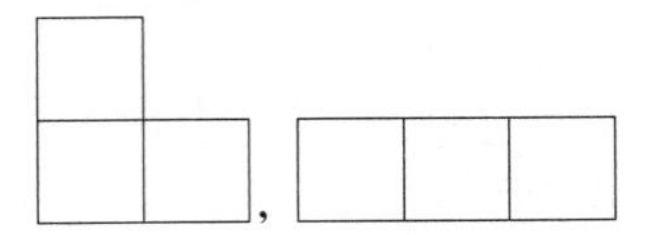

[확인 문제] [한 번 더 확인]

1-1 어느 변에 정사각형을 붙여도 돌리거나 뒤집었을 때 모두 같은 모양이 나오므로 한 가지입니다.

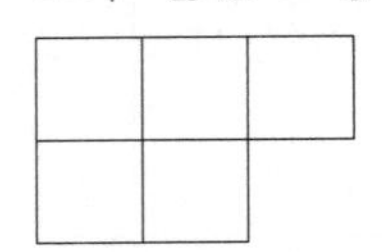

1-2

⇨ 서로 다른 모양은 3가지입니다.

2-1 ⇨ 3가지

2-2 정육각형 2개를 붙인 다음 나머지 한 개를 각 변에 붙이면서 서로 다른 모양을 찾아봅니다.

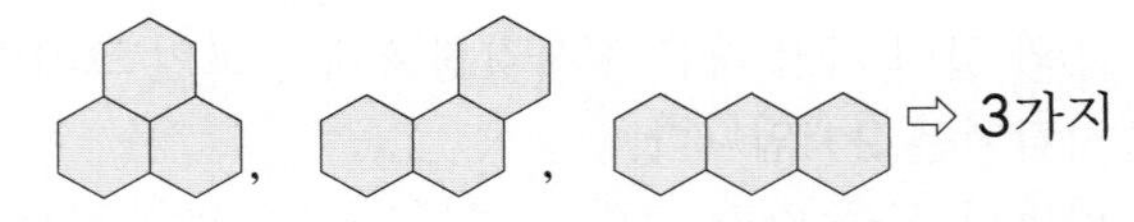

3-1 어느 변에 정삼각형을 붙여도 돌리거나 뒤집었을 때 모두 같은 모양이 나오므로 한 가지입니다.

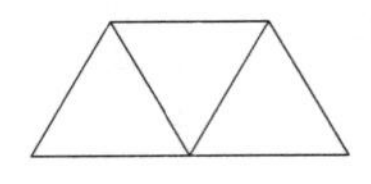

3-2 ⇨ 4가지

STEP 1 경시 기출 유형 문제 64~65쪽

[주제 학습 14] 34 cm

1 27 cm

[확인 문제] [한 번 더 확인]

1-1 32 cm　　1-2 36 cm

2-1 4 cm　　2-2 96 cm

3-1 78개　　3-2 14 cm

1 삼각형의 각 변은 원의 반지름과 같고, 원의 반지름은 $18 \div 2 = 9$ (cm)이므로 삼각형의 세 변의 길이의 합은 $9 \times 3 = 27$ (cm)입니다.

[확인 문제] [한 번 더 확인]

1-1 선분 ㄱㄴ은 원의 반지름을 4번 더한 길이와 같으므로 $8 \times 4 = 32$ (cm)입니다.

1-2 (가장 큰 원의 반지름)$=96 \div 2=48$ (cm)
중간 크기인 원의 지름은 가장 큰 원의 반지름과 같으므로 48 cm이고, 반지름은 $48 \div 2 = 24$ (cm)입니다. 가장 작은 원의 지름은 중간 크기인 원의 반지름과 같으므로 24 cm이고, 반지름은 $24 \div 2 = 12$ (cm)입니다.
⇨ (선분 ㄱㄴ의 길이)
$=$(가장 작은 원의 반지름)
$+$(중간 크기인 원의 반지름)
$=12+24=36$ (cm)

2-1 직사각형의 가로는 원의 반지름의 6배이고, 직사각형의 세로는 원의 반지름의 2배입니다.
직사각형의 네 변의 길이의 합은 원의 반지름의 16배이므로 원의 반지름은 $64 \div 16 = 4$ (cm)입니다.

2-2 정사각형의 한 변의 길이는 원의 지름을 2번 더한 길이입니다. 원의 반지름이 6 cm이므로 지름은 12 cm이고, 정사각형의 한 변은 $12 \times 2 = 24$ (cm)입니다.
따라서 정사각형의 네 변의 길이의 합은
$24 \times 4 = 96$ (cm)입니다.

3-1 원의 반지름이 2 cm이므로 원의 지름은 $2 \times 2 = 4$ (cm)입니다.
따라서 직사각형 안에 원을 가로로 $52 \div 4 = 13$(개)씩, 세로로 $24 \div 4 = 6$(개)씩 놓을 수 있으므로 최대 $13 \times 6 = 78$(개)까지 그릴 수 있습니다.

3-2 큰 원 안에 작은 원을 7개 그렸을 때 큰 원의 지름은 작은 원의 반지름을 8번 더한 길이와 같습니다.
따라서 작은 원의 반지름은 $56 \div 8 = 7$ (cm)이므로 지름은 $7 \times 2 = 14$ (cm)입니다.

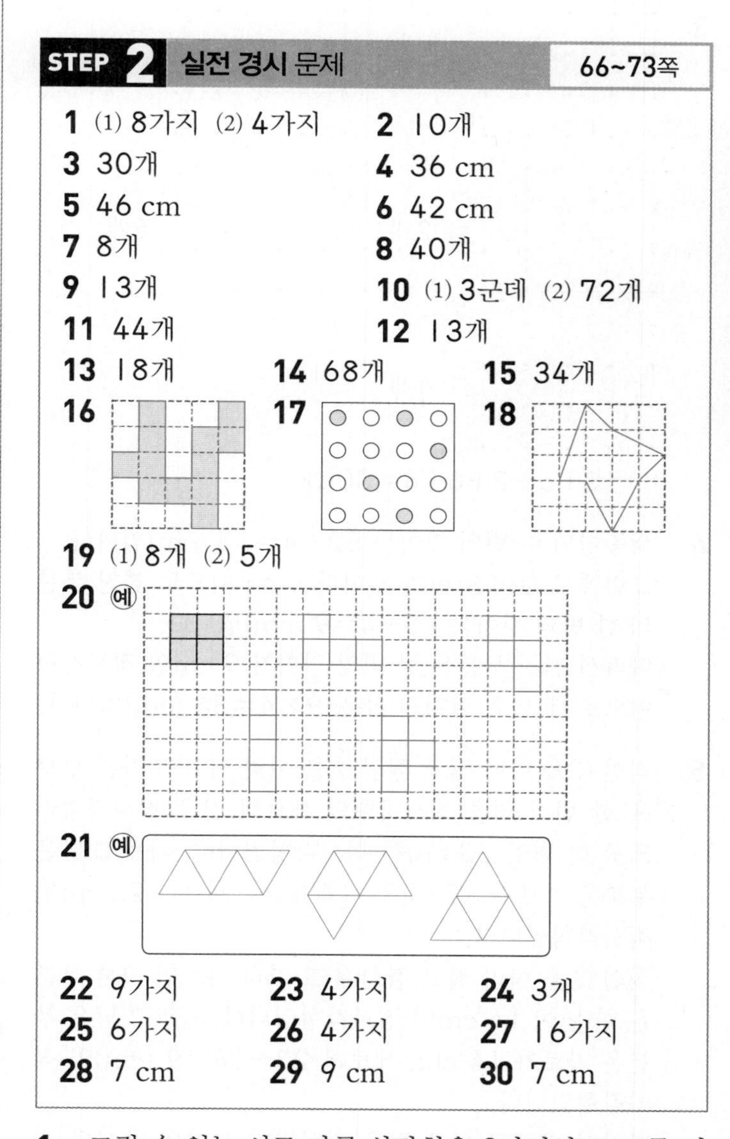

STEP 2 실전 경시 문제 66~73쪽

1 (1) 8가지 (2) 4가지　　2 10개
3 30개　　4 36 cm
5 46 cm　　6 42 cm
7 8개　　8 40개
9 13개　　10 (1) 3군데 (2) 72개
11 44개　　12 13개
13 18개　　14 68개　　15 34개
16　　17　　18
19 (1) 8개 (2) 5개
20 예
21 예
22 9가지　　23 4가지　　24 3개
25 6가지　　26 4가지　　27 16가지
28 7 cm　　29 9 cm　　30 7 cm

1 그릴 수 있는 서로 다른 삼각형은 8가지이고, 그중 직각삼각형은 ∟ 표시를 한 4가지입니다.

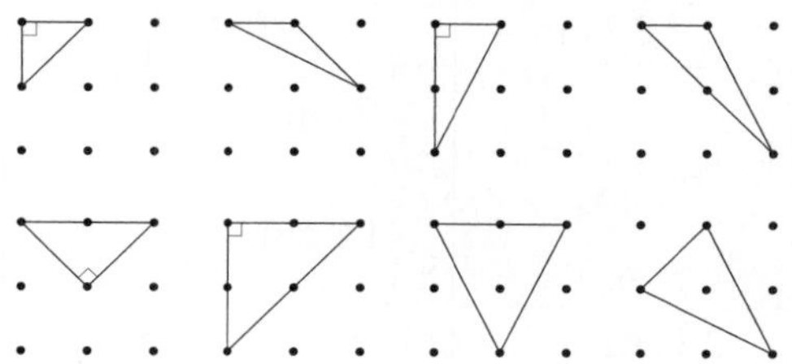

2

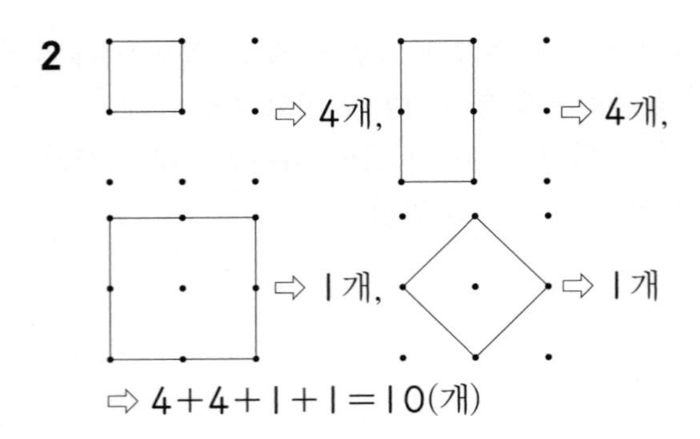

⇨ $4+4+1+1=10$(개)

3

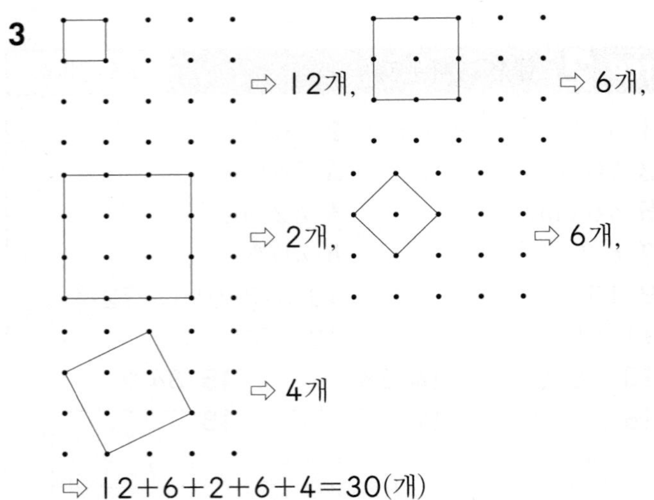

⇨ $12+6+2+6+4=30$(개)

4 색종이의 한 변의 길이는 $52 \div 4=13$ (cm)입니다. 그림에서 주어진 변의 길이가 4 cm이므로 겹친 부분의 한 변의 길이는 $13-4=9$ (cm)입니다.
따라서 겹친 부분은 한 변의 길이가 9 cm인 정사각형이므로 네 변의 길이의 합은 $9 \times 4=36$ (cm)입니다.

5 점선 ①을 따라 접고 점선 ②를 따라 자르면 자른 부분은 한 변이 처음 직사각형의 세로와 같은 정사각형이므로 한 변이 23 cm인 정사각형입니다. 자르고 남은 부분은 가로가 $37-23=14$ (cm), 세로가 23 cm인 직사각형입니다.
점선 ③을 따라 접고 점선 ④를 따라 자르면 자른 부분은 한 변이 14 cm인 정사각형입니다. 자르고 남은 부분은 가로가 14 cm, 세로가 $23-14=9$ (cm)인 직사각형입니다.
따라서 자르고 남은 작은 직사각형 모양의 종이의 네 변의 길이의 합은 $14+9+14+9=46$ (cm)입니다.

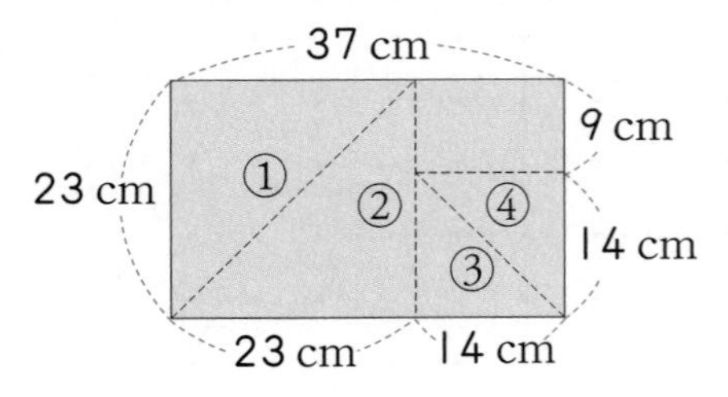

6 가장 작은 정사각형의 한 변을 □ cm라 하면 중간 크기인 정사각형의 한 변의 길이는 가장 작은 정사각형의 한 변의 길이의 3배이므로 (3×□) cm입니다. 가장 큰 정사각형의 한 변의 길이는 중간 크기인 정사각형의 한 변의 길이와 가장 작은 정사각형의 한 변의 길이를 더한 길이이므로 □+3×□=4×□ (cm)입니다.
직사각형의 세로는 24 cm이고, 가장 큰 정사각형의 한 변의 길이와 같으므로 4×□=24, □=6입니다.
따라서 직사각형의 가로는
3×□+4×□$=3 \times 6+4 \times 6=18+24=42$ (cm)
입니다.

7 가로가 25 cm이고 세로가 19 cm인 직사각형 모양의 종이를 남김없이 여러 개의 정사각형 종이로 자를 때, 자른 정사각형의 수가 가장 적은 경우는 다음과 같습니다.

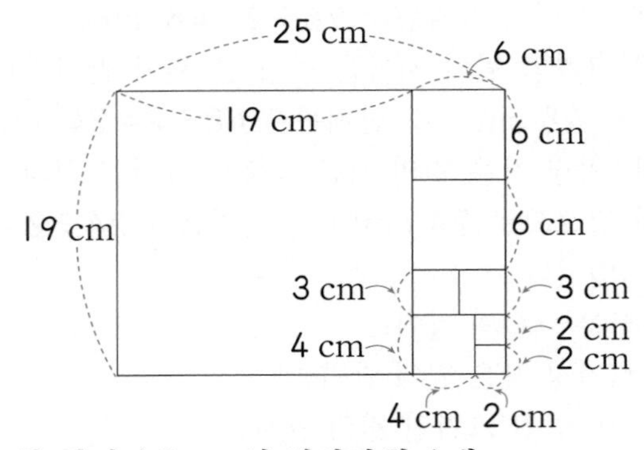

한 변이 19 cm인 정사각형 1개,
한 변이 6 cm인 정사각형 2개,
한 변이 3 cm인 정사각형 2개,
한 변이 4 cm인 정사각형 1개,
한 변이 2 cm인 정사각형 2개로
모두 $1+2+2+1+2=8$(개)입니다.

8 가장 작은 정사각형은 가로로 5개씩, 세로로 4개씩 있으므로 $5 \times 4=20$(개)입니다.
가장 작은 정사각형 4개로 이루어진 정사각형은 $4 \times 3=12$(개)입니다.
가장 작은 정사각형 9개로 이루어진 정사각형은 $3 \times 2=6$(개)입니다.
가장 작은 정사각형 16개로 이루어진 정사각형은 2개입니다.
따라서 선을 따라 그릴 수 있는 크고 작은 정사각형은 모두 $20+12+6+2=40$(개)입니다.

9 ⇨ 9개, ⇨ 3개, ⇨ 1개

따라서 크고 작은 삼각형은 모두 $9+3+1=13$(개)입니다.

10 (1) 태극 문양을 그리기 위해서는 원의 중심이 3개가 필요하므로 컴퍼스의 침을 3군데 꽂아야 합니다.

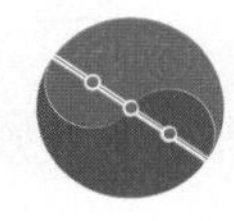

(2) 태극기의 건곤감리에 직사각형이 모두 18개가 있습니다. 18개의 직사각형에 직각이 각각 4개씩 있으므로 찾을 수 있는 직각은 모두 $18\times4=72$(개)입니다.

11

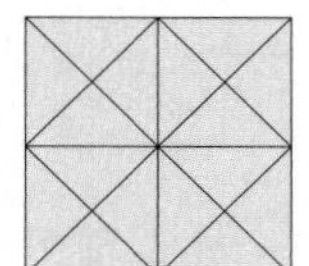

가장 작은 직각삼각형 1개짜리: $4\times4=16$(개)
가장 작은 직각삼각형 2개짜리: $4\times4=16$(개)
가장 작은 직각삼각형 4개짜리: $4\times2=8$(개)
가장 작은 직각삼각형 8개짜리: 4개
따라서 크고 작은 직각삼각형은 모두
$16+16+8+4=44$(개)입니다.

12

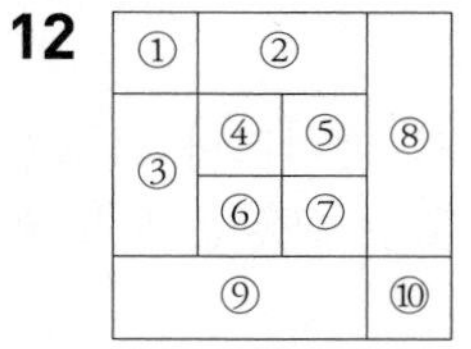

사각형 1개짜리: ①, ④, ⑤, ⑥, ⑦, ⑩
사각형 3개짜리: ②+④+⑤, ③+④+⑥
사각형 4개짜리: ④+⑤+⑥+⑦
사각형 6개짜리: ②+④+⑤+⑥+⑦+⑧,
③+④+⑤+⑥+⑦+⑨
사각형 7개짜리: ①+②+③+④+⑤+⑥+⑦
사각형 10개짜리: ①+②+③+④+⑤+⑥+⑦+⑧+⑨+⑩
⇨ $6+2+1+2+1+1=13$(개)

13

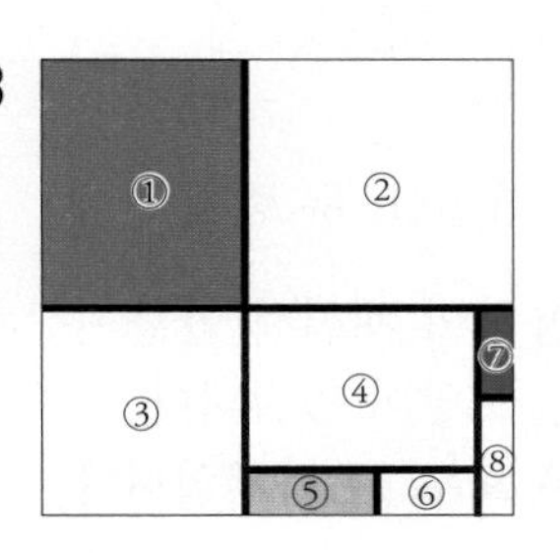

직사각형 1개짜리: ①, ②, ③, ④, ⑤, ⑥, ⑦, ⑧
직사각형 2개짜리: ①+②, ①+③, ⑤+⑥, ⑦+⑧
직사각형 3개짜리: ④+⑤+⑥
직사각형 4개짜리: ③+④+⑤+⑥
직사각형 5개짜리: ④+⑤+⑥+⑦+⑧
직사각형 6개짜리: ②+④+⑤+⑥+⑦+⑧,
③+④+⑤+⑥+⑦+⑧
직사각형 8개짜리: ①+②+③+④+⑤+⑥+⑦+⑧
⇨ $8+4+1+1+1+2+1=18$(개)

14 삼각형 1개짜리: 24개
삼각형 2개짜리: 12개
삼각형 3개짜리: 16개
삼각형 6개짜리: 8개
삼각형 7개짜리: 4개
삼각형 12개짜리: 4개
⇨ $24+12+16+8+4+4=68$(개)

15 : 가장 작은 직각삼각형은 12개입니다.
: 가장 작은 직각삼각형 2개를 합한 것과 같은 크기의 직각삼각형은 12개입니다.
: 가장 작은 직각삼각형 4개를 합한 것과 같은 크기의 직각삼각형은 8개입니다.
: 가장 작은 직각삼각형 8개를 합한 것과 같은 크기의 직각삼각형은 2개입니다.
따라서 크고 작은 직각삼각형은 모두
$12+12+8+2=34$(개)입니다.

16 잘못하여 왼쪽으로 뒤집었으므로 오른쪽으로 뒤집으면 처음 도형이 됩니다.
이것을 바르게 뒤집으려면 위쪽으로 뒤집어야 합니다.

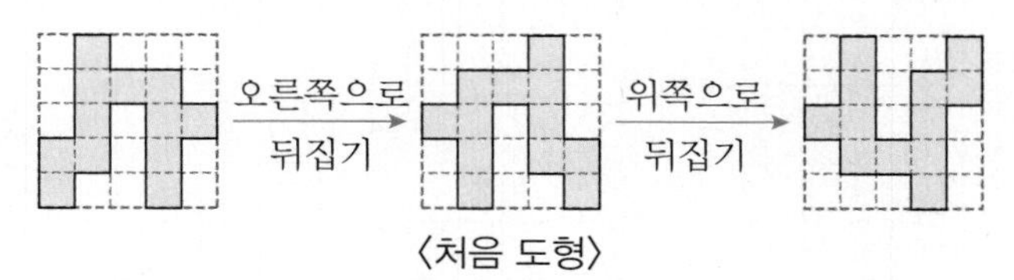

〈처음 도형〉

17 와 같이 돌린 것은 와 같이 돌린 것과 같고, 와 같이 두 번 돌리면 와 같이 돌린 것과 같습니다. 이것을 다시 와 같이 돌리면 와 같이 돌린 것과 같습니다. 와 같이 돌린 것은 와 같이 돌린 것과 같습니다.
따라서 왼쪽 도형을 와 같이 돌린 도형을 그립니다.

18 와 같이 3번 돌린 것은 와 같이 돌린 것과 같습니다. 따라서 와 같이 돌린 뒤 위쪽으로 뒤집은 도형을 그립니다.

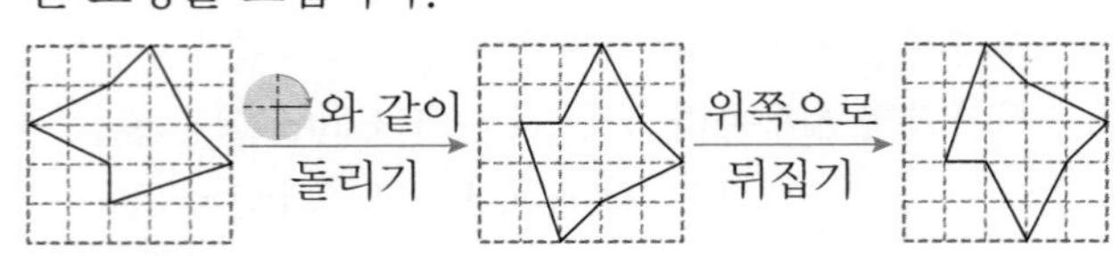

19 (1) ㅁ, ㅂ, ㅅ, ㅇ, ㅈ, ㅊ, ㅍ, ㅎ ⇨ 8개

(2) ㄷ, ㅁ, ㅇ, ㅌ, ㅍ ⇨ 5개

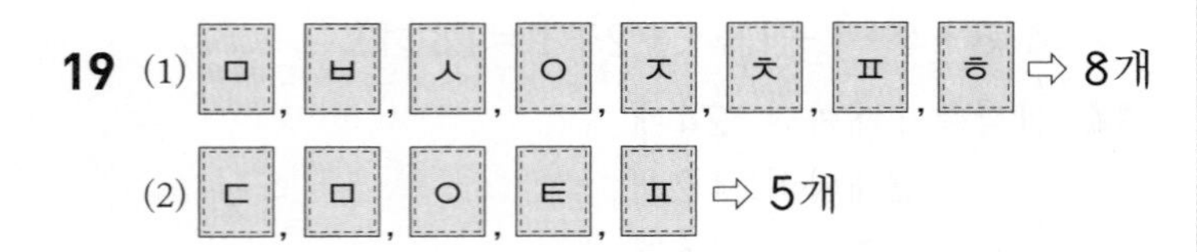

20 만들 수 있는 테트로미노 조각은 모두 5가지입니다.

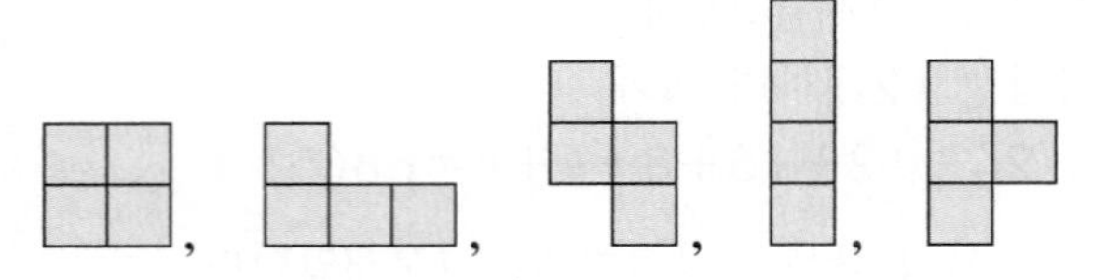

21 만들 수 있는 테트리아몬드 조각은 모두 3가지입니다.

참고

테트리아몬드와 같이 크기가 같은 정삼각형을 변끼리 이어 붙여서 만든 도형을 폴리아몬드(polyiamond)라고 합니다.

22

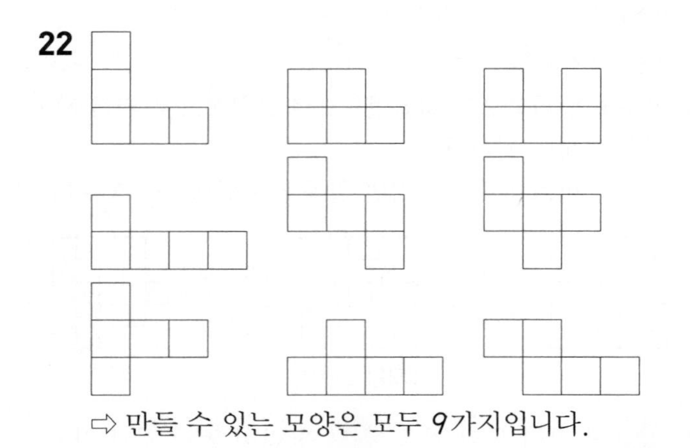

⇨ 만들 수 있는 모양은 모두 9가지입니다.

23

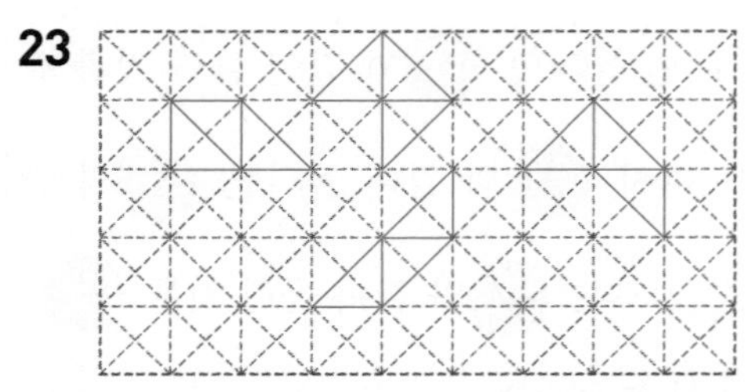

크기가 같은 직각삼각형 3개를 변끼리 이어 붙여서 만들 수 있는 모양은 모두 4가지입니다.

24

따라서 처음 모양을 포함해서 2가지 모양이 나오는 것은 , , 로 3개입니다.

25

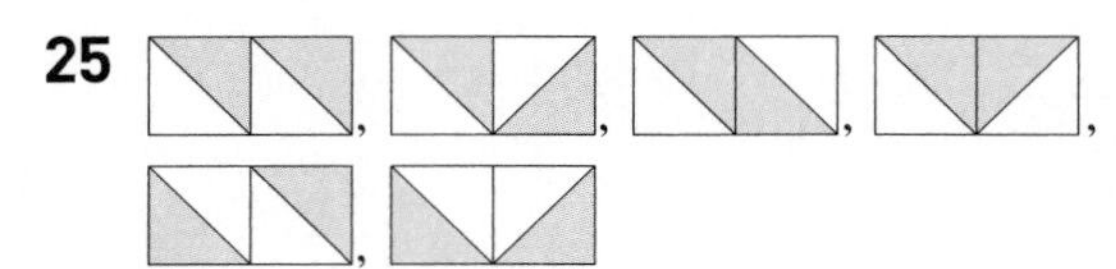

돌리거나 뒤집었을 때 같은 모양이 되는 것을 제외하면 나올 수 있는 모양은 모두 6가지입니다.

26

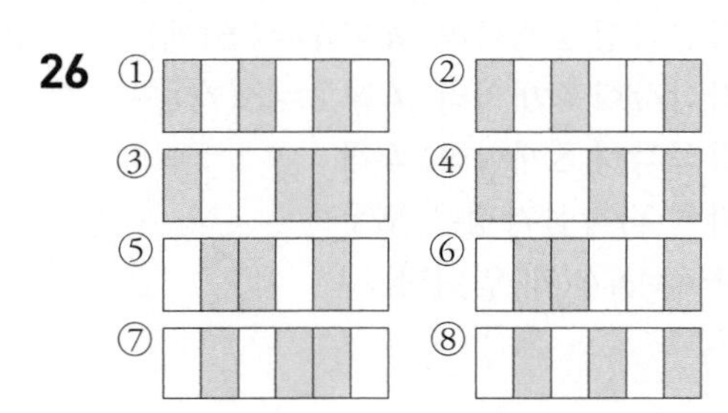

①과 ⑧, ②와 ④, ③과 ⑥, ⑤와 ⑦은 돌리거나 뒤집었을 때 같은 모양이 되므로 나올 수 있는 모양은 모두 4가지입니다.

27 두 칸 중 첫 번째 칸에 타일을, 두 번째 칸에 타일을 밀기, 돌리기를 이용하여 채워서 만들 수 있는 모양은 16가지입니다.

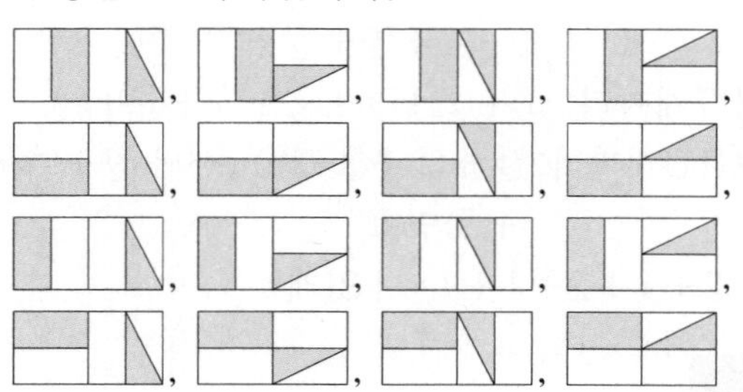

두 칸 중 첫 번째 칸에 타일을, 두 번째 칸에 타일을 밀기, 돌리기를 이용하여 채워서 만들 수 있는 모양은 돌렸을 때 모두 같은 모양이 있습니다.
따라서 나올 수 있는 모양은 모두 16가지입니다.

28 정사각형 모양 상자의 한 변의 길이는 168÷4=42 (cm)이고 원 모양 통조림 캔 뚜껑 3개의 지름의 합과 같습니다. 따라서 통조림 캔 뚜껑 1개의 지름은 42÷3=14 (cm)이므로 반지름은 14÷2=7 (cm)입니다.

29 가장 작은 원의 반지름을 □ cm라고 하면 가장 큰 원의 반지름은 (□×2) cm입니다.
중간 원의 지름은 □×2+□×2+□+□=□×6 (cm)의 반이므로 (□×3) cm입니다.
삼각형의 세 변의 길이의 합은 세 원의 반지름을 2번씩 더한 길이의 합이므로 세 원의 지름의 합과 같습니다.
(삼각형의 세 변의 길이의 합)
=(가장 작은 원의 지름)+(중간 원의 지름)
+(가장 큰 원의 지름)
=□×2+□×3+□×4=□×9=54이므로
□=6입니다. 따라서 중간 원의 지름은
6×3=18 (cm)이고 반지름은 9 cm입니다.

30

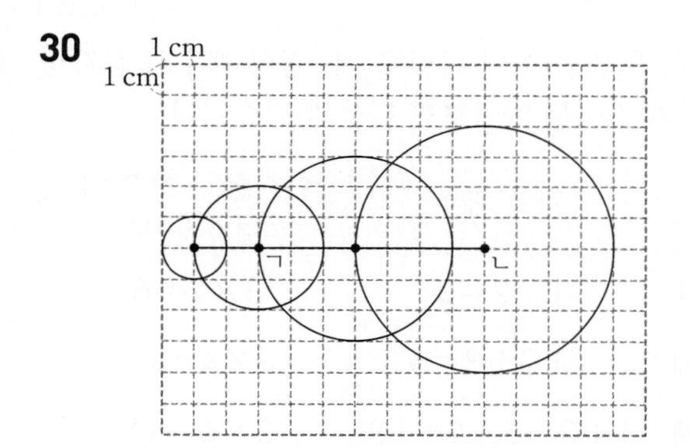

주어진 조건에 따라 그림을 그려 보면 위와 같습니다. 점 ㄱ과 점 ㄴ 사이의 모눈 칸의 수를 세어 보면 7칸이므로 선분 ㄱㄴ의 길이는 7 cm입니다.

STEP 3 코딩 유형 문제 74~75쪽

1 74 **2** 17개 **3** 64개

1 [데이터 1]은 점이 8개일 때 그릴 수 있는 직각삼각형의 수입니다.

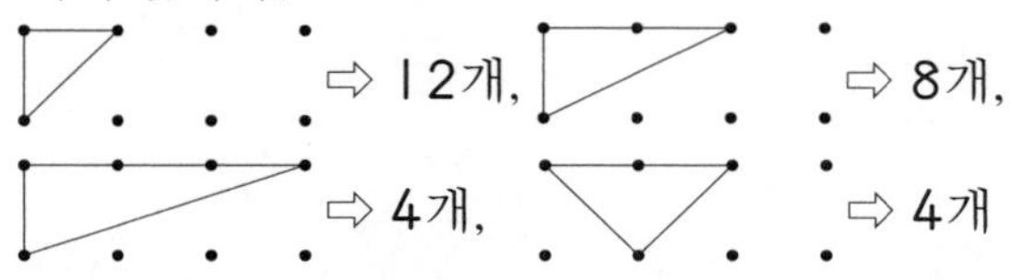

따라서 [데이터 1]은 12+8+4+4=28입니다.

[데이터 2]는 점이 10개일 때 그릴 수 있는 직각삼각형의 수입니다.

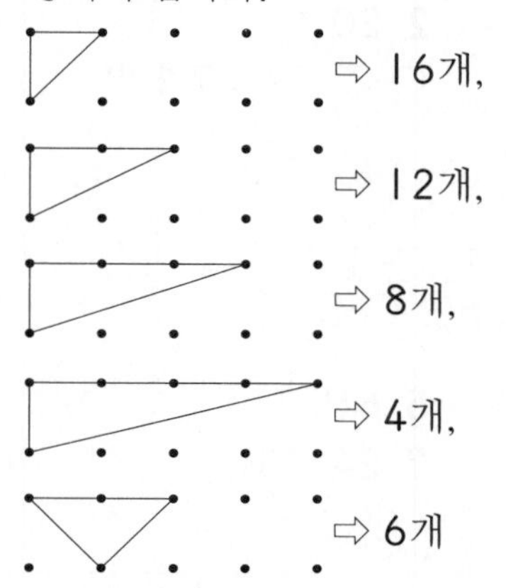

따라서 [데이터 2]는 16+12+8+4+6=46입니다.
⇨ [데이터 1]과 [데이터 2]의 합: 28+46=74

2 추가하기 1회:

추가하기 2회:

추가하기 3회:

추가하기 4회:

추가하기 5회:

가장 작은 직각삼각형 1개짜리는 12개, 가장 작은 직각삼각형 2개짜리는 5개이므로 선을 따라 그릴 수 있는 크고 작은 직각삼각형은 모두 12+5=17(개)입니다.

3 첫 번째 정사각형부터 정사각형이 한 개씩 늘어날 때, 그림을 모두 덮는 데 필요한 직각삼각형 조각의 개수를 알아봅니다.
첫 번째 정사각형: 4개,
두 번째 정사각형: 4+4=8(개),
세 번째 정사각형: 8+8=16(개),
네 번째 정사각형: 16+16=32(개)
따라서 다섯 번째 정사각형을 그리고 난 후 직각삼각형 조각으로 모두 덮으려면 직각삼각형 조각은 32+32=64(개)가 필요합니다.

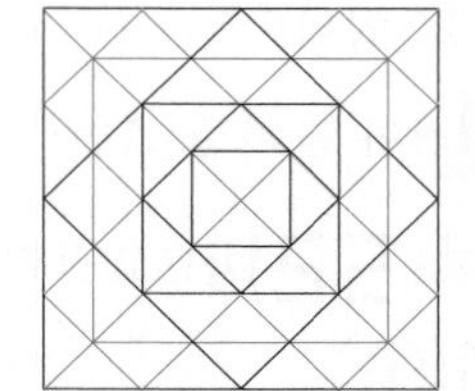

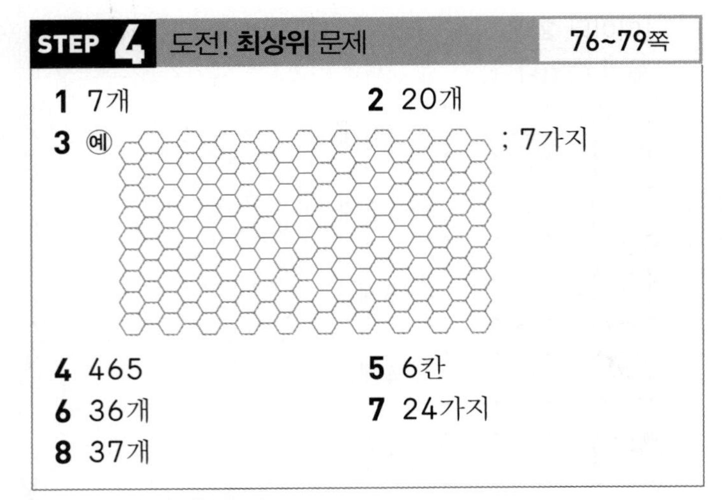

STEP 4 도전! 최상위 문제 76~79쪽

1 7개
2 20개
3 예 ; 7가지
4 465
5 6칸
6 36개
7 24가지
8 37개

1

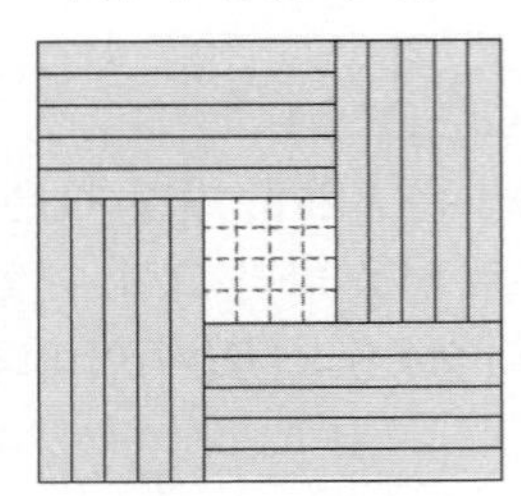

그림과 같이 점 종이에서 만들 수 있는 직각삼각형은 모두 7개입니다.

2 모눈종이를 최대한 보이는 부분이 없도록 덮는 방법은 다음과 같습니다.

따라서 직사각형 모양의 종이를 5×4=20(개) 사용해야 합니다.

3 먼저 정육각형 3개를 이어 붙여 그릴 수 있는 모양을 모두 그려 보고 각각 정육각형을 1개씩 더 붙여 보면서 서로 다른 모양을 모두 찾습니다.

4 와 같이 돌려도 수가 되는 것은 1, 2, 5, 6, 8, 9 입니다.
이 숫자들로 만들 수 있는 가장 큰 세 자리 수는 986이고 가장 작은 세 자리 수는 125입니다.
따라서 986과 125를 각각 와 같이 돌리면
986 → 986, 125 → 521이므로 돌린 두 수의 차는 986−521=465입니다.

5

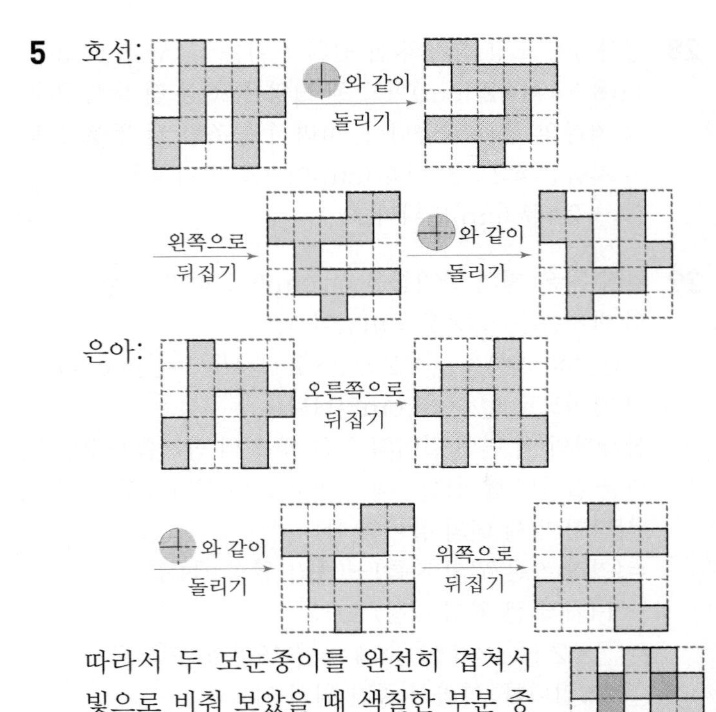

따라서 두 모눈종이를 완전히 겹쳐서 빛으로 비춰 보았을 때 색칠한 부분 중 겹치는 칸은 모두 6칸입니다.

6 규칙에 따라 원을 이어 붙였을 때, 원의 개수와 삼각형의 한 변의 길이를 알아보면 다음과 같습니다.

	원의 개수	삼각형의 한 변의 길이(cm)
첫 번째	1+2=3	3×2=6
두 번째	1+2+3=6	3×4=12
세 번째	1+2+3+4=10	3×6=18
⋮	⋮	⋮
□번째	1+2+……+□ +(□+1)	3×(□×2)

삼각형의 세 변의 길이의 합이 126 cm일 때 삼각형의 한 변의 길이는 126÷3=42 (cm)입니다.
3×14=42이므로 3×(□×2)에서 □×2=14, □=7입니다. 따라서 삼각형의 세 변의 길이의 합이 126 cm일 때는 일곱 번째이고, 이때 원은 모두 1+2+3+……+7+8=36(개) 필요합니다.

7

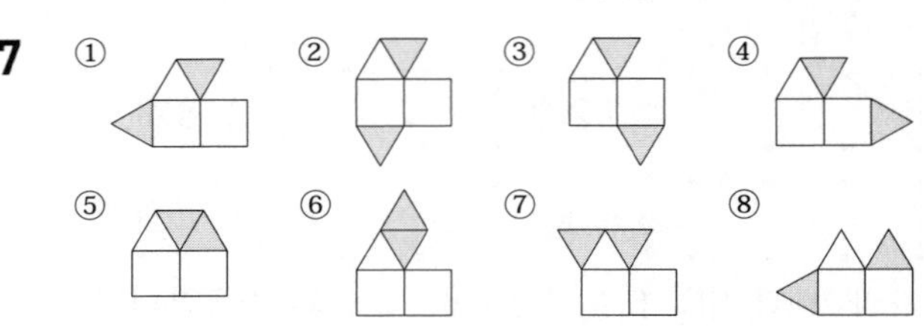

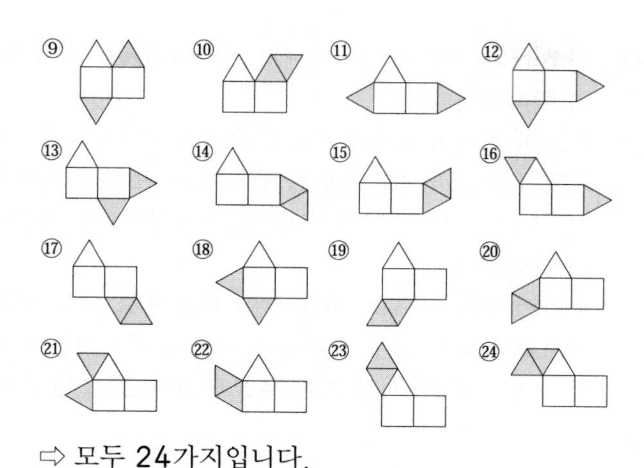

⇨ 모두 24가지입니다.

8 큰 원 안에 있는 작은 원의 수에 따라 가장 많게 나눈 영역의 수의 규칙을 찾아봅니다.

1개인 경우: 2개 　　2개인 경우: 5개

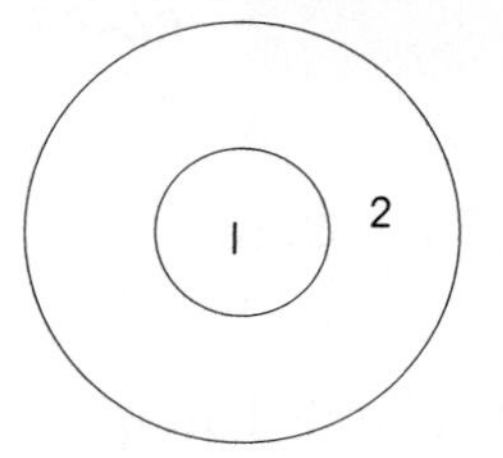

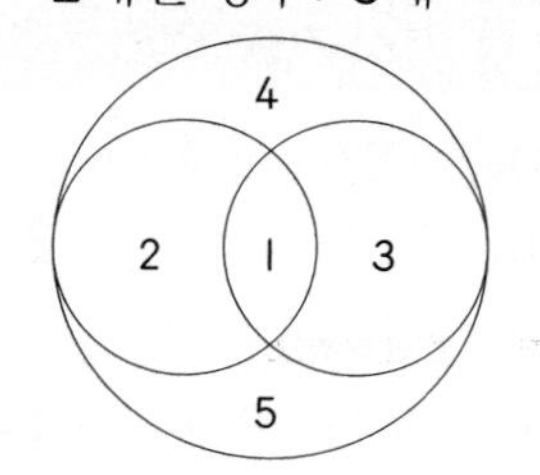

3개인 경우: 10개 　　4개인 경우: 17개

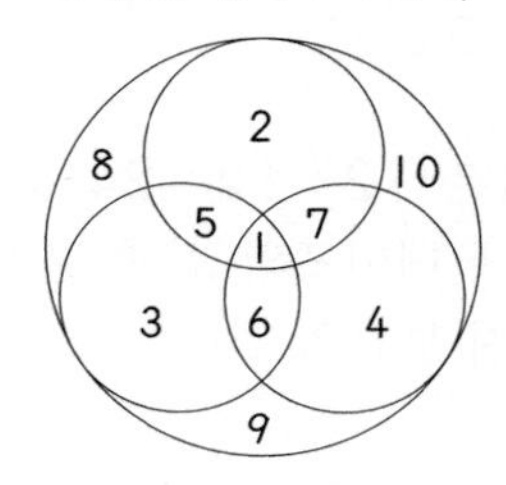

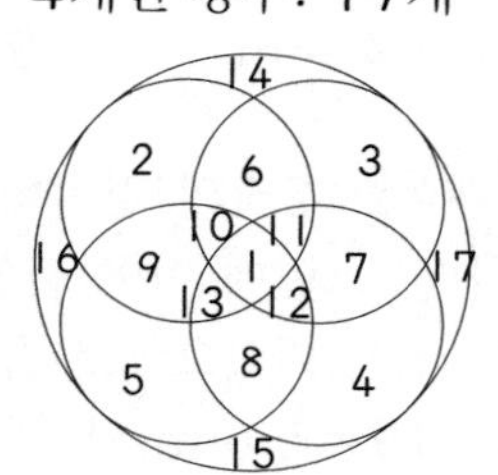

큰 원 안에 있는 작은 원의 수가 1개, 2개, 3개, 4개 ……로 늘어날 때마다 가장 많게 나눈 영역의 수는 2개, 5개, 10개, 17개……로 3, 5, 7……씩 늘어납니다. 따라서 큰 원 안에 있는 작은 원의 수가 6개일 때 가장 많게 나눈 영역의 수는 17+9+11=37(개)입니다.

특강 영재원 · **창의융합** 문제 　　80쪽

9

Ⅳ 측정 영역

STEP 1 경시 **기출 유형** 문제 　　82~83쪽

[주제 학습 15] 1시간 46분 28초

1 2시간 16분 26초 　　**2** 3시 3분 19초

[확인 문제] [한 번 더 확인]

1-1 오후 2시 5분 42초 　　**1-2** 7시 26분 47초

2-1 10시 17분 　　**2-2** 오후 1시 55분

3-1 오전 10시 8분 　　**3-2** 오후 2시 33분

1 (성주가 축구를 한 시간)
=(축구를 끝낸 시각)−(축구를 시작한 시각)

$$\begin{array}{rrr} \overset{6}{\cancel{7}}\text{시} & \overset{\overset{60}{2}}{\cancel{3}}\text{분} & \overset{60}{22}\text{초} \\ -\ 4\text{시} & 46\text{분} & 56\text{초} \\ \hline 2\text{시간} & 16\text{분} & 26\text{초} \end{array}$$

참고

초 단위끼리 뺄 수 없을 때에는 1분을 60초로, 분 단위끼리 뺄 수 없을 때에는 1시간을 60분으로 받아내림합니다.

2 초바늘이 한 바퀴를 돌면 60초=1분이 지난 것입니다. 초바늘이 아홉 바퀴를 돌면 9분이 지난 것이고, 반 바퀴를 돌면 30초가 지난 것이므로 초바늘이 아홉 바퀴 반을 돌면 9분 30초가 지난 것입니다.

$$\begin{array}{rrr} \overset{1}{2}\text{시} & \overset{1}{53}\text{분} & 49\text{초} \\ + & 9\text{분} & 30\text{초} \\ \hline 3\text{시} & 3\text{분} & 19\text{초} \end{array}$$

참고

분, 초 단위끼리의 합이 60보다 크거나 같으면 60초를 1분으로, 60분을 1시간으로 받아올림합니다.

[확인 문제] [한 번 더 확인]

1-1 (실험을 시작한 시각)+(실험 시간)
=(실험이 끝나는 시각)

$$\begin{array}{rrr} \overset{1}{10}\text{시} & \overset{1}{38}\text{분} & 54\text{초} \\ +\ 3\text{시간} & 26\text{분} & 48\text{초} \\ \hline 14\text{시} & 5\text{분} & 42\text{초} \end{array}$$

낮 12시 이후부터는 오후이므로
14시 5분 42초=오후 2시 5분 42초입니다.

1-2 (지후가 자전거를 타기 시작한 시각)
=(자전거 타기를 마친 시각)−(자전거를 탄 시간)

	60 13 60	
8 ~~9~~시	~~14~~분	15초
−1시간	47분	28초
7시	26분	47초

2-1 연정이가 운동을 시작한 시각에 운동을 마칠 때까지의 시간을 더합니다.
운동을 마칠 때까지의 시간은
18분+3분+15분+2분+9분+1분+4분=52분
이므로 연정이가 운동을 마친 시각은
9시 25분+52분=10시 17분입니다.

주의
연정이가 운동한 시간을 구하는 문제가 아니라 운동을 마친 시각을 구하는 문제입니다.
따라서 운동한 시간뿐만 아니라 쉰 시간도 더해야 합니다.

2-2 학교 수업이 시작하는 시각에 5교시가 끝날 때까지의 시간을 더합니다.
5교시가 끝날 때까지의 시간은
45분+5분+45분+10분+45분+5분+45분
+50분+45분
=295분=240분+55분
=4시간 55분입니다.
따라서 5교시가 끝나는 시각은
오전 9시+4시간 55분=오후 1시 55분입니다.

3-1 하루는 24시간이므로 시계가 하루에 4×4=16(분)씩 늦어집니다.
이번 주 수요일 낮 12시부터 다음 주 수요일 낮 12시까지는 7일이므로 16×7=112(분)만큼 늦어집니다.
112분=60분+52분=1시간 52분이므로 다음 주 수요일 낮 12시에 이 시계가 가리키는 시각은
낮 12시−1시간 52분=오전 10시 8분입니다.

참고
• 시간이 늦어지는 시계 문제의 경우에는 시간의 차를 이용합니다. 실제 시각에서 늦어진 시간만큼 빼면 시계가 가리키는 시각을 구할 수 있습니다.
• 시간이 빨라지는 시계 문제의 경우에는 시간의 합을 이용합니다. 실제 시각에 빨라진 시간만큼 더하면 시계가 가리키는 시각을 구할 수 있습니다.

3-2 하루는 24시간이므로 시계가 하루에 3×6=18(분)씩 빨라집니다.
월요일 오전 9시부터 토요일 오전 9시까지는 5일이므로 18×5=90(분)만큼 빨라지고, 토요일 오전 9시부터 토요일 오후 1시까지는 4시간이므로 3분이 더 빨라집니다.
따라서 90분+3분=93분=1시간 33분만큼 빨라지므로 토요일 오후 1시에 이 시계가 가리키는 시각은 오후 1시+1시간 33분=오후 2시 33분입니다.

STEP 1 경시 기출 유형 문제 84~85쪽

[주제 학습 16] 184 cm 2 mm
1 5 cm **2** 35 cm 6 mm

[확인 문제] [한 번 더 확인]
1-1 현애, 7 cm 8 mm **1-2** 17 cm 1 mm
2-1 8 cm 2 mm **2-2** 24 cm 4 mm
3-1 4 cm 4 mm **3-2** 5 cm

1 색 테이프 2장의 길이의 합은 12+12=24 (cm)입니다. 그런데 이어 붙인 색 테이프의 전체 길이가 19 cm가 되었으므로 겹쳐진 부분의 길이는
24−19=5 (cm)입니다.

참고
색 테이프 2장을 겹치게 이어 붙였으므로 겹쳐진 부분은 2−1=1(군데)입니다.

2 정사각형은 네 변의 길이가 모두 같으므로 한 변의 길이를 네 번 더합니다.
8 cm 9 mm+8 cm 9 mm+8 cm 9 mm
+8 cm 9 mm
=17 cm 8 mm+8 cm 9 mm+8 cm 9 mm
=26 cm 7 mm+8 cm 9 mm
=35 cm 6 mm

참고
계산을 편리하게 하기 위해서 cm 단위끼리 모두 더하고 mm 단위끼리 모두 더하여 구할 수도 있습니다.
8 cm 9 mm+8 cm 9 mm+8 cm 9 mm
+8 cm 9 mm=32 cm 36 mm=35 cm 6 mm

[확인 문제] [한 번 더 확인]

1-1 132 cm 4 mm<140 cm 2 mm
따라서 현애의 키가 정희의 키보다
140 cm 2 mm−132 cm 4 mm=7 cm 8 mm
더 큽니다.

1-2 그은 선의 길이를 모두 더합니다.
3 cm 9 mm+4 cm 7 mm+8 cm 5 mm
=8 cm 6 mm+8 cm 5 mm
=17 cm 1 mm

2-1 (가장 긴 것의 길이)
=(중간 것의 길이)+3 cm 6 mm
=12 cm 8 mm+3 cm 6 mm
=16 cm 4 mm
가장 짧은 것의 길이는 가장 긴 것의 길이의 반이므로
8 cm 2 mm+8 cm 2 mm=16 cm 4 mm에서
8 cm 2 mm입니다.

2-2 길이가 3 cm 4 mm인 색 테이프 8장의 길이의 합은
3 cm 4 mm+3 cm 4 mm+3 cm 4 mm
+3 cm 4 mm+3 cm 4 mm+3 cm 4 mm
+3 cm 4 mm+3 cm 4 mm
=24 cm 32 mm=27 cm 2 mm입니다.
겹치는 부분은 8−1=7(군데)이므로 겹치는 부분의 길이의 합은 4×7=28 (mm), 즉 2 cm 8 mm 입니다.
따라서 색 테이프 8장의 길이의 합에서 겹치는 부분의 길이의 합을 빼면 이어 붙인 색 테이프의 전체 길이는
27 cm 2 mm−2 cm 8 mm=24 cm 4 mm입니다.

3-1 가장 긴 변을 제외한 나머지 두 변의 길이의 합은 세 변의 길이의 합에서 가장 긴 변의 길이를 뺀 것과 같으므로 15 cm 4 mm−6 cm 6 mm=8 cm 8 mm 입니다.
나머지 두 변의 길이는 서로 같으므로 그중 한 변의 길이는 8 cm 8 mm의 반입니다.
따라서 4 cm 4 mm+4 cm 4 mm=8 cm 8 mm 에서 4 cm 4 mm입니다.

참고
- 두 변의 길이가 같은 삼각형을 이등변삼각형이라고 합니다.
- 세 변의 길이가 같은 삼각형을 정삼각형이라고 합니다.

3-2 큰 직사각형의 세로는 정사각형의 한 변과 같으므로 12 cm입니다.
(큰 직사각형의 네 변의 길이의 합)
=(가로)+12 cm+(가로)+12 cm=62 cm,
(가로)+(가로)+24 cm=62 cm,
(가로)+(가로)=38 cm,
(가로)=38÷2=19 (cm)
(겹치는 부분의 가로)
=(정사각형의 변 2개의 길이의 합)
−(큰 직사각형의 가로)
=12+12−19=24−19=5 (cm)

STEP 1 경시 기출 유형 문제 86~87쪽

[주제 학습 17] 900 mL

1 11 L 600 mL	**2** 350 mL

[확인 문제] [한 번 더 확인]

1-1 10 L 400 mL	**1-2** 23 L 650 mL
2-1 250 mL	**2-2** 1 L 800 mL
3-1 1 L 800 mL	**3-2** 48분 후

1 덜어 낸 물은 850 mL+850 mL+850 mL +850 mL=3400 mL=3 L 400 mL입니다.
따라서 수조에 남아 있는 물은
15 L−3 L 400 mL=11 L 600 mL입니다.

2 두 개의 병에 들어 있는 우유의 양의 차는
2 L 500 mL−1 L 800 mL=700 mL이고 이것의 반은 350 mL입니다.
따라서 두 개의 병에 들어 있는 우유의 양을 같게 하려면 많이 들어 있는 병에서 적게 들어 있는 병으로 우유를 350 mL 옮겨야 합니다.

다른 풀이
두 개의 병에 들어 있는 우유는 모두
1 L 800 mL+2 L 500 mL=4 L 300 mL입니다.
두 개의 병에 들어 있는 우유의 양을 같게 하려면 한 개의 병에 들어 있어야 하는 우유의 양은 4 L 300 mL의 반이므로 2 L 150 mL입니다.
따라서 많이 들어 있는 병에서 적게 들어 있는 병으로 우유를 2 L 500 mL−2 L 150 mL=350 mL 옮겨야 합니다.

[확인 문제] [한 번 더 확인]

1-1 12 L 300 mL 중 7 L 800 mL를 사용하고 남은 물은 12 L 300 mL−7 L 800 mL
=4 L 500 mL입니다.
다시 5 L 900 mL를 채웠으므로 지금 수조에 들어 있는 물은 4 L 500 mL+5 L 900 mL
=10 L 400 mL입니다.

참고
(지금 수조에 들어 있는 물의 양)
=(처음 수조에 들어 있던 물의 양)
−(오전에 사용한 물의 양)+(다시 채워 넣은 물의 양)

1-2 처음 수조에 들어 있던 물의 양에 월요일부터 목요일까지 더 넣은 물의 양을 더합니다.
7 L 250 mL+2 L 850 mL=10 L 100 mL,
10 L 100 mL+3 L 450 mL=13 L 550 mL,
13 L 550 mL+4 L 150 mL=17 L 700 mL,
17 L 700 mL+5 L 950 mL=23 L 650 mL

2-1 세 개의 잔에 들어 있는 전체 주스의 양은
400 mL+750 mL+350 mL=1500 mL이므로 각각의 잔에 들어 있어야 하는 주스의 양은
1500÷3=500 (mL)입니다.
따라서 가장 많이 들어 있는 잔의 주스를
750−500=250 (mL) 옮겨야 합니다.

2-2 세 개의 통에 들어 있는 전체 물의 양은
8 L 100 mL+4 L 300 mL+6 L 500 mL
=18 L 900 mL이므로 각 통에 들어 있어야 하는 물의 양은 18 L 900 mL÷3=6 L 300 mL입니다. 따라서 가장 많이 들어 있는 통의 물을
8 L 100 mL−6 L 300 mL=1 L 800 mL 옮겨야 합니다.

참고
18 L 900 mL=18900 mL이고
18900÷3=6300 (mL)입니다.
6300 mL=6 L 300 mL이므로
18 L 900 mL÷3=6 L 300mL입니다.

3-1 수조에 물을 4분에 520 mL씩 채우므로 1분에 520÷4=130 (mL)씩 채워지고, 1분에 40 mL씩 사용하므로 1분에 130−40=90 (mL)씩 채워지는 것과 같습니다. 따라서 20분 후에는 수조에 물이 90×20=1800 (mL), 즉 1 L 800 mL 있게 됩니다.

3-2 물탱크에 물을 1분에 18÷3=6 (L)씩 채우고 4÷2=2 (L)씩 내보내므로 1분에 6−2=4 (L)씩 채우는 것과 같습니다.
따라서 192 L가 차는 때는 192÷4=48(분) 후입니다.

STEP 1 경시 기출 유형 문제 88~89쪽

[주제 학습 18] 540 g

1	15 kg 800 g	**2**	7 kg 550 g

[확인 문제] [한 번 더 확인]

1-1	1 kg 450 g	**1-2**	1 kg 20 g
2-1	2 kg 60 g	**2-2**	840 g
3-1	204개	**3-2**	20개

1 (빈 물통의 무게)+(절반만큼 받은 물의 무게)
=8 kg 500 g이므로
1 kg 200 g+(절반만큼 받은 물의 무게)
=8 kg 500 g,
(절반만큼 받은 물의 무게)
=8 kg 500 g−1 kg 200 g
=7 kg 300 g입니다.
따라서 물통에 물을 가득 받으려면 절반만큼 받은 물이 들어 있는 물통의 무게에 7 kg 300 g을 더해야 합니다.
⇨ 8 kg 500 g+7 kg 300 g=15 kg 800 g

참고
무게의 합 또는 차를 계산할 때 g은 g끼리, kg은 kg끼리 계산합니다.

2 7인분을 만드는 데 사용한 반죽의 무게:
750×7=5250 (g)
5250 g=5 kg 250 g이므로 7인분을 만드는 데 사용하고 남은 반죽의 무게는
12 kg 800 g−5 kg 250 g=7 kg 550 g입니다.

[확인 문제] [한 번 더 확인]

1-1 생선 2마리를 더 추가했는데 580 g이 늘어났으므로 생선 1마리의 무게는 580÷2=290 (g)입니다.
따라서 생선 5마리의 무게는 290×5=1450 (g), 즉 1 kg 450 g입니다.

1-2 (은비의 몸무게)+(강아지의 무게)=34 kg 820 g
(도훈이의 몸무게)+(강아지의 무게)
=36 kg 760 g
(은비의 몸무게)+(강아지의 무게)
+(도훈이의 몸무게)+(강아지의 무게)
=34 kg 820 g+36 kg 760 g
=71 kg 580 g
(은비의 몸무게)+(도훈이의 몸무게)
=69 kg 540 g이므로
(강아지의 무게)+(강아지의 무게)+69 kg 540 g
=71 kg 580 g,
(강아지의 무게)+(강아지의 무게)
=71 kg 580 g−69 kg 540 g
=2 kg 40 g
1 kg 20 g+1 kg 20 g=2 kg 40 g이므로 강아지의 무게는 1 kg 20 g입니다.

2-1 (주스병 4개에 들어 있던 주스만의 무게)
=(주스가 가득 들어 있던 주스병 4개의 무게)
−(빈 주스병 4개의 무게)
=10 kg 540 g−2 kg 300 g=8 kg 240 g
따라서 주스병 하나에 들어 있던 주스만의 무게는 8 kg 240 g÷4=2 kg 60 g입니다.

2-2 (사과 8개가 들어 있는 바구니의 무게)
−(사과 5개가 들어 있는 바구니의 무게)
=(사과 3개의 무게)
=2 kg 520 g−1 kg 890 g=630 g
따라서 사과 1개의 무게는 630÷3=210 (g)입니다.
사과 5개가 들어 있는 바구니의 무게에서 사과 5개의 무게를 빼면 바구니만의 무게입니다.
(사과 5개의 무게)=210×5
=1050 (g) ⇨ 1 kg 50 g
(바구니만의 무게)=1 kg 890 g−1 kg 50 g
=840 g

3-1 참외 1개의 무게는 방울토마토 12×3=36(개)의 무게와 같으므로 참외 3개의 무게는 방울토마토 36×3=108(개)의 무게와 같습니다.
귤 8개의 무게는 방울토마토 12×8=96(개)의 무게와 같습니다.
따라서 참외 3개와 귤 8개의 무게는 방울토마토 108+96=204(개)의 무게와 같습니다.

3-2 빨간색 공의 무게를 ㉠, 파란색 공의 무게를 ㉡, 노란색 공의 무게를 ㉢, 초록색 공의 무게를 ㉣이라 하면 2×㉠=4×㉡, 3×㉢=5×㉡, 4×㉣=6×㉡입니다.
2×㉠=4×㉡이므로
6×㉠=(2×㉠)×3=(4×㉡)×3=12×㉡이고,
4×㉣=6×㉡이므로 2×㉣=3×㉡입니다.
따라서 여섯 개의 빨간색 공과 세 개의 노란색 공과 두 개의 초록색 공의 무게의 합은
6×㉠+3×㉢+2×㉣
=12×㉡+5×㉡+3×㉡
=20×㉡입니다.
⇨ 파란색 공 20개의 무게와 같습니다.

STEP 2 실전 경시 문제 90~95쪽

1 12시 7분 5초
2 

3 8시 50분	**4** 3시 57분 48초
5 9시 22분 25초	**6** 16일 오전 5시 15분
7 7	**8** 8시 20분 18초
9 5 m 14 cm	**10** 14가지
11 16 cm 8 mm	**12** 450초 후
13 2900 m	**14** 84 cm 2 mm
15 13600원	**16** 60 cm
17 10 L 800 mL	**18** 9 L 200 mL
19 452 mL	**20** 43 L 200 mL
21 7 kg 160 g	**22** 2 kg 35 g
23 26 kg 175 g	**24** 7장

1 초바늘이 19바퀴 도는 데 걸리는 시간은 19분이고 38초만큼 더 지나면 19분 38초 후입니다.
⇨ 11시 47분 27초+19분 38초=12시 7분 5초

참고
초바늘이 작은 눈금 한 칸을 지나는 데 걸리는 시간을 1초라고 합니다.
초바늘이 시계를 한 바퀴 도는 데 걸리는 시간은 60초입니다. 60초는 1분입니다.

정답과 풀이
측정 영역

2 현재 시각은 시계의 짧은바늘이 숫자 1과 2 사이를 가리키고, 긴바늘이 숫자 7을 가리키고 있으므로 1시 35분입니다. 2시간 40분 후의 시각은
1시 35분+2시간 40분=4시 15분입니다.
따라서 시계의 짧은바늘은 숫자 4와 5 사이를 가리키고, 긴바늘은 숫자 3을 가리키도록 그립니다.

3 지민이가 운동을 하기 전의 실제 시각은 오후 1시 35분에서 3시간 45분 전이므로
13시 35분−3시간 45분=9시 50분입니다.
그런데 지민이는 짧은바늘이 8과 9 사이에 있는 것으로 잘못 보았으므로 지민이가 잘못 생각한 시각은 8시 50분입니다.

참고
지민이는 짧은바늘의 위치를 잘못 보았으므로 '시'를 잘못 생각한 것입니다.

4 오전 10시부터 오후 2시까지는 4시간이므로 이 시계는 4시간마다 3초씩 늦어집니다. 오늘 오전 8시부터 일주일 후 오전 8시까지는 24×7=168(시간)이고 오전 8시부터 오후 4시까지는 8시간입니다.
따라서 오늘 오전 8시부터 일주일이 지난 오후 4시까지는 168+8=176(시간)이 지났고, 176시간은 4시간의 176÷4=44(배)이므로 이 시계는
3×44=132(초), 즉 2분 12초가 늦어집니다.
⇨ 4시−2분 12초=3시 57분 48초

5 나무 막대를 6도막으로 자르려면 5번 자르고 4번 쉬게 됩니다.
따라서 나무 막대를 6도막으로 자르는 데 걸리는 시간은
(2분 25초+2분 25초+2분 25초+2분 25초
+2분 25초)+(30초+30초+30초+30초)
=12분 5초+2분=14분 5초이므로 나무 막대를 다 자른 후의 시각은 9시 8분 20초+14분 5초=9시 22분 25초입니다.

6 모스크바는 서울보다 6시간 느리고, 런던은 모스크바보다 3시간 느리므로 런던은 서울보다 6+3=9(시간) 느립니다.
따라서 런던이 10월 15일 오후 8시 15분이면 서울의 시각은 런던보다 9시간 더 빠른 시각이므로 15일 오후 8시 15분+9시간=16일 오전 5시 15분입니다.

주의
밤 12시가 지나면 다음 날이므로 날짜가 바뀝니다.

7 오전 11시부터 다음 날 오전 11시까지는 24시간이고 오전 11시부터 오후 5시까지는 6시간이므로 시계를 정확한 시각에 맞춘 후 30시간이 지났습니다.
오후 5시에 시계는 오후 1시 30분이었으므로 실제 시각보다 3시간 30분, 즉 210분이 느려졌습니다.
따라서 30시간 동안 210분 느려진 것이므로 1시간에 210÷30=7(분)씩 느리게 갑니다.
⇨ ㉠=7

8 세 전구가 깜박이는 시각은 각각 다음과 같습니다.
빨간색 전구: 2초, 4초, 6초, 8초, 10초, 12초, 14초, 16초, 18초, 20초, 22초, 24초……
파란색 전구: 3초, 6초, 9초, 12초, 15초, 18초, 21초, 24초……
초록색 전구: 8초, 16초, 24초, 32초, 40초……
세 전구는 24초마다 동시에 깜박이므로 8시 19분 54초 바로 다음번에 세 전구가 동시에 깜박이는 시각은 8시 19분 54초+24초=8시 20분 18초입니다.

9 (B의 길이)=(A의 길이)+65 cm
=4 m 87 cm+65 cm
=5 m 52 cm
(C의 길이)=(B의 길이)−38 cm
=5 m 52 cm−38 cm
=5 m 14 cm

10
- 막대 한 개를 사용하여 잴 수 있는 길이:
  3 cm, 4 cm, 5 cm, 6 cm
- 막대 2개를 사용하여 잴 수 있는 길이:
  3+4=7 (cm), 3+5=8 (cm), 3+6=9 (cm),
  4+5=9 (cm), 4+6=10 (cm),
  5+6=11 (cm)
  ⇨ 7 cm, 8 cm, 9 cm, 10 cm, 11 cm
- 막대 3개를 사용하여 잴 수 있는 길이:
  3+4+5=12 (cm), 3+4+6=13 (cm),
  3+5+6=14 (cm), 4+5+6=15 (cm)
  ⇨ 12 cm, 13 cm, 14 cm, 15 cm
- 막대 4개를 사용하여 잴 수 있는 길이:
  3+4+5+6=18 (cm)

따라서 잴 수 있는 길이는 3 cm, 4 cm, 5 cm, 6 cm, 7 cm, 8 cm, 9 cm, 10 cm, 11 cm, 12 cm, 13 cm, 14 cm, 15 cm, 18 cm로 모두 14가지입니다.

11 짧은 막대의 길이를 □라 하면 긴 막대의 길이는 □+9 cm 4 mm입니다. 두 막대의 길이의 합은 □+□+9 cm 4 mm=24 cm 2 mm이므로
□+□=24 cm 2 mm−9 cm 4 mm
=14 cm 8 mm입니다.
7 cm 4 mm+7 cm 4 mm=14 cm 8 mm이므로 □=7 cm 4 mm입니다.
따라서 긴 막대의 길이는
7 cm 4 mm+9 cm 4 mm=16 cm 8 mm입니다.

12 양초의 길이는 1분 15초마다 12 cm−10 cm 5 mm =1 cm 5 mm씩 짧아지고 있습니다.
12 cm의 $\frac{1}{4}$은 3 cm이므로 양초의 길이가 3 cm가 되는 때를 알아봅니다.
5분 후 양초의 길이는
7 cm 5 mm−1 cm 5 mm=6 cm,
6분 15초 후 양초의 길이는
6 cm−1 cm 5 mm=4 cm 5 mm,
7분 30초 후 양초의 길이는
4 cm 5 mm−1 cm 5 mm=3 cm가 됩니다.
따라서 양초의 길이가 3 cm가 되는 시점은
7분 30초=420초+30초=450초 후입니다.

다른 풀이

12 cm의 $\frac{1}{4}$은 3 cm이므로 양초의 길이가
12 cm−3 cm=9 cm만큼 줄어드는 데 걸리는 시간을 구합니다.
1분 15초=75초 동안 양초가 1 cm 5 mm씩 줄고 9 cm는 1 cm 5 mm의 6배이므로 양초가 9 cm만큼 줄어드는 데 75×6=450(초)가 걸립니다.
따라서 양초의 길이가 처음 양초의 길이의 $\frac{1}{4}$이 되는 시점은 450초 후입니다.

13 두 사람이 만난 후 석범이가 1500 m를 더 가서 A 지점에 도착했으므로 A 지점과 두 사람이 만난 곳 사이의 거리는 1500 m입니다.
희선이는 1분에 100 m를 가는데, 희선이가 석범이를 만난 후 B 지점에 도착하는 데 14분이 걸렸으므로 두 사람이 만난 곳과 B 지점 사이의 거리는
100×14=1400 (m)입니다.
따라서 A 지점과 B 지점 사이의 거리는
1500 m+1400 m=2900 m입니다.

14 큰 직사각형의 가로:
12 cm+12 cm−2 cm 7 mm=21 cm 3 mm
큰 직사각형의 세로:
12 cm+12 cm−3 cm 2 mm=20 cm 8 mm
따라서 큰 직사각형의 네 변의 길이의 합은
21 cm 3 mm+20 cm 8 mm+21 cm 3 mm +20 cm 8 mm
=82 cm 22 mm=84 cm 2 mm입니다.

15 금속 막대 1 m 50 cm의 무게가 3 kg 600 g이고, 1 m 50 cm는 50 cm의 3배이므로 금속 막대 50 cm의 무게는 3 kg 600 g÷3=1 kg 200 g입니다.
금속 막대 1 kg 200 g이 800원이므로 금속 막대 50 cm의 가격은 800원입니다.
8 m 50 cm=850 cm는 50 cm의 17배이므로 금속 막대 8 m 50 cm의 가격은
800×17=13600(원)입니다.

16 책상이 가로로 6개 놓여져 있으므로 책상의 가로의 길이의 합은 60×6=360 (cm)입니다.
떨어져 있는 책상과 책상, 책상과 벽 사이의 간격들을 모두 더한 길이는
9 m 20 cm−360 cm=920 cm−360 cm
=560 cm입니다.
㈎에서 간격은 4개이므로 간격 하나의 길이는
560÷4=140 (cm)입니다.
㈏에서 간격은 7개이므로 간격 하나의 길이는
560÷7=80 (cm)입니다.
따라서 책상 배열을 ㈎에서 ㈏로 바꾸면 간격 하나의 길이는 140 cm−80 cm=60 cm가 줄어듭니다.

17 호영이가 담은 물의 양: 900×7=6300 (mL)
⇨ 6 L 300 mL
미라가 담은 물의 양: 500×9=4500 (mL)
⇨ 4 L 500 mL
따라서 호영이와 미라가 담은 물의 양은
6 L 300 mL+4 L 500 mL=10 L 800 mL입니다.

참고

(호영이가 담은 물의 양)+(미라가 담은 물의 양)
=6300 mL+4500 mL
=10800 mL
⇨ 10800 mL=10 L 800 mL

18 작은 통에 담은 물의 양을 □라 하면 큰 통에 담은 물의 양은 □+2 L 800 mL입니다.
두 통에 담은 물의 양의 합은
□+□+2 L 800 mL=15 L 600 mL이므로
□+□=15 L 600 mL−2 L 800 mL
=12 L 800 mL입니다.
6 L 400 mL+6 L 400 mL=12 L 800 mL이므로 □=6 L 400 mL입니다.
따라서 작은 통에 담은 물의 양은 6 L 400 mL이고, 큰 통에 담은 물의 양은
6 L 400 mL+2 L 800 mL=9 L 200 mL입니다.

19 946 mL<1095 mL<1137 mL이므로 가장 적게 들어 있는 그릇부터 가장 많이 들어 있는 그릇의 물의 양을 차례대로 ㉠, ㉡, ㉢이라 놓으면
㉠+㉡=946 mL, ㉠+㉢=1095 mL,
㉡+㉢=1137 mL입니다.
두 그릇에 들어 있는 물의 양의 합을 모두 더하면
(㉠+㉡)+(㉠+㉢)+(㉡+㉢)
=946 mL+1095 mL+1137 mL
=3178 mL입니다.
⇨ ㉠+㉡+㉢=3178÷2=1589 (mL)
따라서 가장 적게 들어 있는 물의 양은
(㉠+㉡+㉢)−(㉡+㉢)=1589 mL−1137 mL
=452 mL입니다.

20 1 L로 8 km를 갈 수 있으므로 488 km를 가려면 휘발유는 488÷8=61 (L)가 필요합니다.
지금 연료 탱크에 휘발유가 17 L 800 mL 들어 있으므로 최소 61 L−17 L 800 mL=43 L 200 mL를 더 넣어야 합니다.

21 상자를 제외한 무게는
32 kg 520 g−1 kg 320 g=31 kg 200 g입니다.
수박 4통을 포장하는 데 사용한 포장지의 무게는
640×4=2560 (g), 즉 2 kg 560 g입니다.
수박 4통의 무게는
31 kg 200 g−2 kg 560 g=28 kg 640 g입니다.
따라서 수박 한 통의 무게는
28 kg 640 g÷4=7 kg 160 g입니다.

참고
28 kg 640 g=28640 g이고 28640÷4=7160 (g)입니다. 7160 g=7 kg 160 g이므로
28 kg 640 g÷4=7 kg 160 g입니다.

22 − =

$\frac{5}{7}-\frac{2}{7}=\frac{3}{7}$이므로 물통의 $\frac{3}{7}$만큼 들어 있는 물의 무게는 690 g입니다.
물통의 $\frac{3}{7}$만큼 들어 있는 물의 무게가 690 g이므로
물통의 $\frac{1}{7}$만큼 들어 있는 물의 무게는
690÷3=230 (g)입니다.
따라서 가득 들어 있는 물의 무게는
230×7=1610 (g), 즉 1 kg 610 g이므로 물이 가득 들어 있는 물통의 무게는
1 kg 610 g+425 g=2 kg 35 g입니다.

23 아버지의 몸무게:
25 kg 800 g+25 kg 800 g+25 kg 800 g+125 g
=77 kg 525 g
어머니의 몸무게:
25 kg 800 g+25 kg 800 g−250 g
=51 kg 350 g
⇨ (아버지의 몸무게)−(어머니의 몸무게)
=77 kg 525 g−51 kg 350 g
=26 kg 175 g

24 어머니께서 사신 쇠고기와 돼지고기를 모두 더하면 세 근 반이므로
600 g+600 g+600 g+300 g
=2100 g=2 kg 100 g입니다.
여기에 다진 야채 850 g을 넣으면 반죽은 모두
2 kg 100 g+850 g=2 kg 950 g이 됩니다.
전체 반죽의 무게에서 450 g을 몇 번까지 뺄 수 있는지 알아봅니다.
1번: 2 kg 950 g−450 g=2 kg 500 g
2번: 2 kg 500 g−450 g=2 kg 50 g
3번: 2 kg 50 g−450 g=1 kg 600 g
4번: 1 kg 600 g−450 g=1 kg 150 g
5번: 1 kg 150 g−450 g=700 g
6번: 700 g−450 g=250 g
250 g은 450 g보다 적으므로 450 g짜리 햄버그스테이크를 최대 6장 만들고 남은 250 g으로 작은 햄버그스테이크를 한 장 만들 수 있습니다.
따라서 햄버그스테이크를 7장 만들 수 있습니다.

STEP 3 코딩 유형 문제 96~97쪽

1 테니스공, 2개	**2** 오후 5시 48분
3 123 mL	**4** 9 cm

1 거꾸로 생각하여 392 g에서 올려놓은 공의 무게를 빼어 ★의 무게를 구합니다.
392 g−56 g=336 g, 336 g−9 g=327 g,
327 g−10 g=317 g, 317 g−3 g=314 g,
314 g−112 g=202 g, 202 g−90 g=112 g
112는 3, 5, 45로 나누어떨어지지 않으므로 ★에는 탁구공, 배드민턴공, 골프공은 들어 있을 수 없습니다.
112÷56=2로 나누어떨어지므로 ★에는 테니스공 2개가 들어 있었습니다.

2 오전 11시 18분+15분+3시간 15분+15분
−2시간 50분+15분−2시간 50분+15분
+3시간 15분+15분+3시간 15분+15분
+3시간 15분+15분−2시간 50분+15분
=오후 5시 48분

출발 오전 11:18	+15분 → 11:33	+3시간 15분 토끼 14:48	+15분 → 15:03	−2시간 50분 거북 12:13
17:48 ↑+15분				↓+15분 12:28
17:33 거북 −2시간 50분				−2시간 50분 거북 9:38
20:23 ↑+15분				↓+15분 9:53
+3시간 15분 토끼 20:08	+15분 ← 16:53	+3시간 15분 토끼 16:38	+15분 ← 13:23	+3시간 15분 토끼 13:08

3 주어진 과정 순서대로 계산하면
5 mL 더하고, 8 mL 덜어 내고, 7 mL 더하고,
6 mL 덜어 내고, 7 mL 더해야 합니다.
먼저 더하는 것만 계산하면
5 mL+7 mL+7 mL=19 mL이고, 덜어 내는 것만 계산하면 8 mL+6 mL=14 mL이므로 이 과정을 한 번 진행하면 19 mL−14 mL=5 mL가 더해집니다. 이 과정을 5번 반복했으므로 5×5=25 (mL)를 더한 양이 148 mL입니다.
따라서 처음 그릇에 있던 액체의 양은
148 mL−25 mL=123 mL입니다.

주의
처음 그릇에 있던 액체의 양은 주어진 과정을 5번 반복하기 전의 액체의 양이므로 더해진 액체의 양을 다시 빼어서 구해야 합니다.

4 숙제를 했다고 거짓말을 했으므로 8×3=24 (cm)가 됩니다.
아침 식사 후 부모님을 도와 설거지를 한 것은 착한 일이므로 24÷2=12 (cm)가 됩니다.
지각한 이유를 거짓말했으므로 12×3=36 (cm)가 됩니다.
아픈 친구를 부축한 것은 착한 일이므로
36÷2=18 (cm)가 됩니다.
점심 식사 후 휴지를 주운 일도 착한 일이므로
18÷2=9 (cm)가 됩니다.

STEP 4 도전! 최상위 문제 98~101쪽

1 120포대, 18시간	
2 11월 19일 오전 9시 30분	
3 216 g	**4** 3 m 11 cm
5 28초	**6** 103 cm
7 3 mm	**8** 21가지

1 주문해야 하는 밀가루 포대 수: 960÷8=120(포대)
밀가루 20포대를 생산하는 데 3시간이 걸리고,
120포대는 20포대의 6배이므로 이를 생산하는 데 걸리는 시간은 모두 3×6=18(시간)입니다.

2 오후 8시 48분−오전 4시 48분
=20시 48분−4시 48분=16시간이므로 밴쿠버는 한국보다 16시간이 느립니다.
따라서 은지가 전화를 받는 때는 밴쿠버 시각인 11월 18일 오후 5시 30분보다 16시간 빠른 시각입니다.
⇨ 11월 18일 오후 5시 30분+16시간
=11월 19일 오전 9시 30분

3 처음에 1 kg 280 g=1280 g을 똑같이 5명에게 나누어 주려고 했으므로 이때 한 명의 자녀가 받게 되는 황금은 1280÷5=256 (g)이었습니다.
그런데 마음이 바뀌어서 첫째는 1280 g의 반인 640 g을, 둘째는 640 g의 반인 320 g을, 셋째는 320 g의 반인 160 g을, 넷째는 160 g의 반인 80 g을, 다섯째는 80 g의 반인 40 g을 가져가고 나머지 40 g은 불우 이웃 돕기를 했습니다.
따라서 다섯째는 처음에 나누어 주려던 것보다
256 g−40 g=216 g 더 적게 받았습니다.

4 분황사 모전석탑:
2 m 50 cm+2 m 50 cm+2 m 50 cm+180 cm
=9 m 30 cm
감은사지 삼층석탑:
3 m+3 m+3 m+3 m+3 m−1 m 60 cm
=13 m 40 cm
다보탑: 4 m 50 cm+4 m 50 cm+1 m 29 cm
=10 m 29 cm
⇨ 13 m 40 cm(감은사지 삼층석탑)
>10 m 29 cm(다보탑)
>9 m 30 cm(분황사 모전석탑)
따라서 가장 높은 탑과 두 번째로 높은 탑의 높이의 차는
13 m 40 cm−10 m 29 cm=3 m 11 cm입니다.

5 세정이는 600 mL씩 7번 퍼냈으므로 세정이가 퍼낸 물의 양은 600×7=4200 (mL)이고, 세훈이는 350 mL씩 8번 퍼냈으므로 세훈이가 퍼낸 물의 양은 350×8=2800 (mL)입니다.
따라서 세정이와 세훈이가 퍼낸 물의 양은 모두
4200 mL+2800 mL=7000 mL=7 L이므로
어항의 들이는 7 L입니다.
새로 물을 1초에 250 mL씩 채운다면 4초에
1000 mL=1 L를 채울 수 있으므로 7 L들이의 어항에 물을 가득 채우는 데에는 4×7=28(초)가 걸립니다.

6 철수네 모둠은 추 10 g이 추가될 때마다 5 cm씩 늘어나고 있습니다.
영희네 모둠은 추 10 g이 추가될 때마다 4 cm씩 늘어나고 있으므로 추가 없을 때 용수철의 길이는
12−4=8 (cm)입니다.
병태네 모둠은 추 20 g이 추가될 때마다 6 cm씩 늘어나고 있으므로 추 10 g이 추가될 때마다 3 cm씩 늘어나고 있고, 추가 없을 때 용수철의 길이는
11−6=5 (cm)입니다.
따라서 각 모둠이 70 g의 추를 달았을 때 용수철의 길이를 구하면
철수네 모둠은 6+5×7=41 (cm),
영희네 모둠은 8+4×7=36 (cm),
병태네 모둠은 5+3×7=26 (cm)입니다.
⇨ 41+36+26=103 (cm)

주의
(추를 달았을 때 용수철의 길이)
=(아무것도 매달지 않았을 때의 길이)+(늘어난 길이)

7 겹쳐진 부분의 수가 가장 적을 때는 겹쳐서 놓은 나무 막대의 수가 가장 적은 때입니다.
나무 막대를 겹치지 않게 놓는다면
7 cm 2 mm+7 cm 2 mm=14 cm 4 mm,
14 cm 4 mm+7 cm 2 mm=21 cm 6 mm,
21 cm 6 mm+7 cm 2 mm=28 cm 8 mm,
28 cm 8 mm+7 cm 2 mm=36 cm,
36 cm+7 cm 2 mm=43 cm 2 mm,
43 cm 2 mm+7 cm 2 mm=50 cm 4 mm,
50 cm 4 mm+7 cm 2 mm=57 cm 6 mm
따라서 나무 막대를 8개 놓았을 때부터 겹쳐서 놓은 전체 길이인 55 cm 5 mm보다 길어지므로 나무 막대는 최소 8개를 놓아야 합니다.
겹쳐진 부분의 길이의 합은
57 cm 6 mm−55 cm 5 mm=2 cm 1 mm이고
겹쳐진 부분은 7군데이므로 나무 막대를
21÷7=3 (mm)씩 겹쳐서 놓아야 합니다.

8 오전 9시부터 오후 7시까지 각 시간대별로 조건을 만족하는 경우를 모두 구해 봅니다.
'시' 부분이 09일 때 0+9=9이므로 '분' 부분의 곱이 9인 경우를 찾으면 1×9=9, 3×3=9에서 19분, 33분일 때 조건을 만족합니다. ⇨ 2가지
'시' 부분이 10일 때 1+0=1이므로 '분' 부분의 곱이 1인 경우를 찾으면 1×1=1에서 11분일 때 조건을 만족합니다. ⇨ 1가지
'시' 부분이 11일 때 1+1=2이므로 '분' 부분의 곱이 2인 경우를 찾으면 1×2=2, 2×1=2에서 12분, 21분일 때 조건을 만족합니다. ⇨ 2가지
'시' 부분이 12일 때 1+2=3이므로 '분' 부분의 곱이 3인 경우를 찾으면 1×3=3, 3×1=3에서 13분, 31분일 때 조건을 만족합니다. ⇨ 2가지
'시' 부분이 13일 때 1+3=4이므로 '분' 부분의 곱이 4인 경우를 찾으면 1×4=4, 2×2=4, 4×1=4에서 14분, 22분, 41분일 때 조건을 만족합니다.
⇨ 3가지
'시' 부분이 14일 때 1+4=5이므로 '분' 부분의 곱이 5인 경우를 찾으면 1×5=5, 5×1=5에서 15분, 51분일 때 조건을 만족합니다. ⇨ 2가지
'시' 부분이 15일 때 1+5=6이므로 '분' 부분의 곱이 6인 경우를 찾으면 1×6=6, 2×3=6, 3×2=6에서 16분, 23분, 32분일 때 조건을 만족합니다.
⇨ 3가지

'시' 부분이 16일 때 1+6=7이므로 '분' 부분의 곱이 7인 경우를 찾으면 1×7=7에서 17분일 때 조건을 만족합니다. ⇨ 1가지
'시' 부분이 17일 때 1+7=8이므로 '분' 부분의 곱이 8인 경우를 찾으면 1×8=8, 2×4=8, 4×2=8에서 18분, 24분, 42분일 때 조건을 만족합니다. ⇨ 3가지
'시' 부분이 18일 때 1+8=9이므로 '분' 부분의 곱이 9인 경우를 찾으면 1×9=9, 3×3=9에서 19분, 33분일 때 조건을 만족합니다. ⇨ 2가지
따라서 조건을 만족하는 경우는 모두
2+1+2+2+3+2+3+1+3+2=21(가지)입니다.

특강 영재원 · **창의융합** 문제 102쪽

9 11시간 34분 21초, 11시간 30분 21초, 11시간 29분 18초, 11시간 25분 47초, 11시간 23분 23초
10 1시간 13분 14초

9 (낮의 길이)=(해가 지는 시각)−(해가 뜨는 시각)
1일: 17시 59분 38초−6시 25분 17초
=11시간 34분 21초
2일: 17시 57분 19초−6시 26분 58초
=11시간 30분 21초
3일: 17시 56분 52초−6시 27분 34초
=11시간 29분 18초
4일: 17시 54분 12초−6시 28분 25초
=11시간 25분 47초
5일: 17시 53분 05초−6시 29분 42초
=11시간 23분 23초

10 조사한 날 중 낮의 길이가 가장 짧은 날은 5일로 11시간 23분 23초입니다.
하루는 24시간이므로 이날 밤의 길이는
24시간−11시간 23분 23초=12시간 36분 37초
입니다.
따라서 밤의 길이가 낮의 길이보다
12시간 36분 37초−11시간 23분 23초
=1시간 13분 14초 더 깁니다.

참고
(낮의 길이)+(밤의 길이)=24시간

V 확률과 통계 영역

STEP 1 경시 **기출 유형** 문제 104~105쪽

[주제 학습 19] 7, 4, 2 ; 파랑
1 8명

[확인 문제] [한 번 더 확인]

1-1 10　　**1-2** 3
2-1 58명　　**2-2** 270명

1 복숭아를 제외한 좋아하는 과일별 학생 수를 더하면
7+2+1+5+2+1=18(명)이고,
전체 학생이 26명이므로 복숭아를 좋아하는 학생은
26−18=8(명)입니다.

[확인 문제] [한 번 더 확인]

1-1 야구: 5명, 축구: 4명, 농구: 3명, 피구: 7명, 배구: 5명이므로 ㉠ 5, ㉡ 4, ㉢ 3, ㉣ 7, ㉤ 5입니다.
가장 큰 수는 ㉣로 7이고, 가장 작은 수는 ㉢으로 3입니다.
따라서 두 수의 합은 7+3=10입니다.

1-2 봄: 8명, 여름: 9명, 가을: 6명, 겨울: 7명이므로
㉠ 8, ㉡ 9, ㉢ 6, ㉣ 7입니다.
가장 큰 수는 ㉡으로 9이고, 가장 작은 수는 ㉢으로 6입니다.
따라서 두 수의 차는 9−6=3입니다.

2-1 장난감을 받고 싶어 하는 학생은
248−127−35−17=69(명)입니다.
따라서 생일 선물로 휴대 전화를 받고 싶어 하는 학생은 장난감을 받고 싶어 하는 학생보다
127−69=58(명) 더 많습니다.

2-2 고양이를 좋아하는 학생은 토끼를 좋아하는 학생보다 6명 더 많으므로
(고양이를 좋아하는 학생 수)
=(토끼를 좋아하는 학생 수)+6
=38+6
=44(명)입니다.
따라서 건우네 학교 학생은 모두
101+87+44+38=270(명)입니다.

STEP 1 경시 기출 유형 문제 106~107쪽

[주제 학습 20]

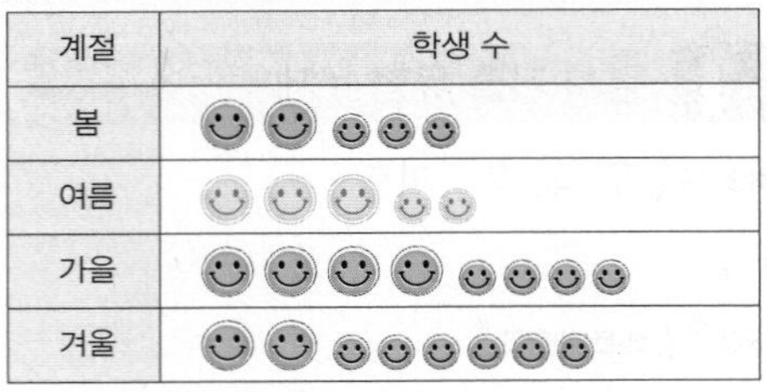

계절	학생 수
봄	
여름	
가을	
겨울	

1

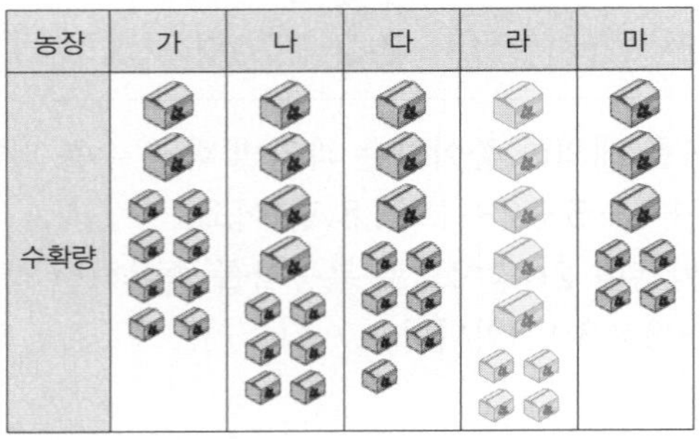

농장	가	나	다	라	마
수확량					

[확인 문제] [한 번 더 확인]

1-1

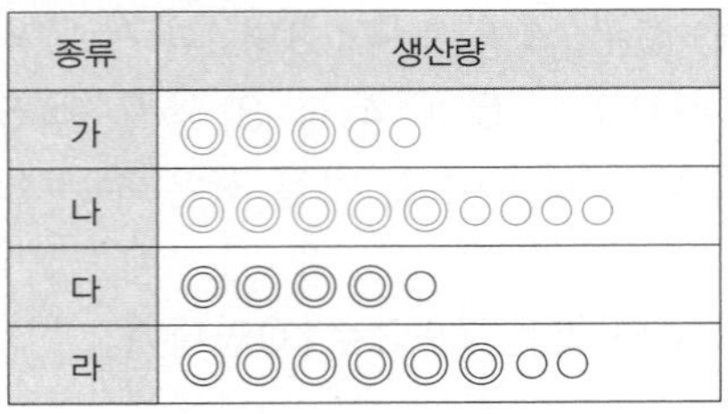

종류	생산량
가	◎◎◎○○
나	◎◎◎◎◎○○○○
다	◎◎◎◎○
라	◎◎◎◎◎◎○○

1-2

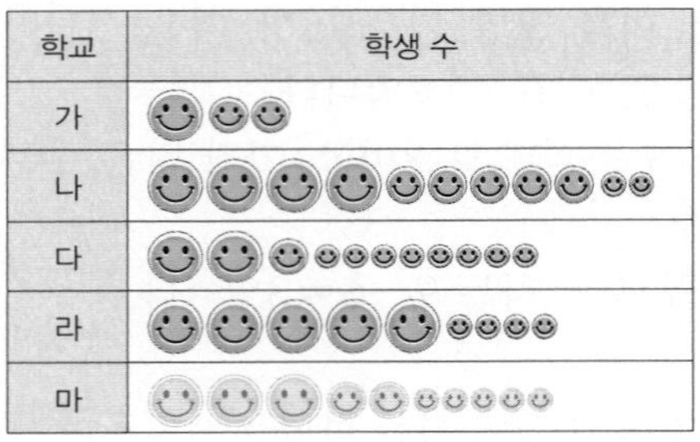

학교	학생 수
가	
나	
다	
라	
마	

2-1

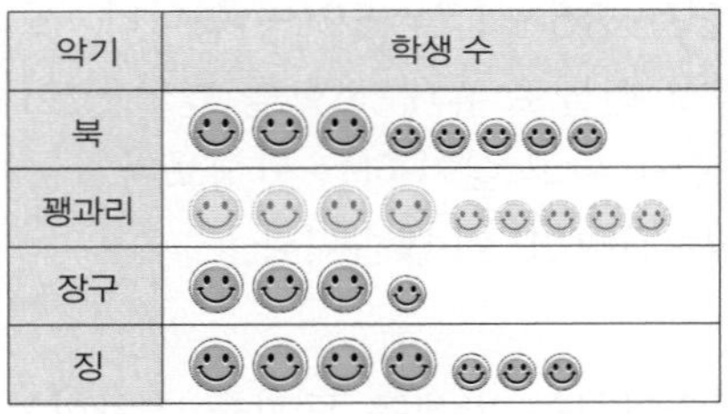

악기	학생 수
북	
꽹과리	
장구	
징	

2-2

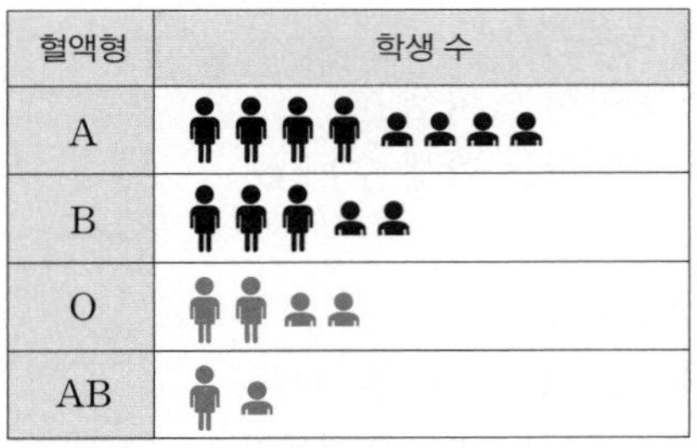

혈액형	학생 수
A	
B	
O	
AB	

1 가 농장: 280상자, 나 농장: 460상자,
다 농장: 370상자, 마 농장: 340상자
(라 농장의 블루베리 생산량)
=1990−280−460−370−340=540(상자)
따라서 라 농장의 블루베리 생산량은 540상자이므로 라 농장에 (큰 상자)은 5개, (작은 상자)은 4개 그립니다.

[확인 문제] [한 번 더 확인]

1-1 가: 32개, 다: 41개, 라: 62개
(나 장난감의 생산량)
=189−32−41−62=54(개)
따라서 나 장난감의 생산량이 54개이므로
◎은 5개, ○은 4개 그립니다.

1-2 가: 120명, 나: 452명, 다: 218명, 라: 504명
(마 학교 학생 수)=(다 학교 학생 수)+107
=218+107=325(명)
따라서 마 학교의 학생 수는 325명이므로
(큰 얼굴)은 3개, (중간 얼굴)은 2개, (작은 얼굴)은 5개 그립니다.

2-1 북: 35명, 장구: 31명, 징: 43명
(꽹과리를 연주하고 싶은 학생 수)
=154−35−31−43=45(명)
따라서 꽹과리를 연주하고 싶은 학생은 45명이므로
(큰 얼굴)은 4개, (작은 얼굴)은 5개 그립니다.

2-2 A형: 44명, B형: 32명
O형+AB형=109−44−32=33(명)
AB형인 학생 수를 □명이라 하면
O형인 학생 수는 (□+11)명입니다.
□+11+□=33, □+□=22, □=11
따라서 O형은 11+11=22(명), AB형은 11명입니다.

STEP 1 경시 기출 유형 문제 108~109쪽

[주제 학습 21] 5, 1

1 100, 10

[확인 문제] [한 번 더 확인]

1-1 50, 5
1-2 20, 1
2-1 10명
2-2 3명

1 다 농장은 큰 그림이 4개이고 400상자를 나타내므로 큰 그림은 400÷4=100(상자)를 나타냅니다.
가 농장의 사과 생산량은 540상자이고
큰 그림이 5개, 작은 그림이 4개이므로 작은 그림은 10상자를 나타냅니다.

[확인 문제] [한 번 더 확인]

1-1 (다 학원의 학생 수)
=645−215−160−120
=150(명)
큰 그림 3개가 150명이므로 큰 그림 1개는
150÷3=50(명)을 나타냅니다.
나 학원의 학생 수는 160명이고 큰 그림이 3개, 작은 그림이 2개이므로 작은 그림 1개는
(160−150)÷2=10÷2=5(명)을 나타냅니다.
따라서 큰 그림은 50명, 작은 그림은 5명을 나타냅니다.

1-2 (장래 희망이 연예인인 학생 수)
=406−122−83−41
=160(명)
큰 그림 8개가 160명이므로 큰 그림 1개는
160÷8=20(명)을 나타냅니다.
장래 희망이 교사인 학생은 41명이고
큰 그림이 2개, 작은 그림이 1개이므로
작은 그림 1개는 1명을 나타냅니다.
따라서 큰 그림은 20명, 작은 그림은 1명을 나타냅니다.

2-1 연필이 7~8자루인 학생이 20명이므로 큰 그림 1개는 10명을 나타내고, 연필이 3~4자루인 학생이 24명이므로 작은 그림 1개는 1명을 나타냅니다.
1~2자루: 10×3+1×3=33(명),
5~6자루: 10×2+1×3=23(명),
⇨ 연필이 1~2자루인 학생은 연필이 5~6자루인 학생보다 33−23=10(명) 더 많습니다.

2-2 다 병원의 이용자 수가 30명이므로
큰 그림 1개는 30÷6=5(명)을 나타내고,
가 병원의 이용자 수가 28명이므로
작은 그림 1개는 1명을 나타냅니다.
나 병원: 5×5+1×4=29(명),
라 병원: 5×6+1×2=32(명)
⇨ (라 병원의 이용자 수)−(나 병원의 이용자 수)
=32−29=3(명)

STEP 1 경시 기출 유형 문제 110~111쪽

[주제 학습 22] 스키
1 360상자

[확인 문제] [한 번 더 확인]

1-1 유럽	1-2 놀이공원
2-1 29대	2-2 400명

1 2013년: 420상자, 2015년: 520상자,
2016년: 320상자
(2014년의 토마토 생산량)=320÷2
=160(상자)
생산량이 가장 많았던 해: 2015년(520상자),
생산량이 가장 적었던 해: 2014년(160상자)
⇨ 520−160=360(상자)

[확인 문제] [한 번 더 확인]

1-1 아시아: 73명, 북아메리카: 62명, 유럽: 97명,
아프리카: 31명
따라서 가장 많은 사람들이 가고 싶어 하는 대륙은 유럽이므로 유럽 상품을 더 많이 준비하면 좋을 것 같습니다.

1-2 박물관: 21명, 과학관: 43명, 동물원: 33명,
놀이공원: 71명
가장 많은 학생들이 가고 싶은 곳은 놀이공원이므로 체험학습 장소로 가면 좋은 곳은 놀이공원입니다.

2-1 가 대리점: 45대, 다 대리점: 25대, 라 대리점: 27대
나 대리점의 판매량은 라 대리점의 판매량의 2배이므로 27×2=54(대)입니다.
따라서 가장 많이 판매한 대리점은 가장 적게 판매한 대리점보다 54−25=29(대) 더 많이 판매하였습니다.

2-2 1월: 240명, 4월: 640명
(2월의 승객 수)+(3월의 승객 수)
=1720−240−640=840(명)
2월의 승객 수를 □명이라 하면
3월의 승객 수는 (□+220)명입니다.
□+□+220=840, □+□=620, □=310
1월: 240명, 2월: 310명,
3월: 310+220=530(명), 4월: 640명
⇨ 640−240=400(명)

STEP 2 실전 경시 문제 112~117쪽

1 384명　**2** 272벌

3 322명　**4** 369그릇

5 11명　**6** 6 kg

7

계절	학생 수
봄	
여름	
가을	
겨울	

8

지역	생산량
서울	
광주	
대구	
대전	

9

놀이	학생 수
제기차기	
윷놀이	
팽이치기	
연날리기	

10

종류	나무 수
소나무	
느티나무	
밤나무	
전나무	

11 20, 2

12

운동	학생 수
축구	
야구	
농구	
배구	

13 3750대　**14** 100그루

15 4명　**16** 겨울

17 일요일　**18** 80대

19 1990상자　**20** 620그루

21 28마리　**22** 59명

1 사랑 마을에 사는 학생은 하얀 마을에 사는 학생보다 8명이 적으므로 92−8=84(명)입니다.
따라서 태영이네 학교 전체 학생은
57+62+89+84+92=384(명)입니다.

2 (조끼 생산량)=676−127−354−113=82(벌)
가장 많이 생산한 옷은 354벌로 셔츠이고, 가장 적게 생산한 옷은 82벌로 조끼입니다.
⇨ 354−82=272(벌)

3 햄스터를 키우고 싶은 학생은 고양이를 키우고 싶은 학생보다 24명 더 많으므로 29+24=53(명)이고, 물고기를 키우고 싶은 학생은 새를 키우고 싶은 학생보다 19명 더 많으므로 32+19=51(명)입니다.
따라서 설아네 학교 학생은 모두
157+29+53+51+32=322(명)입니다.

4 짬뽕은 짜장면보다 38그릇 적게 팔렸으므로 142−38=104(그릇), 볶음밥은 짜장면의 반이므로 142÷2=71(그릇), 탕수육은 짬뽕의 반이므로 104÷2=52(그릇)입니다.
⇨ 142+104+71+52=369(그릇)

5 라면과 튀김을 좋아하는 학생은 38−9−8=21(명)입니다.
라면을 좋아하는 학생은 10명, 11명……이 될 수 있고, 튀김을 좋아하는 학생은 9명, 10명……이 될 수 있습니다.
따라서 라면을 좋아하는 학생 수가 더 많으면서 두 수의 합이 21이 되는 경우는 라면이 11명, 튀김이 10명일 때입니다.

6 다 모둠이 캔 고구마의 양을 □ kg이라 하면 가와 라 모둠이 캔 고구마의 무게는 각각 (□+2) kg입니다.

모둠	가	나	다	라	마	합계
무게(kg)	□+2	17	□	□+2	12	51

가+다+라=51−17−12=22
□+2+□+□+2=22, □+□+□=18,
□×3=18, □=6
따라서 다 모둠이 캔 고구마는 6 kg입니다.

7 여름: 55명, 가을: 72명, 겨울: 26명
(봄에 태어난 학생 수)
=216−55−72−26=63(명)
따라서 봄에 태어난 학생은 63명이므로 큰 그림 6개, 작은 그림 3개 그립니다.

8 (광주)+(대전)=851−157−286=408(개)
대전 공장의 인형 생산량을 □개라 하면
광주 공장의 인형 생산량은 (□+82)개입니다.
⇨ □+82+□=408, □+□=326, □=163
따라서 대전 공장의 인형 생산량은 163개이고, 광주 공장의 인형 생산량은 163+82=245(개)입니다.

9 윷놀이를 좋아하는 학생은 63명이고, 연날리기를 좋아하는 학생은 52명입니다.
팽이치기를 좋아하는 학생 수를 □명이라 하면
제기차기를 좋아하는 학생 수는 (□×2)명입니다.
□×2+63+□+52=220,
□×3=105, □=35
따라서 제기차기를 좋아하는 학생은 35×2=70(명)입니다.

10 (소나무의 수)=176×2=352(그루)
전나무의 수를 □그루라 하면 밤나무의 수는 (□+67)그루입니다.
전체 나무의 수가 767그루이므로
352+176+□+67+□=767입니다.
□×2+595=767, □×2=172, □=86
따라서 전나무는 86그루,
밤나무는 86+67=153(그루)입니다.

11 동화책은 140권이므로 큰 그림은 140÷7=20(권)을 나타냅니다.
위인전은 86권이고 큰 그림이 4개, 작은 그림이 3개이므로 작은 그림은 6÷3=2(권)을 나타냅니다.

12 축구를 좋아하는 학생이 245명이므로 (큰 그림)는 100명, (중간 그림)는 10명, (작은 그림)는 1명을 나타냅니다.
농구를 좋아하는 학생은 95명, 배구를 좋아하는 학생은 49명이므로 야구를 좋아하는 학생은
563−245−95−49=174(명)입니다.
따라서 야구에 (큰 그림) 1개, (중간 그림) 7개, (작은 그림) 4개를 그립니다.

13 10월 생산량이 1000대이므로 큰 그림은 500대를 나타내고, 8월 생산량이 520대이므로 작은 그림은 10대를 나타냅니다.
8월: 520대, 9월: 550대, 10월: 1000대,
11월: 2520대
따라서 12월 생산량은
8340−520−550−1000−2520=3750(대)
입니다.

14 구름 과수원의 사과나무 수가 900그루이므로 큰 그림은 100그루를 나타냅니다.
강물 과수원의 사과나무 수가 850그루이므로 작은 그림은 10그루를 나타냅니다.
바람 과수원: 840그루, 강물 과수원: 850그루,
구름 과수원 : 900그루
(햇살 과수원의 사과나무 수)
=3390−840−850−900=800(그루)
⇨ 900−800=100(그루)

15 연극과 노래를 하고 싶은 학생은 4+15=19(명)이고, 춤과 수화를 하고 싶은 학생은 10+5=15(명)입니다.
따라서 연극과 노래를 하고 싶은 학생은 춤과 수화를 하고 싶은 학생보다 19−15=4(명) 더 많습니다.

16 가을: 252−42−63−82=65(명)
따라서 겨울이 82명으로 가장 많으므로 학예회를 겨울에 하면 좋을 것입니다.

17 화요일: 182병, 수요일: 256병, 목요일: 371병,
토요일: 96병, 일요일: 524병
월요일의 주스 판매량은 화요일의 주스 판매량의 $\frac{1}{2}$이므로 91병입니다.
(금요일 판매량)
=1673−91−182−256−371−96−524
=153(병)
따라서 주스 판매량이 가장 많은 날은 일요일이므로 일요일에 주스를 가장 많이 준비해야 합니다.

18 지난 달의 자전거 생산량이 가장 많은 지역은 610대로 대구 공장이고 두 번째로 많은 지역은 530대로 부산 공장입니다. 따라서 이번 달에 부산 공장의 생산량이 지난 달의 대구 공장의 생산량과 같아지려면
610−530=80(대)를 더 생산해야 합니다.

19 (올해 사과 생산량)=540+210=750(상자),
(올해 배 생산량)=250−70=180(상자),
(올해 감 생산량)=350×2=700(상자),
(올해 밤 생산량)=120×3=360(상자)
따라서 올해 과일 생산량은 모두
750+180+700+360=1990(상자)입니다.

20 제부 과수원: 540그루, 대부 과수원: 480그루,
시화 과수원: 750그루, 영동 과수원: 840그루
포도나무가 가장 많은 과수원은 영동 과수원이므로 반으로 줄이면 $840 \div 2 = 420$(그루)입니다.
420그루를 세 과수원에 $420 \div 3 = 140$(그루)씩 나누어 주어야 하므로 대부 과수원의 포도나무는
$480 + 140 = 620$(그루)가 됩니다.

21 (나 농장의 소의 수)$=42+36=78$(마리)
(다 농장의 소의 수)
$=$(가 농장의 소의 수)$\times 2 = 42 \times 2 = 84$(마리)
따라서 라 농장의 소의 수는 다 농장의 소의 수의 $\frac{1}{3}$이므로 $84 \div 3 = 28$(마리)입니다.

22 (O형인 학생 수)$=$(AB형인 학생 수)$+16$이므로
(AB형인 학생 수)$=$(O형인 학생 수)-16
$=55-16=39$(명)입니다.
(A형인 학생 수)$+$(B형인 학생 수)
$=$(O형인 학생 수)$+$(AB형인 학생 수)$+27$
$=55+39+27=121$(명)
⇨ (B형인 학생 수)$=121-62=59$(명)

STEP 3 코딩 유형 문제 118~119쪽

1

월	판매량
1월	
2월	
3월	
4월	
5월	
6월	

100 대, 10 대, 1 대

2

팀	곰	사자	공룡	영웅	용
붙임 딱지 수					

3 5, 7, 8, 4, 3, 6

2 곰 팀: 29표, 사자 팀: 12표,
공룡 팀: $29+5=34$(표),
영웅 팀: $12 \times 2 = 24$(표), 용 팀: $34 \div 2 = 17$(표)

3 ①에서 모두 3명씩 상을 받았으므로 3명, 3명, 3명, 3명, 3명, 3명
②에서 한 반만 상을 받았으므로 5명, 3명, 3명, 3명, 3명, 3명
③에서 두 반이 4명씩 상을 받았으므로 5명, 7명, 7명, 3명, 3명, 3명
④에서는 세 반이 1명씩 상을 받았으므로 6명, 7명, 8명, 4명, 3명, 3명
⑤에서 한 반만 2명이 상을 받았으므로 6명, 7명, 8명, 4명, 5명, 3명
⑦에서 상을 받은 학생 수가 3반$>$2반$>$6반$>$1반$>$4반$>$5반이므로
3반: 8명, 2반: 7명, 6반: 6명, 1반: 5명, 4반: 4명, 5반: 3명입니다.

STEP 4 도전! 최상위 문제 120~123쪽

1 77명	**2** 9장	**3** 314명
4 19명	**5** 440명	**6** 198명
7 113명	**8** 3명	

1 지금까지 조사한 색깔별 학생 수를 알아봅니다.
빨강: 8명, 파랑: 7명, 노랑: 9명, 초록: 6명,
분홍: 3명, 보라: 3명
3학년 전체 학생이 113명이므로 더 조사해야 할 학생은 $113-8-7-9-6-3-3=77$(명)입니다.

2 다 모둠은 어제까지 받은 붙임딱지가 3위이므로 라 모둠 41장, 마 모둠 34장에 이어 33장이 되어야 합니다. 따라서 다 모둠이 단독 1위가 되려면
$41-33=8$(장)보다 더 많이 받아야 하므로 오늘 다 모둠이 받은 칭찬 붙임딱지는 최소 9장입니다.

3 (귤을 좋아하는 학생 수)$=47 \times 2 = 94$(명)
(포도를 좋아하는 학생 수)$\div 3 = 63 \div 3 = 21$(명)
따라서 민재네 학교 전체 학생은 모두
$63+94+47+21+89=314$(명)입니다.

4 (햇빛 마을 여학생 수)=30−16=14(명),
(달빛 마을 여학생 수)=24−14=10(명),
(봄꽃 마을 여학생 수)=36−18=18(명),
(여학생 합계)=178−92=86(명)
푸른 마을과 동산 마을에 사는 여학생 수의 합은
86−14−10−14−18=30(명)입니다.
푸른 마을에 사는 여학생은 가장 많으므로 18명보다 많으며 동산 마을에 사는 여학생은 가장 적지는 않으므로 10명보다 많습니다. 따라서 푸른 마을에 사는 여학생은 19명, 동산 마을에 사는 여학생은 11명입니다.

5 월요일 환자 수: 21명, 화요일 환자 수: 44명이므로 큰 그림 1개는 20명, 작은 그림 1개는 1명을 나타냅니다.
월요일: 21명, 화요일: 44명, 수요일: 45명,
목요일: 66명, 금요일: 121명, 토요일: 143명
따라서 다음 주에 병원에서는 적어도
21+44+45+66+121+143=440(명)의 약을 준비해야 합니다.

6 가 학교 학생 수: 434명, 라 학교 학생 수: 367명
(나 학교 학생 수)+(다 학교 학생 수)
=1711−434−367=910(명)
(다 학교 학생 수)=(나 학교 학생 수)+220이므로
(나 학교 학생 수)+(나 학교 학생 수)+220=910
(나 학교 학생 수)×2=690,
(나 학교 학생 수)=345명
(다 학교 학생 수)=345+220=565(명)
원빈이는 학생 수가 가장 많은 학교를 다니므로 다 학교이고, 나영이는 학생 수가 세 번째로 많은 학교를 다니므로 라 학교입니다.
따라서 원빈이네 학교 학생은 나영이네 학교 학생보다 565−367=198(명) 더 많습니다.

7 보이는 부분에서 뉴스: 19명, 드라마: 46명,
가요: 42명, 다큐: 12명, 예능: 72명, 학습: 12명이므로 모두 더하면
19+46+42+12+72+12=203(명)이므로 가려진 부분의 학생은 275−203=72(명)입니다.
가려진 부분에서 드라마를 좋아하는 학생은 72명의 $\frac{1}{3}$이므로 72÷3=24(명)이고, 뉴스를 좋아하는 학생은 7명이므로 예능을 좋아하는 학생은
72−24−7=41(명)입니다.
따라서 진명이네 학교 학생 중 예능을 좋아하는 학생은 모두 72+41=113(명)입니다.

8 지호네 반에서 가장 좋아하는 과일은 귤이고 각 과일마다 좋아하는 두 반의 학생 수가 서로 2배이므로 지호네 반에서 귤을 좋아하는 학생은 14명, 16명, 18명 중 하나입니다.
① 지호네 반에서 귤을 좋아하는 학생이 18명인 경우: 우주네 반에서 귤을 좋아하는 학생은 9명이고, 가장 좋아하는 과일인 포도는 12명보다 많아야 하므로 14명이라고 할 때, 복숭아를 좋아하는 학생이 0명이 되므로 답이 되지 않습니다.
② 지호네 반에서 귤을 좋아하는 학생이 16명인 경우: 우주네 반에서 귤을 좋아하는 학생은 8명이고, 가장 좋아하는 과일인 포도는 12명보다 많아야 하므로 14명이라고 할 때, 복숭아를 좋아하는 학생이 1명이 됩니다. 이 경우 지호네 반에서 포도를 좋아하는 학생은 7명이므로 6+7+16+12=41(명)으로 40명이 넘어서 답이 되지 않습니다.
③ 지호네 반에서 귤을 좋아하는 학생이 14명인 경우: 우주네 반에서 귤을 좋아하는 학생은 7명이고, 가장 좋아하는 과일인 포도는 12명보다 많아야 하므로 14명이라고 할 때, 복숭아를 좋아하는 학생이 2명이 됩니다. 이 경우 지호네 반에서 포도를 좋아하는 학생은 7명이고, 6+7+14+12=39(명)이므로 복숭아를 좋아하는 학생은 1명입니다.
따라서 두 반에서 복숭아를 좋아하는 학생은 모두 1+2=3(명)입니다.

특강 영재원 · **창의융합** 문제 124쪽

9 ㊞ 첫 번째 투표를 한 그림그래프에서 1위는 8표로 영희이고, 2위는 정민이와 지현이가 7표로 같기 때문에 결선 투표를 위한 2명의 후보를 남기기가 어렵습니다.

10 3번 **11** 18표

10 첫 번째 투표는 6명, 두 번째 투표는 4명, 세 번째 투표는 2명으로 하여 투표를 3번만 하면 회장을 뽑을 수 있습니다.

11 최종 후보는 첫 번째 투표에서 가장 많은 표를 받은 사람과 세 번째로 적은 표를 받은 사람이므로 영희(8표), 영재(5표)입니다. 나머지 표 7+4+2+7=20(표)를 반으로 나누면 20÷2=10(표)이므로 영희와 영재가 10표씩 더 받으면 영희가 8+10=18(표)로 당선되었습니다.

Ⅵ 규칙성 영역

STEP 1 경시 기출 유형 문제 126~127쪽

[주제 학습 23] 예 6씩 작아집니다.

1 월요일　　2 9

[확인 문제] [한 번 더 확인]

1-1 예 6씩 커집니다.　　1-2 17

2-1 217　　2-2 16

3-1 일요일　　3-2 목요일

1 일주일은 7일이므로 7일마다 같은 요일이 반복됩니다. 1월 1일이 일요일이므로 14일 후는 일요일입니다. 따라서 15일 후는 일요일 다음 날인 월요일입니다.

2 ㉠을 ★일이라 하면 ㉠에서 아래로 한 줄 내려간 곳은 일주일 후인 (★+7)일이고, ㉡은 (★+7)일에서 오른쪽으로 2칸 간 곳이므로 2일 후인 (★+9)일입니다.

⇨ ㉡−㉠=(★+9)−★=9

다른 풀이

★−8 ㉠	★−7	★−6
★−1	★	★+1 ㉡

달력의 일부분에서 색칠한 부분 ★을 기준으로 ㉠은 ★과 8 차이가 나고 ㉡은 ★과 1 차이가 나므로 ㉠과 ㉡의 차는 9입니다.

[확인 문제] [한 번 더 확인]

1-1 달력에서 아래로 한 칸 내려가면 7씩 커지고 왼쪽으로 한 칸 가면 1씩 작아집니다. 따라서 화살표 방향으로 놓여 있는 수들은 6씩 커집니다.

1-2

㉠			
㉢			㉡

달력에서 일주일은 7일이므로 아래로 한 칸 내려가면 7씩 커집니다. ㉢은 ㉠에서 2주 후이므로 ㉢=㉠+7+7=㉠+14이고, ㉡은 ㉢에서 3일 후이므로 ㉡=㉢+3=㉠+14+3=㉠+17입니다. 따라서 ㉠과 ㉡의 차는 17입니다.

2-1 16에서 위로 한 칸 올라가면 일주일 전인 16−7=9(일)이고, ㉠은 9일에서 2일 전이므로 ㉠은 9−2=7(일)입니다.
16에서 아래로 2칸 내려가면 16+7+7=30(일)이고, ㉡은 30일에서 1일 후이므로 ㉡은 30+1=31(일)입니다.
⇨ ㉠×㉡=7×31=217

2-2 ㉠은 ★보다 8 작은 수이고 ㉡은 ★보다 8 큰 수이므로 ㉠+㉡=★−8+★+8=★+★로 ★의 2배입니다.
따라서 ㉠+㉡=32이므로 ★=32÷2=16입니다.

3-1 10월 2일에서 10월 31일까지는 29일 후이고, 10월 31일에서 11월 4일까지는 4일 후이므로 10월 2일부터 11월 4일까지는 29+4=33(일) 후입니다.
따라서 33÷7=4…5이므로 10월 2일은 금요일에서 5일 전인 일요일입니다.

3-2 7월 5일에서 7월 31일까지는 26일 후이고, 8월은 31일까지 있고, 9월 5일까지는 5일 후이므로 7월 5일부터 9월 5일까지는 26+31+5=62(일) 후입니다.
따라서 62÷7=8…6이므로 9월 5일은 금요일에서 6일 후인 목요일입니다.

STEP 1 경시 기출 유형 문제 128~129쪽

[주제 학습 24] 12개

1 (위에서부터) 3, 6, 10 ; 1+2+3, 1+2+3+4 ; 15개

[확인 문제] [한 번 더 확인]

1-1 (위에서부터) 5, 10, 15 ; 5(5×1), 5+5(5×2), 5+5+5(5×3) ; 25개

1-2 (위에서부터) 7, 10 ; 4+3(4+3×1), 4+3+3(4+3×2) ; 16개

2-1 13개　　2-2 19개

3-1 24개　　3-2 51개

1 점의 수는 1−3−6−10−……이므로 점이 2개, 3개, 4개……씩 늘어납니다.
따라서 5번째 그림에 있는 점은 1+2+3+4+5=15(개)입니다.

[확인 문제] [한 번 더 확인]

1-1 점의 수는 5－10－15－……이므로 5개씩 늘어납니다.
따라서 네 번째 그림에 있는 점은 5×4=20(개)이고, 다섯 번째 그림에 있는 점은 5×5=25(개)입니다.

1-2 성냥개비의 수는 4－7－10－……이므로 3개씩 늘어납니다.
네 번째: 4+3+3+3=4+3×3=13(개)
5번째: 4+3+3+3+3=4+3×4=16(개)

2-1

순서	첫 번째	두 번째	세 번째	네 번째
수	1	3	5	7

+2 +2 +2

첫 번째: 1개,
두 번째: 1+2=3(개),
세 번째: 1+2+2=5(개),
네 번째: 1+2+2+2=7(개)
두 번째부터 2개씩 늘어나므로 7번째에 있는 바둑돌은 1+2×6=13(개)입니다.

2-2

순서	첫 번째	두 번째	세 번째	네 번째
수	1	4	7	10

+3 +3 +3

첫 번째: 1개,
두 번째: 1+3=4(개),
세 번째: 1+3+3=7(개),
네 번째: 1+3+3+3=10(개)
두 번째부터 3개씩 늘어나므로 7번째에 있는 바둑돌은 1+3×6=19(개)입니다.

3-1 첫 번째: 4개,
두 번째: 4+4=4×2=8(개),
세 번째: 4+4+4=4×3=12(개),
네 번째: 4+4+4+4=4×4=16(개),
5번째: 4+4+4+4+4=4×5=20(개)
⇨ 6번째: 4+4+4+4+4+4=4×6=24(개)

3-2 첫 번째: 1개,
두 번째: 1+4=5(개),
세 번째: 1+4+7=12(개),
네 번째: 1+4+7+10=22(개),
5번째: 1+4+7+10+13=35(개),
6번째: 1+4+7+10+13+16=51(개)

STEP 1 경시 기출 유형 문제 130~131쪽

[주제 학습 25] 89
1 512, 예 2배씩 커지는 규칙입니다.
2 (위에서부터) 6, 4, 5, 10

[확인 문제] [한 번 더 확인]
1-1 $3\frac{1}{3}$　　1-2 383
2-1 22　　2-2 43
3-1 $\frac{1}{7}$　　3-2 510

1 1×2=2, 2×2=4, 4×2=8, 8×2=16, 16×2=32……
앞의 수를 2배한 수가 다음 수가 되는 규칙입니다.
⇨ □=256×2=512

2 위의 줄의 두 수의 합을 아래에 놓는 규칙입니다.
위에서부터 순서대로 □ 안에 알맞은 수는 3+3=6, 3+1=4, 1+4=5, 4+6=10입니다.

[확인 문제] [한 번 더 확인]

1-1 ($\frac{1}{3}$, $\frac{2}{3}$)가 반복되며 자연수 부분이 1씩 커지는 규칙입니다. 따라서 $2\frac{2}{3}$ 다음 수는 $3\frac{1}{3}$입니다.

1-2 앞의 수를 2배한 후 1을 더한 수가 다음 수입니다.
⇨ □=191×2+1=383

2-1

1	3	6	10	15	21
2	5	9	14	20	27
4	8	13	19	26	32
7	12	18	25	31	36
11	17	24	30	35	39
16	23	29	34	38	41
★	28	33	37	40	42

맨 윗줄에서 오른쪽으로 갈수록 수가 2, 3, 4, 5씩 커지는 규칙이고, 맨 왼쪽 줄에서 아래로 내려갈수록 수가 1, 2, 3, 4, 5씩 커지는 규칙입니다.
⇨ ★=11+5+6=22

다른 풀이
수가 화살표 방향으로 1씩 커지는 규칙입니다.

정답과 풀이 / 규칙성 영역

2-2

1	2	5	10	17	26	37
4	3	6	11	18	27	38
9	8	7	12	19	28	39
16	15	14	13	20	29	40
25	24	23	22	21	30	41
36	35	34	33	32	31	42
49	48	47	46	45	44	★

맨 왼쪽 줄의 수는 1, 4, 9, 16……이므로 1×1, 2×2, 3×3, 4×4……입니다. ★이 있는 줄의 맨 왼쪽의 수는 7×7이므로 49이고 ★은 49에서 1씩 작아져서 6 작은 수이므로 49−6=43입니다.

다른 풀이

왼쪽 위에서부터 ↲ 방향으로 1씩 커지는 규칙입니다. 따라서 ★에 알맞은 수는 43입니다.

3-1 분모가 2일 때 1개, 분모가 3일 때 2개, 분모가 4일 때 3개, 분모가 5일 때 4개, 분모가 6일 때 5개까지 분수는 1+2+3+4+5=15(개) 씁니다.
따라서 16번째 분수는 분모가 7일 때 처음 분수이므로 $\frac{1}{7}$입니다.

3-2 수가 11, 12, 13씩 반복해서 커지는 규칙입니다.
세 칸씩 뛰어 세면 11+12+13=36씩 커지고 있으므로 25번째 수는 세 칸씩 8번 뛰어 센 것과 같습니다.
36×8=288이므로 222에서 288 큰 수는 222+288=510입니다.
따라서 25번째 수는 510입니다.

STEP 1 경시 기출 유형 문제 132~133쪽

[주제 학습 26] 10조각

1 9번 **2** 5600원

[확인 문제] [한 번 더 확인]

1-1 5번 **1-2** 45번
2-1 25개 **2-2** 55개
3-1 7월 **3-2** 빨강

1 피자를 한 번 자르면 조각이 2개씩 늘어나는 규칙입니다. 9명이 똑같이 나누어 먹으려면 9번 잘라 2개씩 먹으면 됩니다.

자른 횟수	1	2	3	4	5	6	7	8	9
조각 수	2	4	6	8	10	12	14	16	18

주의

5번이라고 답하지 않도록 주의합니다.
5번 자르면 10조각이 되므로 9명이 똑같이 나누어 먹을 수 없습니다.

2 저금하는 규칙은 100원씩 더하여 저금하는 것입니다.
200+400+600+800+1000+1200+1400 =5600(원)

[확인 문제] [한 번 더 확인]

1-1 종이를 한 번 자르면 2장, 겹쳐서 한 번 더 자르면 4장, 겹쳐서 한 번 더 자르면 8장이 되므로 종이는 한 번 자를 때마다 바로 전에 자른 것의 2배입니다.

자른 횟수	1	2	3	4	5
조각 수	2	4	8	16	32

5번 자르면 32장이 되므로 적어도 5번을 자르면 사용할 수 있습니다.

1-2 10명이 서로 악수를 한다면 첫 번째 사람은 9명과 하면 되고, 두 번째 사람은 8명과 하면 됩니다.
같은 방법으로 하였을 때 마지막 두 사람이 악수를 하면 끝이 납니다.
따라서 악수는 모두
9+8+7+6+5+4+3+2+1=45(번) 해야 합니다.

참고

A와 B가 악수하는 것과 B와 A가 악수하는 것은 서로 같은 것이므로 중복하여 세지 않도록 주의합니다.

2-1 블록의 수는 위에서부터 1−3−5−7이므로 블록은 위에서부터 2개씩 늘어납니다.
따라서 아래에 한 줄을 더 쌓으면 사용한 블록은 모두 1+3+5+7+9=25(개)가 됩니다.

2-2 벽돌의 수는 왼쪽 줄부터 1, 2, 2, 3, 3, 3, 4, 4, 4, 4이므로 1+2+2+3+3+3+4+4+4+4=30입니다.
따라서 5줄을 더 쌓으면 사용한 벽돌은
30+5+5+5+5+5=55(개)가 됩니다.

다른 풀이

왼쪽부터 같은 높이의 벽돌끼리 생각하면 벽돌의 수는 1×1, 2×2, 3×3, 4×4이므로 옆으로 5줄을 더 쌓으면 더 쌓는 벽돌은 (5×5)개입니다.

⇨ (사용한 벽돌의 수)
$=1\times1+2\times2+3\times3+4\times4+5\times5=55$(개)

3-1

	1월	2월	3월	4월	5월	6월	7월
넣는 돈	100	200	400	800	1600	3200	6400
통장 금액	100	300	700	1500	3100	6300	12700

은행에 저금한 금액이 10000원을 넘는 달은 7월입니다.

3-2 초록, 주황, 빨강이 반복되므로 25번째 신호등은 $25\div3=8\cdots1$에서 신호가 8번 반복되고 다시 한 번 더 바뀌므로 주황부터 시작하여 주황－빨강－초록이 8번 반복되고 다음 신호인 주황이 바뀐 빨강 신호일 때 친구가 왔습니다.

STEP 2 실전 경시 문제 134~139쪽

1 23	**2** 8배
3 25일	**4** 토요일
5 수요일	**6** 9월 4일
7 10월 20일	**8** 3월 31일
9 56장	**10** 144개
11 55	**12** 53
13 4개	**14** 41개
15 14개	**16** 2187개
17 15	**18** 256
19 211	**20** 63
21 10번	**22** 파, 52조각
23 80만 원	**24** 17600원

1 ㉠을 기준으로 하면 ㉡은 ㉠보다 2칸이 내려오기 때문에 14 큰 수입니다.
㉡=㉠+14이고, ㉠+㉠+14=44이므로
㉠+㉠=30, ㉠=15입니다.
따라서 ★은 ㉠보다 한 칸 아래에서 오른쪽으로 한 칸 간 수이므로 $15+7+1=23$입니다.

2 ★을 기준으로 8개의 수를 차례대로 쓰면
★－8, ★－7, ★－6, ★－1, ★＋1, ★＋6, ★＋7, ★＋8입니다.
★－8＋★－7＋★－6＋★－1＋★＋1＋★＋6＋★＋7＋★＋8
＝★＋★＋★＋★＋★＋★＋★＋★
＝★×8
⇨ 색칠한 부분의 수를 모두 더한 수는 ★의 8배입니다.

3 연속된 4개 수의 합이 94입니다.
가장 작은 수를 20으로 예상하면
$20+21+22+23=86$입니다.
가장 작은 수를 21로 예상하면
$21+22+23+24=90$입니다.
가장 작은 수를 22로 예상하면
$22+23+24+25=94$입니다.
따라서 토요일의 날짜는 25일입니다.

다른 풀이

수요일의 날짜를 □일이라 하면
□＋□＋1＋□＋2＋□＋3＝94,
□×4＋6＝94, □×4＝88, □＝22
따라서 색칠한 부분 중 수요일의 날짜가 22일이므로 토요일의 날짜는 25입니다.

4
- 1일이 일요일인 경우:
  $3+5=8$이므로 8일은 일요일입니다. (×)
- 1일이 월요일인 경우:
  $2+4=6$이므로 6일은 토요일입니다. (×)
- 1일이 화요일인 경우:
  $1+3=4$이므로 4일은 금요일입니다. (×)
- 1일이 수요일인 경우:
  $7+9=16$이므로 16일은 목요일입니다. (×)
- 1일이 목요일인 경우:
  $6+8=14$이므로 14일은 수요일입니다. (×)
- 1일이 금요일인 경우:
  $5+7=12$이므로 12일은 화요일입니다. (×)
- 1일이 토요일인 경우:
  $4+6=10$이므로 10일은 월요일입니다. (○)

따라서 이 달의 1일은 토요일입니다.

학부모 지도 가이드

토	일	월	화	수	목	금
①	2	3	④	5	⑥	7
8	9	⑩	11	12	13	14
15	16	17	18	19	20	21

먼저 1부터 7까지 일곱 개의 수 단위로 적은 다음 화요일과 목요일의 수를 정하여 월요일 칸에 있는 수를 찾게 한 다음 요일을 찾아 써 보게 합니다.

5 4월은 30일까지 있고, 5월은 31일, 6월은 30일까지 있습니다. 4월 30일은 4월 8일에서 22일 후이고, 7월 21일은 4월 8일에서
$22+31+30+21=104$(일) 후입니다.
7일마다 같은 요일이 반복되므로 $104\div7=14\cdots6$이므로 7월 21일은 4월 8일 목요일에서 6일 후와 같은 요일인 수요일입니다.

6 12월 12일을 포함하여 거꾸로 100일째 되는 날을 찾습니다.
12월 12일에서 11월 13일은 30일째 되는 날이고, 10월 13일은 $30+31=61$(일)째 되는 날입니다.
그리고 9월 13일은 $61+30=91$(일)째 되는 날입니다. 91일째 되는 날에서 9일 전이 100일 째 되는 날이므로 미경이가 수학 학원을 다닌 날은 9월 4일입니다.

7 12월 31일은 12월 25일에서 6일 후이고,
1월: 31일, 2월: 29일, 3월: 31일, 4월: 30일,
5월: 31일, 6월: 30일, 7월: 31일, 8월: 31일,
9월: 30일이므로 12월 31일에서
$6+31+29+31+30+31+30+31+31+30$
$=280$(일) 후는 9월 30일이고 280일에서 20일 후가 300일 후이므로 300일 후는 9월 30일에서 20일 후인 10월 20일입니다.
따라서 어머니와 아버지의 결혼기념일은 10월 20일입니다.

8 12월 31일은 12월 26일에서 5일 후이고, 1월은 31일, 2월은 28일, 3월은 31일이므로 12월 26일에서 $5+31+28+31=95$(일) 후가 3월 31일이고 3월 31일에서 4일 후인 4월 4일이 99일 후, 즉 100일째 되는 날이 됩니다. 12월 26일은 화요일이고 $99\div7=14\cdots1$이므로 4월 4일은 수요일입니다.
따라서 4월 4일 수요일, 4월 3일 화요일, 4월 2일 월요일, 4월 1일 일요일, 3월 31일 토요일이므로 동생의 백일 잔치는 3월 31일에 해야 합니다.

9 붙임딱지가 위에서부터 2, 4, 6, 8……로 2장씩 늘어나는 규칙입니다.
7번째 그림은 7번째 줄까지 있으므로 7번째에 놓이는 붙임딱지는
$2+4+6+8+10+12+14=56$(장)입니다.

10 첫 번째: $1\times1=1$(개), 두 번째: $2\times2=4$(개),
세 번째: $3\times3=9$(개), 네 번째: $4\times4=16$(개)……
따라서 12번째에 놓이는 공깃돌은 $12\times12=144$(개)입니다.

11

순서	첫 번째	두 번째	세 번째	네 번째
전체 사각형 수	3×3	5×5	7×7	9×9
□의 수	1	$1+3+1$	$1+3+5+3+1$	$1+3+5+7+5+3+1$

7번째 무늬의 전체 사각형 수는 15×15이고, ■의 수는
$1+3+5+7+9+11+13+11+9+7+5+3+1$이 됩니다.
전체 사각형 수에서 ■의 수를 빼면 □의 수가 되므로
(□의 수)
$=15\times15$
$-(1+3+5+7+9+11+13+11+9+7+5+3+1)$
$=225-85=140$(개)입니다.
⇨ 7번째 무늬에 놓인 □와 ■의 수의 차는
$140-85=55$입니다.

12

순서	첫 번째	두 번째	세 번째	네 번째
점의 수	1	2×2	3×3	4×4
선의 수	0	4	10	18

점의 수: 1×1, 2×2, 3×3, 4×4이므로
5번째에 놓인 점의 수는 $5\times5=25$입니다.
선의 수: 4개, 6개, 8개씩 늘어나므로 5번째에 놓인 선의 수는 $18+10=28$입니다.
따라서 5번째에 놓인 점과 선의 수의 합은
$25+28=53$입니다.

13

순서	두 번째	네 번째	6번째
검은 바둑돌 수	1	$1+3$	$1+3+5$
흰 바둑돌 수	2	$2+4$	$2+4+6$

8번째 검은 바둑돌은 $1+3+5+7=16$(개)이고,
8번째 흰 바둑돌은 $2+4+6+8=20$(개)입니다.
따라서 8번째 흰 바둑돌과 검은 바둑돌 수의 차는
$20-16=4$(개)입니다.

14

순서	첫 번째	두 번째	세 번째	……	9번째
전체 바둑돌 수	3×3	4×4	5×5	……	11×11
흰 바둑돌 수	1×1	2×2	3×3	……	9×9

9번째에 놓인 전체 바둑돌은 $11\times11=121$(개)이고, 흰 바둑돌은 $9\times9=81$(개)이므로 9번째에 놓인 검은 바둑돌은 $121-81=40$(개)입니다.
따라서 9번째에 놓인 흰 바둑돌은 검은 바둑돌보다 $81-40=41$(개) 더 많습니다.

15

순서	첫 번째	세 번째	5번째	7번째
검은 바둑돌 수	1	1+5	1+5+9	1+5+9+13
흰 바둑돌 수	3	3+7	3+7+11	3+7+11+15
차	2	4	6	8

13번째 검은 바둑돌은
$1+5+9+13+17+21+25=91$(개)이고,
13번째 흰 바둑돌은
$3+7+11+15+19+23+27=105$(개)입니다.
따라서 13번째에 놓여 있는 바둑돌 수의 차는
$105-91=14$(개)입니다.

16 색칠된 삼각형의 수를 알아보면
첫 번째: 3개, 두 번째: $3\times3=9$(개),
세 번째: $3\times3\times3=27$(개)입니다.
따라서 7번째 모양에서 색칠된 삼각형은
$3\times3\times3\times3\times3\times3\times3=2187$(개)입니다.

17 나열된 수는 1부터 시작하여 2씩 커지고 있습니다.
이 수들을 모두 쓰면 1, 3, 5, 7, 9, 11, 13, 15, 17, 19, 21, 23, 25, 27, 29입니다.
모두 15개의 수가 나열된 것이므로 한가운데에 있는 수는 8번째 수인 15입니다.

다른 풀이

연속된 규칙을 가진 수의 나열에서
(가운데 수)={(처음 수)+(마지막 수)}÷2
=(1+29)÷2=15입니다.

18 첫째 줄부터 한 줄씩 수를 더하면
1 − 2 − 4 − 8 − 16 − 32 − 64 − 128입니다.
한 줄씩 더한 수들은 아래로 내려갈수록 윗줄의 수들의 합에 2를 곱한 것입니다. 따라서 9번째 줄에 있는 수들의 합은 $128\times2=256$입니다.

19 1, 3, 7, 13의 순서로 규칙을 찾으면 15번째 줄의 오른쪽 마지막 칸은 다음 순서로 15번째 수가 됩니다.

$1 \xrightarrow{+2} 3 \xrightarrow{+4} 7 \xrightarrow{+6} 13$
(3 = 1+2, 7 = 1+2+4, 13 = 1+2+4+6)

15번째 수: $1+(2+4+6+\cdots\cdots+24+26+28)$
$=1+30\times7=1+210=211$

20

각 줄의 처음 수와 마지막 수는 1, 2, 3, 4……이고, 위의 두 수를 더한 수를 아래에 쓰는 규칙입니다.
따라서 ★에 알맞은 수는 $41+22=63$입니다.

21

자른 횟수	1번	2번	3번	……
도막 수	4	7	10	……

자르는 횟수가 1번 많아질 때마다 전체 도막 수는 3개씩 늘어납니다.
(9번 자른 도막 수)$=4+3\times8=28$(개)
(10번 자른 도막 수)$=4+3\times9=31$(개)
따라서 자른 도막이 29개보다 많으려면 적어도 10번 잘라야 합니다.

22

자른 횟수	1번	2번	3번	4번
파 조각 수	4	8	16	32
햄 조각 수	2	4	6	9

따라서 5번씩 자르면 파는 $32\times2=64$(조각), 햄은 $9+3=12$(조각)이 되므로 파가 $64-12=52$(조각) 더 많습니다.

23 불우이웃돕기에 기부한 금액이 10만 원이므로 3등의 상금은 10만 원입니다.
(2등의 상금)=10만×2=20만 (원),
(1등의 상금)=20만×2=40만 (원)
따라서 전체 상금은 40만×2=80만 (원)입니다.

24 한 달 동안 저금한 동전의 수를 구하면
$1+1+1+2+2+2+3+3+3+\cdots\cdots+10+10+10+11$이므로 1부터 10까지를 더한 것의 3배를 한 후 11을 더하면 됩니다.
1부터 10까지의 합은 55이므로 $55\times3=165$이고 마지막에 11을 더하면 한 달 동안 저금한 동전은 모두 $165+11=176$(개)입니다.
따라서 한 달 동안 저금한 금액은 176의 100배인 17600원입니다.

정답과 풀이

규칙성 영역

STEP 3 코딩 유형 문제 140~141쪽

1 21	**2** 946
3 1178	**4** 225

1 〈규칙 1〉은 14를 입력하면 84가 되므로 $14\times\square=84$에서 $84\div14=6$이므로 규칙은 $\times6$입니다.
따라서 36을 입력하면 $36\times6=216$이 되므로 □의 값은 216입니다.
〈규칙 2〉는 216이 54로 출력되어 나오므로 $216\div\square=54$에서 $216\div4=54$이므로 규칙은 $\div4$입니다.
따라서 $84\div4=21$이므로 ㉮에 알맞은 수는 21입니다.

2

출발 82	⇨ 84	⇨ 86	⇨ 88	⇩ 84
⇨ 482	⇨ 484	⇨ 486	⇩ 482	⇩ 80
⇧ 480	⇨ 946	도착	⇩ 478	⇩ 76
⇧ 240	⇧ 944	⇦ 472	⇦ 475	⇩ 72
⇧ 120	⇦ 60	⇦ 63	⇦ 66	⇦ 69

⇨의 값은 $+2$, ⇦의 값은 -3, ⇧의 값은 $\times2$, ⇩의 값은 -4입니다.
82 ⇨ 84, 84 ⇨ 86, 86 ⇨ 88, 88 ⇩ 84,
84 ⇩ 80, 80 ⇩ 76, 76 ⇩ 72, 72 ⇦ 69,
69 ⇦ 66, 66 ⇦ 63, 63 ⇦ 60, 60 ⇧ 120,
120 ⇧ 240, 240 ⇧ 480, 480 ⇨ 482,
482 ⇨ 484, 484 ⇨ 486, 486 ⇩ 482,
482 ⇩ 478, 478 ⇦ 475, 475 ⇦ 472,
472 ⇧ 944, 944 ⇨ 946

3 A에 3을 입력하여 주어진 기호에 따라 계산하면
$3\rightarrow\wedge$ ⇨ $(3-1)\times2=4$, $4\rightarrow\in$ ⇨ $4\times3=12$,
$12\rightarrow\cap$ ⇨ $12+2=14$,
$14\rightarrow\subset$ ⇨ $14\times2=28$,
$28\rightarrow\cup$ ⇨ $28-2=26$,
$26\rightarrow\wedge$ ⇨ $(26-1)\times2=25\times2=50$
다시 A에 50을 입력하여 주어진 기호에 따라 계산하면
$50\rightarrow\wedge$ ⇨ $(50-1)\times2=49\times2=98$,
$98\rightarrow\in$ ⇨ $98\times3=294$,
$294\rightarrow\cap$ ⇨ $294+2=296$,
$296\rightarrow\subset$ ⇨ $296\times2=592$,
$592\rightarrow\cup$ ⇨ $592-2=590$,
$590\rightarrow\wedge$ ⇨ $(590-1)\times2=589\times2=1178$

4
$$\begin{array}{r} 4+5+6+7+8+\cdots\cdots+19+20+21 \\ +)\ 21+20+19+18+17+\cdots\cdots+6+5+4 \\ \hline 25+25+25+25+25+\cdots\cdots+25+25+25 \end{array}$$
25가 18개 있으므로 $25\times18=450$이고, 450은 $4+5+6+\cdots\cdots+21$을 두 번 더한 것이므로 4부터 21까지의 수의 합은 $450\div2=225$입니다.

STEP 4 도전! 최상위 문제 142~145쪽

1 84	**2** 월요일
3 16일	**4** 62개
5 114	**6** 91개
7 147개	**8** $\frac{110}{210}$

1 ★의 날짜의 수를 라고 하면
$\square-6+\square+\square+6=\square+\square+\square=63$,
$\square=63\div3=21$
따라서 ㉠은 13일, ㉡은 20일, ㉢은 22일, ㉣은 29일이므로
㉠+㉡+㉢+㉣$=13+20+22+29=84$입니다.

2 9월은 30일까지 있고 같은 주에서 월요일과 목요일의 수의 차는 3입니다. 기본적으로 4주는 있기 때문에 4주에서는 목요일에 있는 수들의 합이 12가 더 큽니다. 월요일이 29일이면 오히려 월요일에 있는 수들의 합이 $29-12=17$ 더 크게 되므로 월요일은 1일, 8일, 15일, 22일, 29일이고, 목요일은 4일, 11일, 18일, 25일입니다. 따라서 이 달의 1일은 월요일입니다.

3 $133\div7=19$이므로 7개의 수를 19로 놓고 생각하면 19, 19, 19, 19, 19, 19, 19 → 왼쪽에 있는 수를 1씩 빼서 오른쪽에 있는 수에 더합니다.
18, 18, 18, 19, 20, 20, 20 → 연속된 가운데 수를 제외하고 왼쪽에 있는 수에서 1을 빼서 오른쪽 수에 더합니다.
17, 17, 18, 19, 20, 21, 21 → 연속된 가운데 수를 제외하고 왼쪽에 있는 수에서 1을 빼서 오른쪽 수에 더합니다.

따라서 7개의 수의 합이 133이 되는 수는 16, 17, 18, 19, 20, 21, 22이므로 그 주의 일요일은 16일입니다.

4 보도블록이 8개 단위로 반복되는 규칙입니다.
$250 \div 8 = 31 \cdots 2$이므로 8개씩 31번 깔고 남은 2개는 보도블록 ①, ②와 같은 위치에 놓이게 됩니다.
따라서 노란색 점자 블록은 2개씩 31번 놓이게 되므로 노란색 점자 블록은 $31 \times 2 = 62$(개) 사용됩니다.

5 아래로 내려갈수록 바깥쪽 수들은 2, 4, 6, 8로 2씩 커지므로 7번째 바깥쪽 수는 $2 \times 7 = 14$입니다.

2
4 4
6 8 6
8 14 14 8
10 22 28 22 10
12 32 50 50 32 12
14 44 82 100 82 44 14

⇨ 7층으로 쌓았을 때 맨 아래층의 한가운데 있는 수는 100이고, 맨 아래층의 오른쪽 끝에 있는 수는 14이므로 두 수의 합은 $100 + 14 = 114$입니다.

6
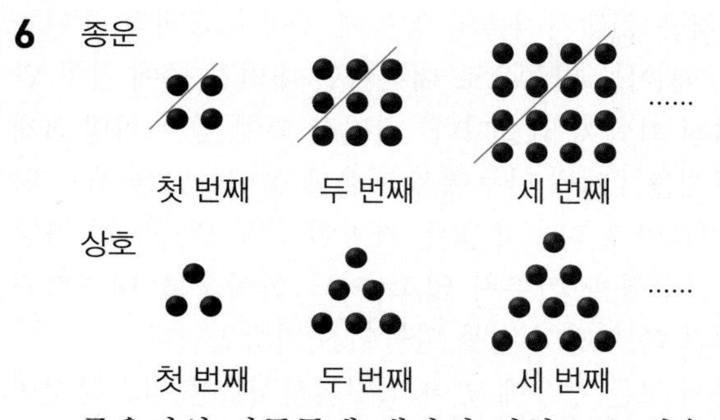

종운이의 바둑돌에 대각선 방향으로 선을 그어 보면 두 사람이 사용한 바둑돌 수의 차는
1, 1+2, 1+2+3……입니다.
두 수의 차가 78이 되려면 1부터 10까지의 합이 55임을 이용하면 $55 + 11 = 66$, $66 + 12 = 78$입니다.
따라서 두 사람이 사용한 바둑돌 수의 차가 78이 되는 때는 12번째이고, 12번째에 상호가 사용한 바둑돌은
$3 + 3 + 4 + 5 + 6 + 7 + 8 + 9 + 10 + 11 + 12 + 13$
$= 78 + 13 = 91$(개)입니다.
(1+2 ←)

7 첫 번째: 3개, 두 번째: $3 + 4 = 7$(개),
세 번째: $3 + 4 + 4 = 11$(개)이므로
나무 막대는 4개씩 늘어납니다.
따라서 37번째에 놓이는 나무 막대는 모두
$3 + 4 \times 36 = 147$(개)입니다.

8 20번째에 놓이는 바둑돌은
$1 + 2 + 3 + \cdots\cdots + 20 = 210$(개)이므로 ㉠=210입니다.

순서	흰 바둑돌 수	검은 바둑돌 수
첫 번째	1	0
두 번째	2	1
세 번째	1+3	2
네 번째	2+4	1+3
5번째	1+3+5	2+4
6번째	2+4+6	1+3+5
7번째	1+3+5+7	2+4+6
8번째	2+4+6+8	1+3+5+7
9번째	1+3+5+7+9	2+4+6+8

20번째 흰 바둑돌은
$2 + 4 + 6 + 8 + \cdots\cdots + 18 + 20 = 110$(개)이므로
㉡=110입니다. 따라서 $\frac{㉡}{㉠}$은 $\frac{110}{210}$입니다.

특강 영재원 · **창의융합** 문제 146쪽

9 37 **10** (그림)

9
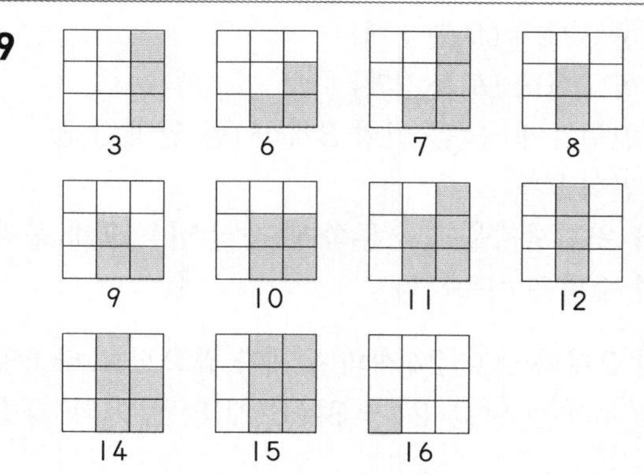

암호의 규칙을 살펴보면 오른쪽 줄 맨 아래 한 칸은 1을 나타내고 가운데 줄 맨 아래 한 칸은 4를 나타내고 왼쪽 줄 맨 아래 한 칸은 16을 나타냅니다.
따라서 그림이 나타내는 수는 $16 \times 2 + 4 + 1 = 37$입니다.

10 45는 $45 - 16 = 29$, $29 - 16 = 13$이므로 왼쪽 줄에는 2칸, $13 - 4 = 9$, $9 - 4 = 5$, $5 - 4 = 1$이므로 가운데 줄에는 3칸, 마지막 줄에는 1칸 색칠합니다.

Ⅶ 논리추론 문제해결 영역

STEP 1 경시 기출 유형 문제 148~149쪽

[주제 학습 27] 1번

1 2번
2 7가지

[확인 문제] [한 번 더 확인]

1-1 7개　　1-2 8개
2-1 ㉡, ㉢, ㉠, ㉣　　2-2 3번
3-1 3번　　3-2 2번

1 윗접시저울의 양쪽에 왕관을 1개씩 올려놓습니다.
무게가 다른 왕관 2개를 올려놓으면 내려간 쪽의 왕관이 무겁습니다.
무게가 같은 왕관 2개를 올려놓으면 올려놓지 않은 왕관 중에 무거운 왕관이 있으므로 윗접시저울을 2번 사용하여 무거운 왕관을 찾아낼 수 있습니다.
따라서 모든 경우에 있어서 윗접시저울을 최소한 2번 사용하면 무거운 왕관을 찾을 수 있습니다.

2 잴 수 있는 무게는 1 g, 3 g, 1 g+3 g=4 g, 5 g, 1 g+5 g=6 g, 3 g+5 g=8 g, 1 g+3 g+5 g=9 g으로 모두 7가지입니다.

[확인 문제] [한 번 더 확인]

1-1 (곰 인형 3개)=(로봇 1개)
(곰 인형 1개)+(로봇 2개)
=(곰 인형 1개)+(곰 인형 3개)+(곰 인형 3개)
=(곰 인형 7개)
따라서 윗접시저울의 오른쪽에 곰 인형을 7개 올려놓으면 수평을 이룹니다.

1-2 타조알 3개와 달걀 24개의 무게가 같으므로 타조알 1개의 무게는 달걀 24÷3=8(개)의 무게와 같습니다.
따라서 타조알 1개를 덜어 낸 후에 수평을 이루려면 달걀을 8개 덜어 내야 합니다.

2-1 조건 3, 4에서 ㉡이 ㉠, ㉢보다 무겁고, 조건 1에서 ㉠이 ㉣보다 무거우므로 가장 무거운 것은 ㉡이 됩니다. 조건 2에서 ㉢이 두 번째, ㉠이 세 번째가 되고 ㉣이 가장 가볍습니다.
따라서 무게가 무거운 것부터 쓰면 ㉡, ㉢, ㉠, ㉣입니다.

2-2 금반지 3개를 가, 나, 다라고 하면 무게가 서로 다르기 때문에 가와 나를 비교하고 나와 다를 비교합니다.
마지막으로 가와 다를 비교해야 하므로 모든 경우에 있어서 윗접시저울을 최소한 3번 사용해야 합니다.

3-1 처음에 윗접시저울의 한쪽에 6개, 다른 쪽에 6개를 올려놓습니다.
무게가 같은 경우이면 올려놓지 않은 지우개가 250 g 입니다.
무게가 다른 경우이면 올라간 쪽의 6개를 3개씩 나누어서 저울에 올려놓습니다. 다시 올라간 쪽의 3개에서 2개를 저울에 올려놓았을 때 수평을 이루면 저울에 올려놓지 않은 것이 250 g이고, 기울어지면 올라간 쪽의 지우개가 250 g입니다.
따라서 모든 경우에 있어서 윗접시저울을 최소한 3번 사용하면 무게가 다른 지우개를 찾을 수 있습니다.

3-2 윗접시저울의 양쪽에 가방을 3개씩 올려놓았을 때 수평을 이루면 올려놓지 않은 가방 2개를 1개씩 나누어서 저울에 올려놓습니다. 이때 내려간 쪽에 잘못 만들어진 가방이 있으므로 윗접시저울을 2번 사용하면 잘못 만들어진 가방을 찾을 수 있습니다.
또, 처음 윗접시저울의 양쪽에 가방을 3개씩 올려놓았을 때 어느 한쪽으로 내려가면 내려간 쪽에 잘못 만들어진 가방이 있습니다. 내려간 쪽에 있는 가방 3개 중 2개를 1개씩 나누어서 저울에 올려놓았을 때 수평을 이루면 올려놓지 않은 가방이 잘못 만들어진 가방이고, 수평을 이루지 않고 어느 한쪽으로 내려가면 내려간 쪽 가방이 잘못 만들어진 가방입니다.
따라서 모든 경우에 있어서 윗접시저울을 최소한 2번 사용하면 찾을 수 있습니다.

STEP 1 경시 기출 유형 문제 150~151쪽

[주제 학습 28] MOON

1 BEE　　2 857−3246

[확인 문제] [한 번 더 확인]

1-1 사랑해
1-2 12 13 26 1 0 18 5 2 16 21
2-1 4가지　　2-2 8가지
3-1 11개　　3-2 12가지

1 암호 해독표에서 ㄴ → B, ㅁ → E이므로 암호를 풀면 BEE가 됩니다.

2 암호 해독표에서 1000 → 8, 101 → 5, 111 → 7, 11 → 3, 10 → 2, 100 → 4, 110 → 6입니다.
따라서 천재네 집의 전화번호는 857－3246이 됩니다.

[확인 문제] [한 번 더 확인]

1-1 암호 해독표에서 12 → ㅅ, 1 → ㅏ, 6 → ㄹ, 1 → ㅏ, 14 → ㅇ, 26 → ㅎ, 21 → ㅐ이므로 '사랑해'라는 말이 됩니다.

1-2 암호 해독표에서 ㅅ → 12, ㅜ → 13, ㅎ → 26, ㅏ → 1, ㄱ → 0, ㅊ → 18, ㅓ → 5, ㄴ → 2, ㅈ → 16, ㅐ → 21입니다.
따라서 암호로 바꾸면 12 13 26 1 0 18 5 2 16 21이 됩니다.

2-1 ○○, ○●, ●○, ●●로 모두 4가지 암호를 만들 수 있습니다.

참고
○●와 ●○는 서로 다른 암호입니다.

2-2 바둑돌 1개 사용: ●, ○로 2가지입니다.
바둑돌 2개 사용: ●●, ○●, ●○로 3가지입니다.
바둑돌 3개 사용: ○●●, ●○●, ●●○로 3가지입니다. 따라서 모두 2+3+3=8(가지) 암호를 만들 수 있습니다.

3-1 암호 해독표에서 123567을 암호로 바꾸면
1 10 11 101 110 111입니다.
따라서 암호에 있는 1은 모두 11개입니다.

3-2 1은 1, 4, 7로, 0은 0, 3, 6, 9로 바꿀 수 있습니다.
따라서 10은 10, 13, 16, 19, 40, 43, 46, 49, 70, 73, 76, 79로 바꿀 수 있으므로 모두 12가지입니다.

STEP 1 경시 **기출 유형** 문제 152~153쪽

[주제 학습 29] 2등
1 영어, 발레

[확인 문제] [한 번 더 확인]

1-1 3등	**1-2** 딸기
2-1 1등	**2-2** 3등
3-1 2등	**3-2** 영재

1 한 사람이 2가지씩 배우고 있다고 했고 영어를 배우지 않는 학생이 1명이라고 했으므로 3명이 영어를 배우고 있다는 것입니다.
가, 나, 라는 발레를 배우고 있지 않기 때문에 다가 발레를 배우고 있는 것입니다.
이것을 표로 나타내면 다음과 같습니다.

	가	나	다	라
태권도	○			○
영어	○	○	○	
피아노		○		○
발레			○	

따라서 다는 영어와 발레를 배우고 있습니다.

[확인 문제] [한 번 더 확인]

1-1 A는 2등이 아니므로 1등이나 3등 중에 하나입니다.
B는 2등이나 3등 중에 하나입니다.
C는 A와 B한테 이겼기 때문에 1등입니다.
따라서 A는 3등입니다.

참고
A는 3등, B는 2등이므로 빠른 순서대로 쓰면 C, B, A입니다.

1-2 C는 오렌지를 좋아한다고 했고, B는 사과를 좋아하는 사람의 친구이므로 사과를 좋아하지 않습니다.
이것을 표로 나타내면 다음과 같습니다.

	A	B	C
사과	○	×	
딸기		○	
오렌지	×		○

따라서 A는 사과를 좋아하고, B는 딸기를 좋아합니다.

2-1 D가 2명을 따라잡았는데 1등을 못했다면 2등입니다. C 앞에 2명이 먼저 들어왔다는 것은 C는 3등입니다. B는 C를 한번도 따라잡지 못했기 때문에 4등입니다.

	A	B	C	D
1등	○	×	×	×
2등			×	○
3등			○	×
4등		○		×

따라서 A는 1등입니다.

정답과 풀이 / 논리추론 문제해결 영역

2-2 2반의 학생은 B이므로 B가 2등을 했고 C는 3등이 아니라고 했으므로 C가 1등입니다.
따라서 C가 1등, B가 2등, A가 3등입니다.

3-1 A가 거짓말을 하면 B와 C의 말이 모두 참말이 되어 누구도 1등이 되지 않습니다.
따라서 A는 참말을 하여 1등이고 C도 참말을 한 것이므로 B가 거짓말을 한 것입니다.
따라서 B는 3등, C는 2등입니다.

3-2 영재의 말에서 천재가 거짓말을 하고 있다는 것은 천재가 사탕을 먹었다는 것입니다.
천재는 먹지 않았다고 하고, 영재는 천재가 먹었다고 하기 때문에 둘 중에서 누군가는 거짓말을 하고 있습니다.
따라서 지현이의 말은 참말이 되므로 몰래 사탕을 먹은 사람은 영재입니다.

STEP 1 경시 기출 유형 문제 154~155쪽

[주제 학습 30] 예 먼저 하면 토－토－마를 순서에 맞게 외치고, 나중에 하면 마－토－토를 순서에 맞게 외치면 됩니다.

1 1개

[확인 문제] [한 번 더 확인]

1-1 2일
1-2 나중에 시작해야 합니다.
2-1 59 **2-2** 14
3-1 30003, 30103, 30203
3-2 4가지

1 B가 가져간 개수에 상관없이 A가 마지막 구슬을 반드시 가져가야 합니다.

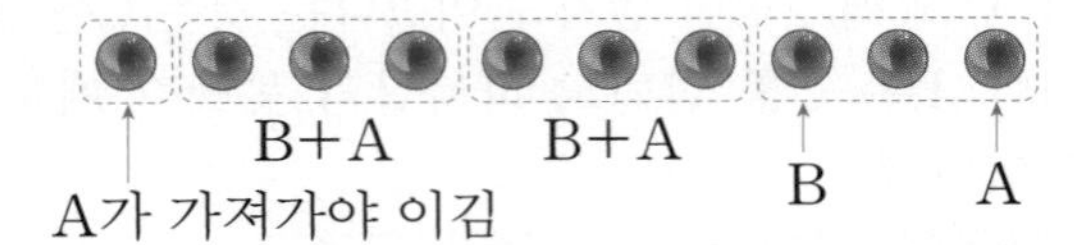

마지막 차례인 A 이전에 B가 가져간 구슬의 개수가 1개라면 A는 2개를 가져가야 이기고, 2개라면 A는 1개를 가져가야 이깁니다. A와 B가 가져가는 구슬의 개수의 합이 3개가 되도록 가져가면 구슬은 1개가 남습니다. 따라서 처음에 A가 구슬을 1개 가져가야 마지막에 남은 구슬을 가져갈 수 있습니다.

[확인 문제] [한 번 더 확인]

1-1 30일을 지우는 사람이 지므로 이기기 위해서는 29일을 반드시 지워야 하고 두 사람이 지운 수의 개수의 합이 3개가 되어야 합니다.
$29 \div 3 = 9 \cdots 2$이므로 나머지인 2만큼을 처음에 지워야 합니다. 따라서 먼저 시작한 사람이 항상 이기려면 처음에 2일을 지워야 합니다.

이긴 사람	진 사람
2일	3일 또는 4일
5일	6일 또는 7일
8일	9일 또는 10일
11일	12일 또는 13일
14일	15일 또는 16일
17일	18일 또는 19일
20일	21일 또는 22일
23일	24일 또는 25일
26일	27일 또는 28일
29일	30일

1-2 두 사람이 가져가는 바둑돌의 개수의 합이 3개가 되어야 합니다. 15는 3으로 나누어떨어지는 수이므로 나중에 시작하는 사람이 이깁니다. 상대방이 먼저 1개를 가져가면 2개를, 상대방이 먼저 2개를 가져가면 1개를 가져가면 됩니다. 그러면 마지막에 상대방이 가져간 개수에 상관없이 항상 가져갈 수 있습니다.

나	상대방
15	14 또는 13
12	11 또는 10
9	8 또는 7
6	5 또는 4
3	2 또는 1

2-1 가장 작은 수를 □라고 하면 나머지 두 수는 □+1, □+2가 됩니다.
이 세 수를 더하면 □+□+1+□+2=174이므로 □+□+□+3=174에서 □+□+□=171, □=171÷3=57입니다.
따라서 가장 큰 수는 57+2=59입니다.

2-2 가장 작은 수를 □라고 하면 나머지 세 수는 □+1, □+2, □+3이 됩니다.
이 네 수의 합은 □+□+1+□+2+□+3=50이므로 □+□+□+□+6=50에서

□+□+□+□=44, □=44÷4=11입니다.
따라서 가장 작은 수가 11이므로 가장 큰 수는 11+3=14입니다.

3-1 29992 다음에 오는 대칭수는 30003, 30103, 30203입니다.

3-2 걸이 나오는 경우는 윷의 둥근 부분이 1개, 평평한 부분이 3개일 때입니다.

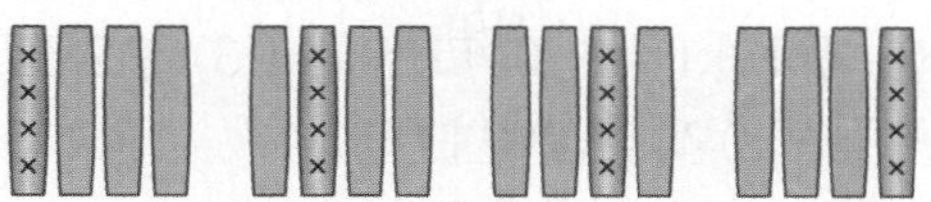

따라서 모두 4가지입니다.

STEP 2 실전 경시 문제 156~161쪽

1	6 g	**2**	①
3	●●●	**4**	4번
5	ocvj	**6**	do not trust
7	765−4702	**8**	12가지
9	train	**10**	8가지
11	나는 너를 사랑한다	**12**	7가지
13	노란색	**14**	민호, 재석
15	인형, 게임기	**16**	D
17	25개, 17개, 18개	**18**	31
19	6	**20**	18명

21 예 먼저 구슬을 2개 가져가고 상대방이 1개를 가져가면 나는 2개를, 상대방이 2개를 가져가면 나는 1개를 가져가면 됩니다.

22 18

23 예 먼저 1을 말하고 계속해서 자신이 이전에 말한 수에 3씩 더한 수까지 말하면 됩니다.

24 예 먼저 바둑돌을 1개 가져가고 상대방이 1개를 가져가면 나는 2개를, 상대방이 2개를 가져가면 나는 1개를 가져가면 됩니다.

1 ①, ③, ⑤를 올려놓은 왼쪽으로 기울었다는 것은 3개의 추가 4개의 추보다 무거운 경우입니다.
즉, 4개의 추는 모두 무게가 6 g이어야 합니다.
따라서 ⑥의 무게는 6 g입니다.

2 ⑤가 가장 무겁다면 조건 2에 맞지 않고, ③이 가장 무겁다면 조건 3에 맞지 않습니다.
따라서 ①이 가장 무겁습니다.

3 ○○와 ☆☆☆☆의 무게가 같기 때문에 ○ 1개는 ☆ 2개의 무게와 같습니다. 첫 번째 그림에서 ☆☆ 대신에 ○를 넣으면 ○★은 ●●●○와 무게가 같게 됩니다.
따라서 ★은 ●●●와 무게가 같습니다.

4 30개의 구슬을 10개씩 세 묶음으로 나누어서 윗접시저울에 올려놓습니다.
① 윗접시저울이 수평을 이루면 올려놓지 않은 10개에 무게가 다른 것이 있고, 윗접시저울이 기울어지면 올라간 쪽에 가벼운 구슬이 있습니다.
② 10개를 찾은 후에는 다시 3개, 3개, 4개로 나누어서 윗접시저울의 양쪽에 3개씩 올려놓습니다.
무게가 같으면 나머지 4개에 가벼운 구슬이 있고, 무게가 다르면 윗접시저울이 올라간 쪽에 가벼운 구슬이 있습니다.
③ 4개 또는 3개를 찾은 후에 3개일 때는 윗접시저울에 한 개씩 올려놓으면 되고 4개일 때에는 2개씩 올려놓고 올라간 쪽을 찾습니다.
④ 4개 중에서 올라간 쪽의 2개를 윗접시저울에 한 개씩 올려놓으면 가벼운 구슬을 찾을 수 있습니다.
따라서 모든 경우에 있어서 최소한 4번 사용해야 가벼운 구슬을 찾을 수 있습니다.

5 a → c로 바뀐 것은 오른쪽으로 2칸 이동한 것이므로 m → o, a → c, t → v, h → j입니다.
따라서 math → ocvj가 됩니다.

6 D → a로 바뀐 것은 왼쪽으로 3칸 이동한 것이므로 G → d, R → o, Q → n, W → t, U → r, X → u, V → s입니다. 따라서 암호문 GR QRW WUXVW를 풀어 보면 'do not trust'라는 영어 문장이 되고, 이 문장의 뜻은 '믿지 말아라'입니다.

7 543 → 765, 2580 → 4702이므로 765−4702가 됩니다.

8 4는 3, 7의 2개로, 1은 0, 4, 8의 3개로, 3은 2, 6의 2개로 바꿀 수 있으므로 모두 2×3×2=12(가지)로 바꿀 수 있습니다.

9 51 → t, 21 → r, 33 → a, 53 → i, 55 → n이므로 'train'이 됩니다.

10 ○○○, ○○●, ○●○, ●○○, ○●●, ●○●, ●●○, ●●●로 모두 8가지 암호를 만들 수 있습니다.

11 31 → 나, 23 → 는, 52 → 너, 45 → 를, 54 → 사, 12 → 랑, 15 → 한, 34 → 다입니다. 따라서 암호문을 풀면 '나는 너를 사랑한다'라는 문장이 됩니다.

12 1개의 불: 빨강, 노랑, 초록(3가지)
2개의 불: 빨강－노랑, 빨강－초록, 노랑－초록(3가지)
3개의 불: 빨강－노랑－초록(1가지)
따라서 신호를 보낼 수 있는 방법은 모두
3＋3＋1＝7(가지)입니다.

13 파란색을 좋아하는 사람은 두 명이라고 했으므로 현철이와 예나는 좋아하지 않습니다. 초록색은 예나만 좋아한다고 했으므로 나머지는 ×표를 하면 다음과 같습니다.

	지수	현철	예나	희정
빨간색		○		○
파란색	○	×	×	○
노란색		○		×
초록색	×	×	○	×

따라서 현철이가 좋아하는 색은 빨간색과 노란색입니다.

14 지영이는 친구들과 서로 다른 곳으로 갔으므로 동물원이나 과학관 중 한 곳에 갔습니다.
민호와 혜교, 재석이와 혜교도 각각 서로 다른 곳으로 갔으므로 민호와 재석이는 같은 곳으로 갔습니다.
따라서 놀이공원에 같이 간 친구는 민호와 재석입니다.

15 B와 A는 게임기가 없고, C와 B는 로봇이 없고, A와 C는 점토가 없습니다.

	로봇	인형	점토	게임기
A	○	○	×	×
B	×	○	○	×
C	×	○	×	○

따라서 C가 가지고 있는 장난감은 인형과 게임기입니다.

16 참말을 한 A보다 잘 하는 사람이 없으므로 A는 1등입니다.
C가 1등이라는 것이 거짓이므로 B가 2등입니다.
A가 4등이라는 것이 거짓이므로 C는 3등입니다.
B가 1등인 것이 거짓이므로 E가 4등입니다.
따라서 D는 5등입니다.

17
- 현우가 순주에게 1개를 주기 전 구슬의 수
  순주: 19개, 영미: 20개, 현우: 21개
- 순주가 영미와 현우에게 각각 3개씩 주기 전 구슬의 수
  순주: 25개, 영미: 17개, 현우: 18개

18 가장 작은 수를 □라고 하면
□＋□＋1＋□＋2＋□＋3＋□＋4＝145,
□＋□＋□＋□＋□＋10＝145,
□＋□＋□＋□＋□＝135,
□×5＝135, □＝27입니다.
따라서 가장 큰 수는 27＋4＝31입니다.

19 처음에 생각한 수를 □라고 합니다.
□에 3을 더하면 (□＋3)이고, (□＋3)에 2배를 하면 (□＋3＋□＋3)과 같습니다.
(□＋3＋□＋3)에서 □를 2번 빼면
(□＋3＋□＋3)－□－□＝6이 됩니다.

20 출석번호 3번과 12번 사이에는 4번부터 11번까지의 여학생이 8명 있습니다. 3번과 12번의 양쪽에도 같은 수의 학생이 있어야 합니다. 3번과 12번이 마주 보고 있는 경우를 그림으로 그려 보면 다음과 같습니다.

1 2 3 4 5 6 7 8 9 10 11 12 13 14 15 16 17 18

따라서 수지네 반 여학생은 모두 8＋8＋2＝18(명)입니다.

21 마지막 12번째 구슬을 가져가면 지기 때문에 내가 게임을 항상 이기려면 11번째 구슬을 가져가서 1개를 남겨야 합니다. 두 사람이 가져가는 구슬의 개수의 합이 3개가 되도록 가져가면 됩니다.

나		11	8	5	2
상대방	12	9 또는 10	6 또는 7	3 또는 4	

따라서 먼저 구슬을 2개 가져가고 상대방이 1개를 가져가면 나는 2개를, 상대방이 2개를 가져가면 나는 1개를 가져가면 됩니다.

다른 풀이
두 사람이 가져가는 구슬의 개수의 합이 3개가 되도록 가져가면 됩니다. 11÷3＝3…2이므로 11을 3으로 나눈 나머지인 2만큼을 먼저 가져가야 합니다.

22 색칠된 면에 맞닿은 주사위의 면의 눈의 수는 오른쪽과 같습니다.

5	3	2	4	
			1	
			3	5

⇨ (눈의 수의 합)＝3＋2＋4＋1＋3＋5＝18

23 마지막 31을 말하는 사람이 이깁니다.

나	상대방
31	29 또는 30
28	26 또는 27
25	23 또는 24
22	20 또는 21
19	17 또는 18
16	14 또는 15
13	11 또는 12
10	8 또는 9
7	5 또는 6
4	2 또는 3
1	

따라서 항상 이기려면 먼저 1을 말하고 계속해서 자신이 이전에 말한 수에 3씩 더한 수까지 말하면 됩니다.

24 마지막 35번째 바둑돌을 가져가면 지기 때문에 내가 게임을 항상 이기려면 34번째 바둑돌을 가져가서 1개를 남겨야 합니다.

나	상대방
	35
34	32 또는 33
31	29 또는 30
28	26 또는 27
25	23 또는 24
22	20 또는 21
19	17 또는 18
16	14 또는 15
13	11 또는 12
10	8 또는 9
7	5 또는 6
4	2 또는 3
1	

따라서 먼저 바둑돌을 1개 가져가고 상대방과 내가 가져가는 바둑돌의 개수의 합이 3개가 되도록 가져가면 됩니다.

STEP 3 코딩 유형 문제 162~163쪽

1 ppzf　　**2** 2번
3 99　　**4** 7칸

1 순서에 따라 알파벳을 바꾸어 가면 다음과 같습니다.
love → nqxg → gxqn → fxpn → fzpp → ppzf

2 규칙에 따라 움직일 때 5번은 2번 의자에 앉게 됩니다.

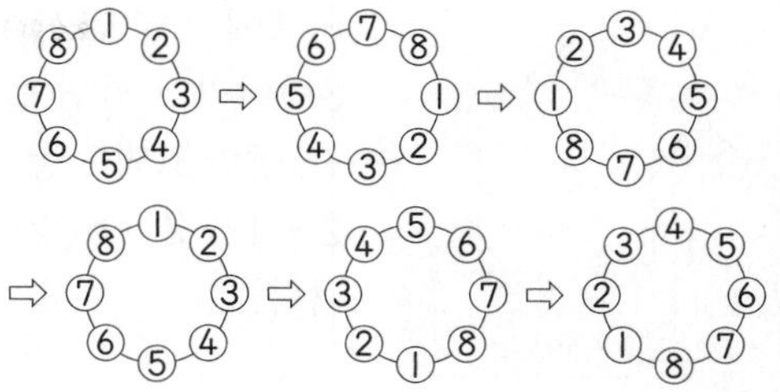

3 단계에 따라 계산해 보면 다음과 같습니다.
$1+2 \rightarrow 3\times2 \rightarrow 6\div2 \rightarrow 3$
$1+2+3 \rightarrow 6\times2 \rightarrow 12\div3 \rightarrow 4$
$1+2+3+4 \rightarrow 10\times2 \rightarrow 20\div4 \rightarrow 5$
$1+2+3+4+5 \rightarrow 15\times2 \rightarrow 30\div5 \rightarrow 6$
따라서 계산 결과는 3, 4, 5, 6……이므로 100보다 작은 수 중 가장 큰 수는 99가 됩니다.

4 가위, 바위: 천재는 1칸 아래, 영재는 2칸 위
보, 보: 비겨서 그 자리
바위, 가위: 천재는 2칸 위, 영재는 1칸 아래
바위, 보: 천재는 1칸 아래, 영재는 3칸 위
바위, 가위: 천재는 2칸 위, 영재는 1칸 아래
가위바위보를 5번 한 결과를 보면 10번째 계단에서 천재는 2칸 위, 영재는 3칸 위에 위치하여 1칸 차이가 납니다. 따라서 7번 반복하면 7칸 차이가 나게 됩니다.

STEP 4 도전! 최상위 문제 164~167쪽

1 9개　　**2** 240명
3 131 2085 131 209319
4 3번　　**5** 55가지
6 2746　　**7** (왼쪽에서부터) E, B, A, C, D
8 예 상대방이 먼저 시작해야 하고 상대방이 1개, 2개, 3개 중 하나를 선택해서 가져가면 상대방과 내가 가져간 성냥개비의 개수의 합이 4개가 되도록 가져가면 됩니다.

1 금화가 3개까지만 있으면 윗접시저울을 1번 사용하여 무거운 금화를 골라낼 수 있습니다.
9개의 금화를 3개씩 나누어서 윗접시저울에 올려놓습니다. 왼쪽 3개와 오른쪽 3개의 무게가 같을 때 올려놓지 않은 3개 중에 무게가 다른 금화가 있으므로 윗접시저울을 2번 사용하여 무거운 금화를 골라낼 수 있습니다. 왼쪽 3개와 오른쪽 3개의 무게가 다를 때 내려간 쪽의 3개에서 무거운 금화를 골라낼 수 있습니다.

2 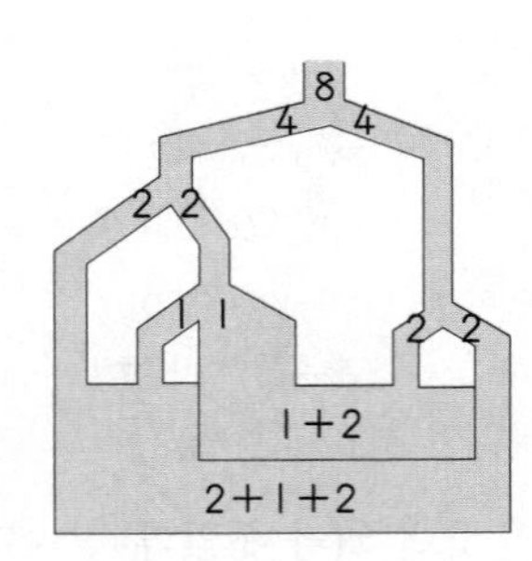

처음에 입구로 들어간 학생을 8명이라고 하면 방 ㉠에는 1+2=3(명), 방 ㉡에는 2+1+2=5(명)이 있게 됩니다.

그런데 방 ㉠에는 90명, 즉 3명의 30배이므로 처음에 입구로 들어간 학생은 8명의 30배인 240명입니다.

참고

길의 수를 표시하여 구할 때 갈림길 없이 연결된 길에서는 같은 수를 씁니다. 두 개의 길이 만나는 곳에는 만나는 길의 두 수의 합을 씁니다.

3 암호 해독표를 만들면 다음과 같습니다.

암호	1	2	3	4	5	6	7	8	9	10	11
해독	a	b	c	d	e	f	g	h	i	j	k
암호	12	13	14	15	16	17	18	19	20	21	22
해독	l	m	n	o	p	q	r	s	t	u	v
암호	23	24	25	26							
해독	w	x	y	z							

따라서 mathematics를 암호로 바꾸면
13 1 20 8 5 13 1 20 9 3 19가 됩니다.

4 4명이 게임을 하므로 가장 먼저 시작하는 친구는 1−5−9−13−17−21−25−29의 수에 맞는 것만 하면 됩니다. 따라서 9, 13, 29에 박수를 치면 되므로 박수를 3번 쳐야 합니다.

5 1칸일 때: 덩(1가지), 2칸일 때: 덩덩, 기덕(2가지),
3칸일 때: 덩덩덩, 덩기덕, 기덕덩(3가지)
4칸일 때: 덩덩덩덩, 기덕기덕, 덩덩기덕, 덩기덕덩, 기덕덩덩(5가지)
5칸일 때: 3+5=8(가지), 6칸일 때: 5+8=13(가지),
7칸일 때: 8+13=21(가지),
8칸일 때 13+21=34(가지),
9칸일 때 21+34=55(가지)입니다.

참고

피보나치 수열이란 앞의 두 수의 합이 바로 뒤의 수가 되는 수의 배열을 말합니다. 피보나치 수열은 자연 속의 꽃잎의 수나 해바라기 씨앗의 수와 일치합니다.

예 1, 2, 3, 5, 8, 13, 21……
(3 ← 1+2, 5 ← 2+3, 8 ← 3+5, 13 ← 5+8, 21 ← 8+13)

6 C−D−A−B−E를 거꾸로 생각하여 E−B−A−D−C의 순서대로 바꾸면 처음 어떤 수를 구할 수 있습니다.
2467 → 7642 → 7462 → 4762 → 2764 → 2746
따라서 어떤 수는 2746입니다.

7 D는 B보다 높은 학년이므로 1학년은 될 수 없고 B는 5학년이 될 수 없습니다. C가 3학년이라면 B와 위아래 학년이 되기 때문에 조건에 맞지 않습니다.
C가 2학년이라면 B는 4학년, D는 5학년이 됩니다.
E는 C와 위아래 학년이 아니므로 4학년 또는 5학년이 되어야 하는데 조건에 맞지 않습니다.
따라서 E는 1학년, B는 2학년, A는 3학년, C는 4학년, D는 5학년이 됩니다.

8 20번째 성냥개비를 가져가야 이깁니다. 두 사람이 가져가는 성냥개비의 개수의 합이 4개가 되도록 가져가면 됩니다.

나	상대방
20	17, 18, 19
16	13, 14, 15
12	9, 10, 11
8	5, 6, 7
4	1, 2, 3

따라서 상대방이 먼저 시작해야 하고 상대방이 1개, 2개, 3개 중 하나를 선택해서 가져가면 상대방과 내가 가져간 성냥개비의 개수의 합이 4개가 되도록 가져가면 됩니다.

특강 영재원 · 창의융합 문제 168쪽

9 사랑
10 83288124 992159121

9 8 → ㅅ, 12 → ㅏ, 55 → ㄹ, 12 → ㅏ, 0 → ㅇ입니다.
따라서 '81255120'을 누르면 '사랑'이라는 글자가 됩니다.

10 ㅅ → 8, ㅜ → 32, ㅎ → 88, ㅏ → 12, ㄱ → 4, ㅊ → 99, ㅓ → 21, ㄴ → 5, 9 → ㅈ, ㅐ → 121입니다. 따라서 '83288124 992159121'을 누르면 '수학 천재'라는 글자가 나옵니다.

배움으로 행복한 내일을 꿈꾸는

천재교육 커뮤니티 안내

교재 안내부터 구매까지 한 번에!

천재교육 홈페이지

자사가 발행하는 참고서, 교과서에 대한 소개는 물론
도서 구매도 할 수 있습니다. 회원에게 지급되는 별을 모아
다양한 상품 응모에도 도전해 보세요!

다양한 교육 꿀팁에 깜짝 이벤트는 덤!

천재교육 인스타그램

천재교육의 새롭고 중요한 소식을 가장 먼저 접하고 싶다면?
천재교육 인스타그램 팔로우가 필수!
깜짝 이벤트도 수시로 진행되니 놓치지 마세요!

수업이 편리해지는

천재교육 ACA 사이트

오직 선생님만을 위한, 천재교육 모든 교재에 대한 정보가 담긴
아카 사이트에서는 다양한 수업자료 및 부가 자료는 물론
시험 출제에 필요한 문제도 다운로드하실 수 있습니다.

https://aca.chunjae.co.kr

천재교육을 사랑하는 샘들의 모임

천사샘

학원 강사, 공부방 선생님이시라면 누구나 가입할 수 있는 천사샘!
교재 개발 및 평가를 통해 교재 검토진으로 참여할 수 있는 기회는 물론
다양한 교사용 교재 증정 이벤트가 선생님을 기다립니다.

아이와 함께 성장하는 학부모들의 모임공간

튠맘 학습연구소

튠맘 학습연구소는 초·중등 학부모를 대상으로 다양한 이벤트와 함께
교재 리뷰 및 학습 정보를 제공하는 네이버 카페입니다.
초등학생, 중학생 자녀를 둔 학부모님이라면 튠맘 학습연구소로 오세요!

◀ 정답은 이안에 있어!